U0614781

岩土工程施工与勘察

魏晓阳　陈若飞　李红运　主编

吉林科学技术出版社

图书在版编目（CIP）数据

岩土工程施工与勘察 / 魏晓阳，陈若飞，李红运主
编 . -- 长春 : 吉林科学技术出版社，2019.10
ISBN 978-7-5578-6133-9

Ⅰ . ①岩… Ⅱ . ①魏… ②陈… ③李… Ⅲ . ①岩土工
程－工程施工②岩土工程－地质勘探 Ⅳ . ① TU4

中国版本图书馆 CIP 数据核字 (2019) 第 232650 号

岩土工程施工与勘察

主　　编	魏晓阳　　陈若飞　　李红运
出 版 人	李　梁
责任编辑	汪雪君
封面设计	刘　华
制　　版	王　朋
开　　本	16
字　　数	300 千字
印　　张	13.25
版　　次	2019 年 10 月第 1 版
印　　次	2019 年 10 月第 1 次印刷
出　　版	吉林科学技术出版社
发　　行	吉林科学技术出版社
地　　址	长春市福祉大路 5788 号出版集团 A 座
邮　　编	130118

发行部电话 / 传真　　0431—81629529　　81629530　　81629531
　　　　　　　　　　　81629532　　81629533　　81629534

储运部电话　0431—86059116

编辑部电话　0431—81629517

网　　址	www.jlstp.net
印　　刷	北京宝莲鸿图科技有限公司
书　　号	ISBN 978-7-5578-6133-9
定　　价	55.00 元

前　言

　　现代社会背景下，岩土工程行业蓬勃发展，随着建筑行业的发展与壮大，岩土工程行业为满足人们需求不断更新技术。借助岩土工程可以详细了解地基参数，提前发现施工中可能存在的问题，并做好预防处理措施。同时，建筑行业技术不断发展，人们对于岩土工程勘察提出更高的要求。岩土工程勘察作业过程中受到诸多因素影响，有必要全面认识岩土勘察工程，了解其中存在的问题，科学全面地进行问题的处理。

　　岩土工程是涉及范围非常广的一项工程，只有在设计施工之前进行有效的岩土勘察，才能保证工程施工更加合理、更加顺利。保证勘查的依据具有科学性、真实性，对岩土勘察资料进行合理整理和编录，才能选取正确、合理的方法和手段进行岩土勘察过程中的勘察测试。岩土勘察是我国岩土工程开展的重要基础，能够为工程提供施工所需的相关数据，并且保证施工的顺利进行，所以必须保证岩土勘察的质量。

　　因此，本书主要从八章内容对岩土工程施工和勘察进行详细的叙述，希望能够有助于相关工作人员的工作进展。

目　录

第一章 绪 论

第一节 地质学与工程地质学

地质学，与数学，物理，化学，生物并列的自然科学五大基础学科之一。地质学是一门探讨地球如何演化的自然哲学，地质学的产生源于人类社会对石油、煤炭、金属、非金属等矿产资源的需求，由地质学所指导的地质矿产资源勘探是人类社会生存与发展的根本源泉。地质学是研究地球的物质组成、内部构造、外部特征、各层圈之间的相互作用和演变历史的知识体系。随着社会生产力的发展，人类活动对地球的影响越来越大，地质环境对人类的制约作用也越来越明显。如何合理有效地利用地球资源、维护人类生存的环境，已成为当今世界所共同关注的问题。因此，地质学研究领域进一步拓展到人地相互作用。

地质学（geology）的研究对象为地球的固体硬壳——地壳或岩石圈，其主要研究地球的物质组成、内部构造、外部特征、各层圈之间的相互作用和演变历史的知识体系。是研究地球及其演变的一门自然科学。

地球自形成以来，经历了约 46 亿年的演化过程，进行过错综复杂的物理、化学变化，同时还受天文变化的影响，所以各个层圈均在不断演变。

约在 35 亿年前，地球上出现了生命现象，于是生物成为一种地质营力。最晚在距今 200 万 ~ 300 万年前，开始有人类出现。人类为了生存和发展，一直在努力适应和改变周围的环境。利用坚硬岩石作为用具和工具，从矿石中提取铜、铁等金属，对人类社会的历史产生过划时代的影响。

一、地质学

（一）发展回顾

人类对地质现象的观察和描述有着悠久的历史，但作为一门学科，地质学成熟的较晚。地质学的研究对象是庞大的地球及其悠远的历史，这决定了这门学科具有特殊的复杂性。它是在不同学派、不同观点的争论中形成和发展起来的。

1

1. 萌芽时期

（远古～公元 1450 年）

人类对岩石、矿物性质的认识可以追溯到远古时期。在中国，铜矿的开采在两千多年前已达到可观的规模；春秋战国时期成书的《山海经》《禹贡》《管子》中的某些篇章，古希腊泰奥弗拉斯托斯的《石头论》都是人类对岩矿知识的最早总结。

在开矿及与地震、火山、洪水等自然灾害的斗争中，人们逐渐认识到地质作用，并进行思辨、猜测性的解释。我国古代的《诗经》中就记载了"高岸为谷、深谷为陵"的关于地壳变动的认识；古希腊的亚里士多德提出，海陆变迁是按一定的规律在一定的时期发生的；在中世纪时期，沈括对海陆变迁、古气候变化、化石的性质等都做出了较为正确的解释，朱熹也比较科学的揭示了化石的成因。

2. 奠基时期

（公元 1450～1750 年）

以文艺复兴为转机，人们对地球历史开始有了科学的解释。意大利的达·芬奇、丹麦的斯泰诺、英国的伍德沃德、胡克等等，都对化石的成因做了论证。胡克还提出用化石来记述地球历史；斯泰诺提出地层层序律；在岩石学、矿物学方面，李时珍在《本草纲目》中记载了 200 多种矿物、岩石和化石；德国的阿格里科拉对矿物、矿脉生成过程和水在成矿过程中的作用的研究，开创了矿物学、矿床学的先河等等。

3. 形成时期

（公元 1750～1840 年）

在英国工业革命、法国大革命和启蒙思想的推动和影响下，科学考察和探险旅行在欧洲兴起。旅行和探险使得地壳成为直接研究的对象，使得人们对地球的研究从思辨性猜测，转变为以野外观察为主。同时，不同观点、不同学派的争论十分活跃，关于地层以及岩石成因的水成论和火成论的争论在 18 世纪末变得尖锐起来。

德国的维尔纳是水成论的代表，他提出花岗岩和玄武岩都是沉积而成的，并对岩层做了系统的划分。英国的赫顿提出要用自然过程来揭示地球的历史，以及地质过程"即看不到开始的痕迹，也没有结束的前景"的均变论思想。水火之争促进了地质学从宇宙起源论、自然历史和古老矿物学中分离出来，并逐渐形成了一门独立的学科。在中国，出现在 17 世纪的《徐霞客游记》也是对自然考察所获得的超越时代的成果。至 1840 年，底层划分的原则和方法已经确立，地质时代和地层系统基本建立起来。

而此时的矿物学沿着形态矿物学和矿物化学方向发展，美国丹纳的《矿物学系统》标志着经典矿物学的成熟；1829 年，英国的尼科尔发明了偏光显微镜，使得显微岩石学的迅速发展成为可能；法国博蒙于 1829 年提出地球冷缩造山的收缩说，对近百年来的构造理论产生重大影响。

这样，有关地球历史的古生物学、地层学，有关地壳物质组成的岩石学、矿物学，和有关地壳运动的构造地质理论所组成的地质学体系逐渐形成了。

19世纪上半叶，有关灾变论和均变论的争论，对地质学思想方法产生了历史性的影响。居维叶是灾变论的主要代表，他提出地球历史上发生过多次灾变造成生物灭绝的观点。英国的莱伊尔是均变论的主要代表，他坚持"自然法则是始终一致"的观点，并提出以今论古的现实主义方法。在争论中，地质均变论逐渐成为百余年来地质学及其研究方法的正统观点。

4. 发展时期

（公元1840～1910年）

随着工业化的发展，各工业国家都开展了区域地质调查工作，是地质学从区域地质向全球构造发展，并推动了地质学各分支学科的迅速建立和发展。

其中重要的有瑞士阿加西等人对冰川学的研究，以及英国艾里、普拉特提出的地壳均衡理论；有关山脉形成的地槽学说，经过美国的霍尔和丹纳的努力最终确立起来；法国的贝特朗提出造山旋回概念；奥格对地槽类型的划分使造山理论更加完善；奥地利的休斯和俄国的卡尔宾斯基则对地台做了系统的研究；休斯的《地球的面貌》是19世纪地质学研究的总结，同时休斯用综合分析的方法，从全球的角度研究地壳运动在时间和空间上的关系，预示了20世纪地质学研究新时期的到来。

5. 现代地质学

（公元1889年10月26日～1971年4月29日）

进入20世纪以来，社会和工业的发展，使得石油地质学、水文地质学和工程地质学陆续形成独立的分支学科。在地质学各基础学科稳步发展的同时，由于各分支学科的相互渗透，数学、物理、化学等基础科学与地质学的结合，新技术方法的采用，导致了一系列边缘学科的出现。

地震波的研究揭示了固体地球的圈层构造以及洋壳与陆壳结构的区别；高温高压岩石实验研究，为人们认识地壳深处地质过程提供了较为可靠的依据。所有这些都促进了地质学研究从定性到定量的过渡，并向微观和宏观两个方向发展。

20世纪50～60年代，全球范围大规模的考察和探测，使地质学研究从浅部转向深部，从大陆转向海洋，海洋地质学有了迅速发展。同时古地磁学、地热学、重力测量都有重大进展，为新的全球构造理论的产生提供了科学依据。在这个基础上，德国的魏格纳于1915年提出的与传统海陆固定论相悖离的大陆漂移说得以复活。

20世纪60年代初，美国的赫斯、迪茨提出的海底扩展理论较好地说明了漂移的机制。加拿大的威尔逊提出转换断层，并创用板块一词。60年代中期美国的摩根、法国的勒皮雄等提出板块构造说，用以说明全球构造运动的基本理论，它标志着新地球观的形成，使现代地质学研究进入一个新阶段。

（二）研究对象

地质学的研究对象是地球。地球包括固体地球及其外部的大气。

固体地球包括最外层的地壳、中间的地幔及地核三个主要的层圈。目前，主要是研究固体地球的上层，即地壳和地幔的上部。

地球的平均半径为 6371km。其核心可能是以铁、镍为主的金属，称为地核，半径约 3400km。在地核之外，是厚度近 2900km 的地幔。地幔之外是薄厚不一的地壳，已知最厚处为 75km，最薄处仅 5km 左右，平均厚度约 35km。

地核的内层是固体，也有科学家认为是在强大压力下原子壳层已被破坏的超固体。外层是具有液体性质的物质，还推测有电流在其中运动，被认为是地球磁场的本原。外层的厚度约为 2220km。

地幔下部是含有较多金属硫化物和氧化物的非晶体固体物质；地幔上部成分与橄榄岩大致相当；与地壳相接部分和地壳均具有刚硬的性质，合称为岩石圈，厚度约为 60 ~ 120km；在岩石圈之下为一层具有可塑性、可以缓慢流动、厚度约为 100km 的软流圈。

地壳表面的海洋、湖泊、河流等水体约占地表总面积的 74%。成液态的地表水与冻结在两极地区和高山上的冰川，以及土壤、岩石中的地下水，组成地球的水圈。

地球的外层是大气圈。大气主要集中于高度不超过 16km 的近地面中，成分以氮和氧为主。离地越远，大气越稀薄，而且成分也有变化。在 100km 外，大气逐渐不能保持分子状态，而以带电粒子的形态出现，其稀薄程度超过人造的真空。带电粒子受到地球磁场的控制，形成能够阻挡来自太阳和宇宙带电粒子流冲击的电磁层。

地球的水圈和大气圈通过水的蒸发、凝结、降水和气体的溶解、挥发等方式互相渗透和影响。固体的地球界面上下，是大气和水活动的场所。岩石圈的物质也不断运动，并通过火山喷发的形式进入水圈和大气圈。地球各圈层的相互作用不断改变着地球的面貌。

地球的这些圈层，是由于其组成物质的重力差异作用而逐渐形成的。地球上的任何质点均受到地球引力和惯性离心力的作用，这两种力的合力就是重力。地球表面重力吸住了大气和水，并对他们的运动产生了影响。

1. 矿物和岩石

在地球的化学成分中，铁的含量最高（35%），其他元素依次为氧（30%）、硅（15%）、镁（13%）等。如果按地壳中所含元素计算，氧最多（46%），其他依次为硅（28%）、铝（8%）、铁（6%）、镁（4%）等。这些元素多形成化合物，少量为单质，它们的天然存在形式即为矿物。

矿物具有确定的或在一定范围内变化的化学成分和物理特征。组成矿物的元素，如果其原子多是按一定的形式在三维空间内周期性重复排列，并具有自己的结构，那么就是晶体。晶体在外界条件适合的时候，其形态多表现为规则的几何多面体，但这种情况很少。

矿物在地壳中常以集合的形态存在，这种集合体可以由一种，也可以由多种矿物组成，这在地质学中被称为岩石。

地球中的矿物已知的有 3300 多种，常见的只有 20 多种，其中又以长石、石英、辉石、闪石、云母、橄榄石、方解石、磁铁矿和黏土矿物最最多，除方解石和磁铁矿外，它们的化学成分都以二氧化硅为主，石英全为二氧化硅组成，其余则均为硅酸盐矿物。

由硅酸盐溶浆凝结而成的火成岩构成了地壳的主体，按体积和重量计都最多。但地面最常见到的则是沉积岩，它是早先形成的岩石破坏后，又经过物理或化学作用在地球表面的低凹部位沉积，经过压实、胶结再次硬化，形成具有层状结构特征的岩石。

在地壳中，在大大高于地表的温度和压力作用下，岩石的结构、构造或化学成分发生变化，形成不同于火成岩和沉积岩的变质岩。火成岩、沉积岩、变质岩是地球上岩石的三大类别。火成岩中的玄武岩、花岗岩是地球中最具代表性的岩石，是构成大陆的主要岩石。形成时代最早的花岗岩，年龄达 39 亿年，而玄武岩是构成海洋所覆盖的地壳的主要物质，均比较"年轻"，一般不超过 2 亿年。

2. 地层和古生物

地层是以成层的岩石为主体，随时间推移而在地表低凹处形成的构造，是地质历史的重要纪录。狭义的地层专指已固结的成层的岩石，有时也包括尚未固结成岩的松散沉积物。依照沉积的先后，早形成的地层居下，晚形成的地层在上，这是地层层序关系的基本原理，称为地层层序律。

地层在形成以后，由于受到地壳剧烈运动的影响，改变原来的位置，会产生倾斜甚至倒转，但只要能查明其形成和变形的时间，仍可以恢复其原始的层序。在同一时间，地球上各处环境不同，在不同环境中形成的地层各有特点。在地表的隆起部位，不仅不能形成新的地层，还会因受到剥蚀而使已经形成的地层消失。

因此，地层学是研究各地区地层的划分，确定地层的顺序和相邻地区地层在时间上的对比关系的专门学科。它是地质学的基础，也是地质学中最早形成的学科。

古生物是指在地质历史时期，在地球上生存过的各类生物，一般已经绝灭，它们的少量遗体和遗迹形成化石保存在地层中。通过研究这些化石，可以了解地质历史上生物的形态、构造和活动情况。

对各种古生物进行分类，可以认识生物的演化关系；依据地层中所含化石，可以断定地层的层序，生物演化的不可逆性和阶段性，使这种判断具有可靠的根据；古生物的分布和生活习性，还反映出当时地理环境的特点。古生物的研究是地质学也是生物学的重要组成部分。

3. 地质构造和地质作用

地球表层的岩层和岩体，在形成过程及形成以后，都会受到各种地质作用力的影响，有的大体上保持了形成时的原始状态，有的则产生了形变。它们具有复杂的空间组合形态，即各种地质构造。断裂和褶皱是地质构造的两种最基本形式。

　　地球的岩石圈，已经并还在发生着全球规模的板块运动。板块构造学是 20 世纪地质学对地质构造及地质作用的新认识。其基本内容是，岩石圈是地球中最刚硬的部分，它飘浮在地幔中具有塑性、局部熔融、密度较大的软流圈之上。岩石圈中存在着许多很深很大的断裂，这些断裂把岩石圈分割成被称为板块的巨大块体，全球可分为六大板块。

　　一般认为，主要是地球内部热的不均匀分布引起了物质对流运动，使岩石圈破裂成为板块。板块形成后继续运动，发生分离、碰撞等事件。地幔中的熔融物质沿板块间的拉张断裂带挤入，并不断向断裂两侧扩展，形成新的洋壳，而部分板块则随着载荷它的软流圈物质向下移动而消失于地幔之中。

　　板块运动被认为是使地壳表层发生位置移动，出现断裂、褶皱以及引起地震、岩浆活动和岩石变质等地质作用的总原因，这些地质作用总称为内力地质作用。内力地质作用改变着地壳的构造，同时为地貌的形成打下基础。

　　地质作用强烈地影响着气候以及水资源与土壤的分布，创造出了适于人类生存的环境。这种良好环境的出现，是地球大气圈、水圈和岩石圈演化到一定阶段的产物。地球形成的初期，大气圈和水圈的成分、质量都和现代大不相同。例如，大气曾经历以二氧化碳为主的阶段，海水是约在 10 亿年前才具有今天的含盐度，生物最早出现在地球形成约 10 亿年以后等等。

　　地质作用也会给人带来危害，如地震、火山爆发、洪水泛滥等。人类无力改变地质作用的规律，但可以认识和运用这些规律，使之向有利于人的方向发展，防患于未然。如预报、预防地质灾害的发生，就有可能减轻损失。中国在古代就有"束水攻沙"，引黄河水灌溉淤田压碱等经验，是利用河流的地质作用取得成功的例子。

（三）研究特点

　　地壳是一个极其复杂的研究对象，不但具有复杂的物质成分，不同的化学性质、物理性质和各式各样的结构方式，而且在漫长的时间和广大的空间内，又都受到了一系列物理作用、化学作用甚至生物作用等综合的地质作用影响，不断地发生着错综复杂的物理和化学变化。

　　这些作用以及它们所呈现的各种地质现象之间，存在着互相制约、互相联系、互相转化的关系。它们的发生、发展和演化的规律，除具有普遍的特点之外，还常有一定的时间变异性和区域特殊性，因而不同地区具有不同的地质特征，蕴藏着不同种类、成分和规模的矿产。

　　地质学的另一特点是把空间与时间统一起来研究。现在能观察到的地球历史发展记录，主要保存在表层岩石内，按时间顺序层层堆积的地层中。由不同时代岩浆凝结而成的火成岩体，以及由早先形成的岩层岩体演变而成的变质建造，不同时期留下的构造变形遗迹等，是了解地球历史的基本材料。由于经过长期复杂的变动，这些史料已变得凌乱和有缺失，这是地质学研究的难点。

地壳中除了保存着各种地质变化的遗迹之外，还有记载着生物的演化和同位素的蜕变等其他科学方面的珍贵史料，它是地球的一系列复杂运动的结果，而这种运动现在还在进行着。对于地表以下较大深度的地质现象和地质作用，目前还只能通过地球物理等探测技术，来进行间接的推测和研究。

同物理、化学等基础科学比较，地质学研究具有较强的地域性、历史性和综合性。只有根据足够的实际资料，特别是根据足以充分说明空间和时间变化因素的丰富资料总结出来的地质学理论，才能有较广泛的适用性。

地质学的这些特点，决定了一般的地质研究必须通过一定比重的野外实际调查，配合相应的室内研究。野外调查和室内研究，构成一次观察、记录（包括制图）采样、初步综合、试验分析、总结提高以至复查验证的完整的地质研究过程。地质学研究在实质上都是对其研究对象的一次综合性调查研究过程。

随着生产和科学技术的发展，20世纪中叶以来地质学的研究中引入了大量的新技术、新方法，如不同的地球物理勘探方法、地球化学勘察方法、科学深钻技术、同位素地质方法、航空以及遥感地质方法、现代电子计算机技术、高温高压模拟试验等的采用。

物理、化学等基础科学新的成就的引用，地球物理、地球化学、数学地质、宇宙地质学等地质科学中边缘学科的进一步发展，推动了地质学的发展，同时使地质学的方法不断地革新。

（四）发展前景

未来，地质学能观察和研究的范围和领域将日益扩大。在空间上，不但能通过直接或间接的方法逐步深入到岩石圈深部，而且对月球、太阳系部分行星及其卫星的某些地质特征，将有更多的了解。

数学、物理学、化学、生物学、天文学等其他学科的发展和向地质学的进一步渗透，先进技术在地质工作中的使用，同精细、深入的野外地质工作相结合，会使人们有可能对更多的地质现象和规律做出科学的解释进行更深入和本质性的研究。

实验条件将进一步改进，如将实验室中所能达到的温度压力提得更高，模拟更为复杂的多种可变因素的地质作用，并把时间因素也纳入模拟实验之中。

地质学理论不断得到补充、修正，尤其是各大陆所提供的有关不同地质历史时期的新资料将在很大程度上检验、发展板块构造说，进而会产生一些新的理论和学说。

在地质学的服务领域，一个重要方面是开发地球资源，其中有关矿产资源和新能源的研究，仍处于最重要的地位。同时，由于区域成矿研究的需要，将进一步加强区域地质的综合研究，并促进地层学、古生物学、沉积学、构造地质学、地质年代学，以及区域岩浆活动研究、变质地质研究等向新的水平发展。

保障人类良好的生存环境、干旱半干旱地区和沼泽地区的水文地质问题，以及工程地质问题的研究将不断扩大。环境地质学，包括环境地质调查研究，有关的微量测试技术和环境保护的地质措施等的研究日趋重要。

总之,地质学必须加强基础研究,如矿物学、岩石学地层学、古生物学等具有奠基意义的学科的研究,以提高对各种地质体、地质现象及其形成、演化的认识。同时还要充分吸收和利用其他科学技术的新成果,包括社会科学的研究成果,以更全面、本质地认识地球历史和构造,为科学的发展,为人类更合理、有效地开发和利用地球资源,维护生存环境,做出应有的贡献。

二、工程地质学

工程地质学是地质学的分支学科,主要研究工程活动与地质环境之间的相互作用。它把地质学理论与方法应用于工程活动实践,通过工程地质调查及理论的综合研究,对工程所辖地区即工程场地的工程地质条件进行评价,解决与工程活动有关的工程地质问题,预测并论证工程活动区域内各种工程地质问题的发生与发展规律,并提出其改善和防治的技术措施,为工程活动的规划、设计、施工、使用及维护提供所必需的地质技术资料。工程地质学包括工程岩土学、工程地质分析和工程地质勘查几部分基本内容。工程岩土学的任务是研究岩土的工程地质性质,及这些性质的形成原因和它们在自然或工程活动影响下的变化规律;工程地质分析的任务是研究工程活动中的工程地质问题,及这些问题产生的地质条件、力学机理和发展演化规律,以便正确评价和有效防治它们对工程活动的不良影响;工程地质勘查的任务是探讨工程地质调查研究的方法,以便有效查明有关工程活动的各种地质因素和地质条件。

(一)发展简史

工程地质学孕育、萌芽于地质学的发展和人类工程活动经验的积累中。17世纪以前,许多国家成功地建成了至今仍享有盛名的伟大建筑物,但人们在建筑实践中对地质环境的考虑,完全依赖于建筑者个人的感性认识。17世纪以后,由于产业革命和建设事业的发展,出现并逐渐积累了关于地质环境对建筑物影响的文献资料。第一次世界大战结束后,整个世界开始了大规模建设时期。1929年,奥地利的K·太沙基出版了世界上第一部《工程地质学》。

1937年苏联的Ф·П·萨瓦连斯基的《工程地质学》一书问世。20世纪50年代以来,在世界工程建设发展中,工程地质学逐渐吸收了土力学、岩石力学和计算数学中的某些理论和方法,更加完善和发展了本身的内容和体系。在中国,工程地质学的发展基本上始自50年代。谷德振在岩体稳定性问题中提出的结构控制论以及刘国昌在区域工程地质方面,都对工程地质学的发展做出了重要的贡献。

（二）研究内容

可概括为 4 个方面：

①研究建设地区和建筑场地中岩体、土体的空间分布规律和工程地质性质，控制这些性质的岩石和土的成分和结构，以及在自然条件和工程作用下这些性质的变化趋向；制定岩石和土的工程地质分类。

②分析和预测建设地区和建筑场地范围内在自然条件下和工程建筑活动中发生和可能发生的各种地质作用和工程地质问题，例如：地震、滑坡、泥石流，以及诱发地震、地基沉陷、人工边坡和地下洞室围岩的变形和破坏、开采地下水引起的大面积地面沉降、地下采矿引起的地表塌陷，及其发生的条件与过程、规模和机制，评价它们对工程建设和地质环境造成的危害程度。

③研究防治不良地质作用的有效措施。

④研究工程地质条件的区域分布特征和规律，预测其在自然条件下和工程建设活动中的变化和可能发生的地质作用，评价其对工程建设的适宜性。

由于各类工程建筑物的结构和作用及其所在空间范围内的环境不同，所以可能发生和必须研究的地质作用和工程地质问题往往各有侧重。据此，工程地质学又常常分为水利水电工程地质学与道路工程地质学、采矿工程地质学、海港和海洋工程地质学、城市工程地质学等。

（三）研究方法

包括地质学方法、实验和测试方法、计算方法和模拟方法。地质学方法，即自然历史分析法，是运用地质学理论查明工程地质条件和地质现象的空间分布，分析研究其产生过程和发展趋势，进行定性的判断，它是工程地质研究的基本方法，也是其他研究方法的基础。实验和测试方法，包括为测定岩、土体特性参数的实验、对地应力的量级和方向的测试以及对地质作用随时间延续而发展的监测。计算方法，包括应用统计数学方法对测试数据进行统计分析，利用理论或经验公式对已测得的有关数据，进行计算，以定量地评价工程地质问题。

模拟方法，可分为物理模拟（也称工程地质力学模拟）和数值模拟，它们是在通过地质研究深入认识地质原型，查明各种边界条件，以及通过实验研究获得有关参数的基础上，结合建筑物的实际作用，正确地抽象出工程地质模型，利用相似材料或各种数学方法，再现和预测地质作用的发生和发展过程。电子计算机在工程地质学领域中的应用，不仅使过去难以完成的复杂计算成为可能，而且能够对数据资料自动存储、检索和处理，甚至能够将专家们的智慧存储在计算机中，以备咨询和处理疑难问题，即所谓的工程地质专家系统（见数学地质）。

（四）意义

工程地质学要分析和预测在自然条件和工程建筑活动中可能发生的各种地质作用和工程地质问题，例如：地震、滑坡、泥石流，以及诱发地震、地基沉陷、人工边坡和地下洞室围岩的变形，因破坏、开采地下水引起的大面积地面沉降、地下采矿引起的地表塌陷，及其发生的条件、过程、规模和机制，评价它们对工程建设和地质环境造成的危害程度。研究防治不良地质作用的有效措施。

（五）分类

工程地质学还要研究工程地质条件的区域分布特征和规律，预测其在自然条件下和工程建设活动中的变化，和可能发生的地质作用，评价其对工程建设的适宜性。由于各类工程建筑物的结构和作用，及其所在空间范围内的环境不同，因而可能发生和必须研究的地质作用和工程地质问题往往各有侧重。据此，工程地质学又常分为水利水电工程地质学、道路工程地质学、采矿工程地质学、海港和海洋工程地质学、城市工程地质学等。

第二节　岩土工程

岩土工程是欧美国家于 20 世纪 60 年代在土木工程实践中建立起来的一种新的技术体制。岩土工程是以求解岩体与土体工程问题，包括地基与基础、边坡和地下工程等问题。

一、区域土性

经典土力学是建立在无结构强度理想的黏性土和无黏性土基础上的。但由于形成条件、形成年代、组成成分、应力历史不同，土的工程性质具有明显的区域性。周镜在黄文熙讲座中详细分析了我国长江中下游两岸广泛分布的、矿物成分以云母和其他深色重矿物的风化碎片为主的片状砂的工程特性，比较了与福建石英质砂在变形特性、动静强度特性、抗液化性能方面的差异，指出片状砂有某些特殊工程性质。然而人们以往对砂的工程性质的了解，主要根据对石英质砂的大量室内外试验结果。周镜院士指出："众所周知，目前我国评价饱和砂液化石的原位测试方法，即标准贯入法和静力触探法，主要是依据石英质砂地层中的经验，特别是唐山地震中的经验。有的规程中用饱和砂的相对密度来评价它的液化石。显然这些准则都不宜简单地用于长江中下游的片状砂地层"。我国长江中下游两岸广泛分布的片状砂地层具有某些特殊工程性质，与标准石英砂的差异说明土具有明显的区域性，这一现象具有一定的普遍性。国内外岩土工程师们发现许多地区的饱和黏土的工程性质都有其不同的特性，如伦敦黏土、波士顿蓝黏土、曼谷黏土、Oslo 黏土、Lela 黏土、上海黏土、湛江黏土等。这些黏土虽有共性，但其个性对工程建设影响更为重要。

我国地域辽阔、岩土类别多、分布广。以土为例，软黏土、黄土、膨胀土、盐渍土、红黏土、有机质土等都有较大范围的分布。如我国软黏土广泛分布在天津、连云港、上海、杭州、宁波、温州、福州、湛江、广州、深圳、南京、武汉、昆明等地。人们已经发现上海黏土、湛江黏土和昆明黏土的工程性质存在较大差异。以往人们对岩土材料的共性，或者对某类土的共性比较重视，而对其个性深入系统的研究较少。对各类各地区域性土的工程性质，开展深入系统研究是岩土工程发展的方向。探明各地区域性土的分布也有许多工作要做。岩土工程师们应该明确只有掌握了所在地区土的工程特性才能更好地为经济建设服务。

二、本构模型研究

在经典土力学中沉降计算将土体视为弹性体，采用布西奈斯克公式求解附加应力，而稳定分析则将土体视为刚塑性体，采用极限平衡法分析。采用比较符合实际土体的应力-应变-强度（有时还包括时间）关系的本构模型可以将变形计算和稳定分析结合起来。自Roscoe与他的学生（1958～1963）创建剑桥模型至今，各国学者已发展了数百个本构模型，但得到工程界普遍认可的极少，严格地说尚没有。岩体的应力-应变关系则更为复杂。看来，企图建立能反映各类岩土的、适用于各类岩土工程的理想本构模型是困难的，或者说是不可能的。因为实际工程土的应力-应变关系是很复杂的，具有非线性、弹性、塑性、黏性、剪胀性、各向异性等等，同时，应力路径、强度发挥度以及岩土的状态、组成、结构、温度等均对其有影响。

开展岩土的本构模型研究可以从两个方向努力：一是努力建立用于解决实际工程问题的实用模型；一是为了建立能进一步反映某些岩土体应力应变特性的理论模型。理论模型包括各类弹性模型、弹塑性模型、黏弹性模型、黏弹塑性模型、内时模型和损伤模型，以及结构性模型等。它们应能较好反映岩土的某种或几种变形特性，是建立工程实用模型的基础。工程实用模型应是为某地区岩土、某类岩土工程问题建立的本构模型，它应能反映这种情况下岩土体的主要性状。用它进行工程计算分析，可以获得工程建设所需精度的满意的分析结果。例如建立适用于基坑工程分析的上海黏土实用本构模型、适用于沉降分析的上海黏土实用本构模型，等等。笔者认为研究建立多种工程实用模型可能是本构模型研究的方向。

在以往本构模型研究中不少学者只重视本构方程的建立，而不重视模型参数测定和选用研究，也不重视本构模型的验证工作。在以后的研究中特别要重视模型参数测定和选用，重视本构模型验证以及推广应用研究。只有这样，才能更好为工程建设服务。

三、不同介质间相互作用

岩土工程不同介质间相互作用及共同作用分析研究可以分为三个层次：

①岩土材料微观层次的相互作用；

②土与复合土或土与加筋材料之间的相互作用；

③地基与建（构）筑物之间相互作用。

土体由固、液、气三相组成。其中固相是以颗粒形式的散体状态存在。固、液、气三相间相互作用对土的工程性质有很大的影响。土体应力应变关系的复杂性从根本上讲都与土颗粒相互作用有关。从颗粒间的微观作用入手研究土的本构关系是非常有意义的。通过土中固、液、气相相互作用研究还将促进非饱和土力学理论的发展，有助于进一步了解各类非饱和土的工程性质。

与土体相比，岩体的结构有其特殊性。岩体是由不同规模、不同形态、不同成因、不同方向和不同序次的结构面围限而成的结构体共同组成的综合体，岩体在工程性质上具有不连续性。岩体工程性质还具有各向异性和非均一性。结合岩体断裂力学和其他新理论、新方法的研究进展，开展影响工程岩体稳定性的结构面几何学效应和力学效应研究也是非常有意义的。

当天然地基不能满足建（构）筑物对地基要求时，需要对天然地基进行处理形成人工地基。桩基础、复合地基和均质人工地基是常遇到的三种人工地基形式。研究桩体与土体、复合地基中增强体与土体之间的相互作用，对了解桩基础和复合地基的承载力和变形特性是非常有意义的。

地基与建（构）筑物相互作用与共同分析已引起人们重视并取得一些成果，但将共同作用分析普遍应用于工程设计，其差距还很大。大部分的工程设计中，地基与建筑物还是分开设计计算的。进一步开展地基与建（构）筑物共同作用分析有助于对真实工程性状的深入认识，提高工程设计水平。现代计算技术和计算机的发展为地基与建（构）筑物共同作用分析提供了良好的条件。目前迫切需要解决各类工程材料以及相互作用界面的实用本构模型，特别是界面间相互作用的合理模拟。

四、测试技术

岩土工程测试技术不仅在岩土工程建设实践中十分重要，而且在岩土工程理论的形成和发展过程中也起着决定性的作用。理论分析、室内外测试和工程实践是岩土工程分析三个重要的方面。岩土工程中的许多理论是建立在试验基础上的，如 Terzaghi 的有效应力原理是建立在压缩试验中孔隙水压力的测试基础上的，Darcy 定律是建立在渗透试验基础上的，剑桥模型是建立在正常固结黏土和微超固结黏土压缩试验和等向三轴压缩试验基础上的。测试技术也是保证岩土工程设计的合理性和保证施工质量的重要手段。

岩土工程测试技术一般分为室内试验技术、原位试验技术和现场监测技术等几个方面。在原位测试方面，地基中的位移场、应力场测试，地下结构表面的土压力测试，地基土的强度特性及变形特性测试等方面将会成为研究的重点，随着总体测试技术的进步，这些传统的难点将会取得突破性进展。虚拟测试技术将会在岩土工程测试技术中得到较广泛的应用。及时有效地利用其他学科科学技术的成果，将对推动岩土工程领域的测试技术发展起到越来越重要的作用，如电子计算机技术、电子测量技术、光学测试技术、航测技术、电、磁场测试技术、声波测试技术、遥感测试技术等方面的新的进展都有可能在岩土工程测试方面找到应用的结合点。测试结果的可靠性、可重复性方面将会得到很大的提高。由于整体科技水平的提高，测试模式的改进及测试仪器精度的改善，最终将导致岩土工程方面测试结果在可信度方面的大大改进。

五、问题分析

虽然岩土工程计算机分析在大多数情况下只能给出定性分析结果，但岩土工程计算机分析对工程师决策是非常有意义的。开展岩土工程问题计算机分析研究是一个重要的研究方向。岩土工程问题计算机分析范围和领域很广，随着计算机技术的发展，计算分析领域还在不断扩大。除前面已经谈到的本构模型和不同介质间相互作用和共同分析外，还包括各种数值计算方法，土坡稳定分析，极限数值方法和概率数值方法，专家系统、AutoCAD 技术和计算机仿真技术在岩土工程中应用，以及岩土工程反分析等方面。岩土工程计算机分析还包括动力分析，特别是抗震分析。岩土工程计算机数值分析方法除常用的有限元法和有限差分法外，离散单元法（DEM）、拉格朗日元法（FLAC），不连续变形分析方法（DDA），流形元法（NMM）和半解析元法（SAEM）等也在岩土工程分析中得到应用。

根据原位测试和现场监测得到岩土工程施工过程中的各种信息进行反分析，根据反分析结果修改设计、指导施工。这种信息化施工方法被认为是合理的施工方法，是发展方向。

六、可靠度

在建筑结构设计中我国已采用以概率理论为基础并通过分项系数表达的极限状态设计方法。地基基础设计与上部结构设计在这一点尚未统一。应用概率理论为基础的极限状态设计方法是方向。由于岩土工程的特殊性，岩土工程应用概率极限状态设计在技术上还有许多有待解决的问题。目前要根据岩土工程特点积极开展岩土工程问题可靠度分析理论研究，使上部结构和地基基础设计方法尽早统一起来。

七、沉降控制设计理论

建（构）筑物地基一般要同时满足承载力的要求和小于某一变形沉降量（包括小于某一沉降差）的要求。有时承载力满足要求后，其变形和沉降是否满足要求基本上可以不验算。这里有两种情况：一种是承载力满足后，沉降肯定很小，可以不进行验算，例如端承桩桩基础；另一种是对变形没有严格要求，例如一般路堤地基和砂石料等松散原料堆场地基等。也有沉降量满足要求后，承载力肯定满足要求而可以不进行验算。在这种情况下可只按沉降量控制设计。

在深厚软黏土地基上建造建筑物，沉降量和差异沉降量控制是问题的关键。软土地基地区建筑地基工程事故大部分是由沉降量或沉降差过大造成的，特别是不均匀沉降对建筑物的危害最大。深厚软黏土地基建筑物的沉降量与工程投资密切相关。减小沉降量需要增加投资，因此，合理控制沉降量非常重要。按沉降控制设计既可保证建筑物安全又可节省工程投资。

按沉降控制设计不是可以不管地基承载力是否满足要求，在任何情况下都要满足承载力要求。按沉降控制设计理论本身也包含对承载力是否满足要求进行验算。

八、地基性状

在周期荷载或动力荷载作用下，岩土材料的强度和变形特性，与在静荷载作用下的有许多特殊的性状。动荷载类型不同，土体的强度和变形性状也不相同。在不同类型动荷载作用下，它们共同的特点是都要考虑加荷速率和加荷次数等的影响。近二三十年来，土的动力荷载作用下的剪切变形特性和土的动力性质（包括变形特性和动强度）的研究已得到广泛开展。随着高速公路、高速铁路以及海洋工程的发展，需要了解周期荷载以及动力荷载作用下地基土体的性状和对周围环境的影响。与一般动力机器基础的动荷载有所不同，高速公路、高速铁路以及海洋工程中其外部动荷载是运动的，同时自身又产生振动，地基土体的受力状况将更复杂，土体的强度、变形特性以及土体的蠕变特性需要进一步深入的研究，以满足工程建设的需要。交通荷载的周期较长，交通荷载自身振动频率也低，荷载产生的振动波的波长较长，波传播较远，影响范围较大。高速公路、高速铁路以及海洋工程中的地基动力响应计算较为复杂，研究交通荷载作用下地基动力响应计算方法，从而可进一步研究交通荷载引起的荷载自身振动和周围环境的振动，对实际工程具有广泛的应用前景。

九、岩土工程中的勘察规范

岩土工程建设首先必须按照既定的勘察规范进行工程设计，然后查明不良地质作用和地质灾害，并做出正确的勘察报告，之后才能有条不紊地施工。

（1）先勘察、后设计、再施工。这既是《建设工程质量管理条例》的规定，也是工程建设必须遵守的程序，更是国家一再强调的基本政策。但多年来，一些工程不进行岩土工程勘察就设计施工，造成工程安全事故或安全隐患。例如：轰动全国的 2000 年 5 月 1 日重庆武隆县的边坡垮塌事件，致使一幢建筑面积为 4061 平方米的 9 层楼房被摧毁掩埋，造成 79 人死亡，4 人受伤。经调查认定，这起地质灾害事故的发生，既有地质原因，也有诸多的人为因素，其中之一是业主及施工组织者在没有任何勘察、设计资料的情况下，进行坡地的切坡施工，造成严重的工程事故。为此，明确规定，各项工程建设在设计施工之前，必须按基本建设程序进行土工程勘察。

（2）勘察主要是为设计服务的，我国的工程设计程序，对大型、特大型工程的工程设计一般分选址阶段设计、初步设计、施工图设计，所以对应于设计各阶段的要求，需进行可行性研究阶段勘察、初步勘察和详细勘察。工程条件、地质条件简单的工程可直接进行详细勘察。详细勘察是按单体建筑或建筑群进行勘察，提供详细的地质资料，对建筑地基作岩土工程评价，提出对地基类型、基础形式、地基处理、基坑支护、工程降水、不良地质作用防治等方面的建议，满足施工图设计要求。

（3）20 世纪 80 年代以来，我国开始推行岩土工程体制，勘察工作不但需要反映场地的地质条件，而且要结合工程设计、施工条件以及地基处理要求进行岩土工程评价，提出解决岩土工程的建议，避免勘察和设计之间在了解自然、认识自然和改造利用自然方面的脱节。

（4）很多地区地质条件复杂，容易产生危害工程安全和环境安全的地质灾害，因此必须严格按照岩土工程中的勘察规范进行勘察分析，并要对其发展趋势做出预测和预防。

十、发展现状

随着多种所有制工程施工企业的发展及跨区域经营障碍被打破，岩土工程市场已处于完全竞争状态。岩土工程项目承接主要通过公开招投标活动实现，行业内市场化程度较高，市场集中度偏低。

我国岩土工程行业具有企业数量多、规模小的特点。据《2013-2017 年中国岩土工程行业发展前景与投资战略规划分析报告》统计，我国仅从事强夯业务的企业就超过 300 家，岩土工程行业的集中度较低，导致优势企业无法形成规模优势。这与发达国家该行业高度集中的特点形成了鲜明对比。

岩土工程行业在未来的发展中要解决行业分散、集中度过低的问题，提高整体竞争力进而提高盈利能力，需要在未来的发展中抓住时代机遇，适应时机，以更优的业务模式、调整行业业务结构类型，实现行业的飞速发展。

数据显示，未来岩土工程行业的几大发展机遇主要表现在以下四个方面：

（一）民生工程的机遇

根据国家"十二五"规划，在"十二五"期间，我国经济将着重调整经济结构，大力发展新兴产业，提升经济发展的质量和效益，同时会加大民生领域的投资，将着力保障和改善民生作为五大着力点之一，民生工程建设已上升为国家发展战略高度。

民生工程投入最多的领域包括：1000万套保障性住房建设、教育和卫生等民生工程、技术改造和科技创新，以及农田水利建设投资四万亿等。2011年中央财政在民生工程计划支出达到10510亿，比2010年增长18.1%。各地政府在民生工程的投入力度也不断加大。岩土工程企业应顺势而为，抓住民生工程这一重大机遇，加强在相关领域的投入和开拓，保持良好发展势头。

（二）经济结构调整中得新机

调整经济结构，同样是我国"十二五"规划中的核心内容，关系到我国经济能否实现可持续发展。在"十二五"期间，我国将提高服务业的比重，推动产业升级，加快西部和内陆区域的发展，提高能效，减少污染，大力发展战略性新兴产业。

国民经济结构的调整，对岩土工程行业来说意味着服务对象的变化，进而影响到岩土工程行业的服务内容和形式，以及行业格局。因此，需要岩土工程企业紧密关注经济结构调整的趋势，研究新领域，发展新技术，创新服务模式，以适应市场环境的变化。

转变发展方式，是"十二五"期间我国经济的重要任务，是提升我国经济发展质量和效益的根本途径。对于工程建设领域而言，简单追求量的粗放式增长方式已经不能适应未来发展的需要。作为工程建设的重要环节，岩土工程行业的发展模式也将发生深刻转变，必将从"外延式"发展转变成"内生式"的发展模式，不断增强企业自身的科技创新能力、发展动力和竞争实力，实现更有质量的发展。

（三）绿色市场拓展广阔

近年来国家突出强调要建设资源节约型、环境友好型社会，大力倡导发展绿色环保、再生能源、新材料、循环利用、垃圾处理等方面的新型产业。国家"十二五"规划也将节能和降低碳排放作为重要的政策导向。在工程建设领域，低碳节能方面的标准和要求也在不断加强，节能环保新材料、新技术的应用也在不断加速。这对于岩土工程行业而言，即是新的挑战，也昭示着新的市场空间。

（四）国际格局变动下的市场增长

虽然近年来国际政治和经济局势都出现了一些动荡，但以"金砖四国"为代表的新兴市场国家的经济仍然保持了较快的增长速度，国际经济的重心也日益从大西洋两岸向太平洋两岸转移。以新兴经济体为代表的亚非拉国家，正是历来我国工程建设以及岩土工程行业"走出去"的重要市场区域。国际经济格局的变化、亚非拉国家经济的快速增长，将会更加促进我国岩土工程行业走出国门，推动我国岩土工程行业的国际化进程。

十一、发展前景

展望岩土工程的发展，需要综合考虑岩土工程学科特点、工程建设对岩土工程发展的要求，以及相关学科发展对岩土工程的影响。

岩土工程研究的对象是岩体和土体。岩体在其形成和存在的整个地质历史过程中，经受了各种复杂的地质作用，因而有着复杂的结构和地应力场环境。而不同地区的不同类型的岩体，由于经历的地质作用过程不同，其工程性质往往具有很大的差别。岩石出露地表后，经过风化作用而形成土，它们或留存在原地，或经过风、水及冰川的剥蚀和搬运作用在异地沉积形成土层。在各地质时期各地区的风化环境、搬运和沉积的动力学条件均存在差异性，因此土体不仅工程性质复杂而且其性质的区域性和个性很强。

岩石和土的强度特性、变形特性和渗透特性都是通过试验测定。在室内试验中，原状试样的代表性、取样过程中不可避免的扰动以及初始应力的释放，试验边界条件与地基中实际情况不同等客观原因所带来的误差，使室内试验结果与地基中岩土实际性状发生差异。在原位试验中，现场测点的代表性、埋设测试元件时对岩土体的扰动，以及测试方法的可靠性等所带来的误差也难以估计。

岩土材料及其试验的上述特性决定了岩土工程学科的特殊性。岩土工程是一门应用科学，在岩土工程分析时不仅需要运用综合理论知识、室内外测成果、还需要应用工程师的经验，才能获得满意的结果。在展望岩土工程发展时不能不重视岩土工程学科的特殊性以及岩土工程问题分析方法的特点。

土木工程建设中出现的岩土工程问题促进了岩土工程学科的发展。例如在土木工程建设中最早遇到的是土体稳定问题。土力学理论上的最早贡献是1773年库伦建立了库仑定律。随后发展了 Rankine（1857）理论和 Fellenius（1926）圆弧滑动分析理论。为了分析软黏土地基在荷载作用下沉降随时间发展的过程，Terzaghi（1925）发展了一维固结理论。回顾我国近50年以来岩土工程的发展，它是紧紧围绕我国土木工程建设中出现的岩土工程问题而发展的。在改革开放以前，岩土工程工作者较多的注意力集中在水利、铁道和矿井工程建设中的岩土工程问题，改革开放后，随着高层建筑、城市地下空间利用和高速公路的发展，岩土工程者的注意力较多的集中在建筑工程、市政工程和交通工程建设中的岩土工程问题。土木工程功能化、城市立体化、交通高速化，以及改善综合居住环境成为现代土木工程建设的特点。人口的增长加速了城市发展，城市化的进程促进了大城市在数量和规模上的急剧发展。人们将不断拓展新的生存空间，开发地下空间，向海洋拓宽，修建跨海大桥、海底隧道和人工岛，改造沙漠，修建高速公路和高速铁路等。展望岩土工程的发展，不能离开对我国现代土木工程建设发展趋势的分析。

一个学科的发展还受科技水平及相关学科发展的影响。二次大战后，特别是在20世纪 60 年代以来，世界科技发展很快。电子技术和计算机技术的发展，计算分析能力和测试能力的提高，使岩土工程计算机分析能力和室内外测试技术得到提高和进步。科学技术进步还促使岩土工程新材料和新技术的产生。如近年来土工合成材料的迅速发展被称为岩土工程的一次革命。现代科学发展的一个特点是学科间相互渗透，产生学科交叉并不断出现新的学科，这种发展态势也影响岩土工程的发展。

　　岩土工程是 20 世纪 60 年代末至 70 年代初，将土力学及基础工程、工程地质学、岩体力学三者逐渐结合为一体并应用于土木工程实际而形成的新学科。岩土工程的发展将围绕现代土木工程建设中出现的岩土工程问题并将融入其他学科取得的新成果。

第二章　地壳及其物质组成

第一节　地壳是固体地球的外部圈层

一、地球的圈层构造

地球圈层结构分为地球外部圈层和地球内部圈层两大部分。地球外部圈层可进一步划分为三个基本圈层，即大气圈、水圈、生物圈；地球内圈可进一步划分为三个基本圈层，即地壳、地幔和地核。地壳和上地幔顶部（软流层以上）由坚硬的岩石组成，合称岩石圈。

（一）简介

在地球外圈和地球内圈之间还存在一个软流圈，它是地球外圈与地球内圈之间的一个过渡圈层，位于地面以下平均深度约 150km 处。这样，整个地球总共包括八个圈层，其中岩石圈、软流圈和地球内圈一起构成了所谓的固体地球。对于地球外圈中的大气圈、水圈和生物圈，以及岩石圈的表面，一般用直接观测和测量的方法进行研究。而地球内圈，主要用地球物理的方法，例如地震学、重力学和高精度现代空间测地技术观测的反演等进行研究。地球各圈层在分布上有一个显著的特点，即固体地球内部与表面之上的高空基本上是上下平行分布的，而在地球表面附近，各圈层则是相互渗透甚至相互重叠的，其中生物圈表现最为显著，其次是水圈。

（二）划分依据

地球内部情况主要是通过地震波的记录间接地获得的。地震时，地球内部物质受到强烈冲击而产生波动，称为地震波。它主要分为纵波和横波。由于地球内部物质不均一，地震波在不同弹性、不同密度的介质中，其传播速度和通过的状况也就不一样。例如，纵波在固体、液体和气体介质中都可以传播，速度也较快；横波只能在固体介质中传播，速度比较慢。地震波在地球深处传播时，如果传播速度突然发生变化，这突然发生变化所在的面，称为不连续面。根据不连续面的存在，人们间接地知道地球内部具有圈层结构。

（三）组成结构

1. 地壳

地壳厚度各处不一，大陆地壳平均厚度约 35km，高大山系地区的地壳较厚，欧洲阿尔卑斯山的地壳厚达 65km，亚洲青藏高原某些地方超过 70km，而北京地壳厚度与大陆地壳平均厚度相当，约 36km。大洋地壳很薄，例如大西洋南部地壳厚度为 12km，北冰洋为 10km，有些地方的大洋地壳的厚度只有 5km 左右。整个地壳平均厚度约 17km。一般认为，地壳上层由较轻的硅铝物质组成，叫硅铝层。大洋底部一般缺少硅铝层；下层由较重的硅镁物质组成，称为硅镁层。大洋地壳主要由硅镁层组成。

2. 地幔

介于地壳与地核之间，又称中间层。自地壳以下至 2900km 深处。地幔一般分上下两层：从地壳最下层到 100 ～ 120km 深处，除硅铝物质外，铁镁成分增加，类似橄榄岩，称为上地幔，又称橄榄岩带；下层为柔性物质，呈非晶质状态，大约是铬的氧化物和铁镍的硫化物，称为下地幔。地震资料说明，大致在 70 ～ 150km 深处，震波传播速度减弱，形成低速带，自此向下直到 150km 深处的地幔物质呈塑性，可以产生对流，称为软流圈。这样，地幔又可分为上地幔、转变带和下地幔三层。了解地幔结构与物质状态，有助于解释岩浆活动的能量和物质来源，及地壳变动的内动力。

3. 地核

地幔以下大约至 5100km 处地震横波不能通过称为外核，推测外核物质是"液态"，但地核不仅温度很高，而且压力很大，因此这种液态应当是高温高压下的特殊物质状态；5100 ～ 6371km 是内核，在这里纵波可以转换为横波，物质状态具有刚性，为固态。整个地核以铁镍物质为主。

地球结构为一同心状圈层构造，由地心至地表依次分化为地核（core）、地幔（mantle）、地壳（crust）。地球地核、地幔和地壳的分界面，主要依据地震波传播速度的急剧变化推测确定。地球各层的压力和密度随深度增加而增大，物质的放射性及地热增温率，均随深度增加而降低，近地心的温度几乎不变。地核与地幔之间以古登堡面相隔，地幔与地壳之间，以莫霍面相隔。地核又称铁镍核心，其物质组成以铁、镍为主，又分为内核和外核。内核的顶界面距地表约 5100km，约占地核直径的 1/3，可能是固态的，其密度为 10.5 ～ 15.5 克/cm^3。外核的顶界面距地表 2900km，可能是液态的，其密度为 9 ～ 11 克/cm^3。地幔又可分为下地幔、上地幔。下地幔顶界面距地表 1000km，密度为 4.7 克/立方厘米，上地幔顶界面距地表 33km，密度 3.4 克/cm^3，因为它主要由橄榄岩组成，故也称橄榄岩圈。地壳的厚度约 33km，上部由沉积岩、花岗岩类组成，叫硅铝层，在山区最厚达 40km，在平原厚仅 10 余 km，而在海洋区则显著变薄，大洋洋底缺失。地壳的下部由玄武岩或辉长岩类组成，称为硅镁层，呈连续分布，在大陆区厚可达 30km，在缺失花岗岩的深海区厚仅 5 ～ 8km。

地球内部结构：地壳、地幔和地核三层之间的两个界面依次称为莫霍面和古登堡面
地壳＋上地幔顶部＝岩石圈纵波，横波通过地幔速度最大。

地球外部圈层结构：大气圈、水圈和岩石圈。

地球不止一个核心，而是两个即内核和外核。地核之所以成为实心因为地心引力在此创造出的压力是地球表面压力的 300 万倍。地核是的高温可以达到华氏 13000 度，比太阳表面温度高上 2000 度。地核内的铁流使物质产生巨大的磁场，可以保护地球免受外来射线的干扰。

二、地质作用

板块运动被认为是使地壳表层发生位置移动，出现断裂、褶皱以及引起地震、岩浆，火山活动和岩石变质等地质作用的总原因，这些地质作用总称为内力地质作用。内力地质作用改变着地壳的构造，同时为地貌的形成打下基础。这就是说板块运动能够解释地壳中岩石的变形，包括区域的和整个地壳的。

来自太阳的热能，是引起大气和水不断运动的主因，同时给生物的繁殖提供能量，并直接对岩石圈施加影响。这一切活动的结果，使地表的凸出部分受到风化、侵蚀等作用的破坏，破坏的产物在低凹的部位沉积起来形成新的岩石。上述变动总称外力地质作用。

地球的内力和外力地质作用同时存在并相互影响。水往低处流是受到重力的作用，而地势的高低又是内力地质作用所塑造。火山喷出的气体和水分是地球大气圈和水圈重要的物质来源之一，一次强烈的火山活动还可以引起人能直接感受到的气候异常。地质作用强烈地影响着气候以及水资源与土壤的分布，创造出了适于人类生存的环境。这种良好环境的出现，是地球大气圈、水圈和岩石圈演化到一定阶段的产物。地球形成的初期，大气圈和水圈的成分、质量都和现代大不相同，大气曾经历以二氧化碳为主的阶段，海水是约在 10 亿年前才具有今天的含盐度，生物最早出现在地球形成约 10 亿年以后。由此也说明在地球演化的不同历史阶段，各种地质作用的规模乃至性质都有所不同。

（一）分类

根据动力来源部位，地质作用常被划分为内力地质作用和外力地质作用两类。地质作用常常引起灾害，按地质灾害成因的不同，工程地质学把地质作用划分为物理地质作用和工程地质作用两种。其中，物理地质作用即自然物质作用，包括内力地质作用和外力地质作用；工程地质作用即人为地质作用。

1. 物理地质作用

（1）内力地质作用

内力地质作用的动力来自地球本身，并主要发生在地球内部，按其作用方式可分为地壳运动、岩浆作用、变质作用和地震作用四种。

地壳运动是指由地球内动力所引起的地壳岩石发生变形、变位（如弯曲、错断等）的

机械运动。地壳运动按其运动方向可以分为水平运动和垂直运动两种形式。水平方向的运动常使岩层受到挤压产生褶皱，或使岩层拉张而破裂。垂直方向的构造运动会使地壳发生上升或下降，青藏高原数百万年以来的隆升是垂直运动的表现。

变质作用是指地壳运动、岩浆作用等引起物理和化学条件发生变化，促使岩石在固体状态下改变其成分、结构和构造的作用，变质作用可形成不同的变质岩。

地震作用一般是由于地壳运动引起地球内部能量的长期积累，达到一定限度而突然释放时，地壳在一定范围内的快速颤动。按产生的原因，地震作用可分为构造地震、火山地震、陷落地震和激发地震等。

（2）外力地质作用

外力地质作用主要由太阳热辐射引起，主要发生在地壳的表层。一般按下面的程序进行：风化—剥蚀—搬运—沉积—固结成岩。主要包括风化作用、剥蚀作用、搬运作用、沉积作用和固结成岩作用等作用方式。

风化作用是指在温度、气体、水及生物等因素的长期作用下，暴露于地表的岩石发生化学分解和机械破碎。

剥蚀作用是指河水、海水、湖水、冰川及风等在其运动过程中对地表岩石造成破坏，破坏产物随其运动而搬走。例如，海岸、河岸因受海浪和流水的撞击、冲刷而发生后退。斜坡发生剥蚀作用时，斜坡物质在重力以及其他外力作用下产生滑动和崩塌，又称为块体运动。

搬运作用是指岩石经风化、剥蚀破坏后的产物，被流水、风、冰川等介质搬运到其他地方的作用。搬运作用与剥蚀作用是同时进行的。

沉积作用是指由于搬运介质的搬运能力减弱，搬运介质的物理、化学条件发生变化，或由于生物的作用，被搬运的物质从搬运介质中分离出来，形成沉积物的过程。

固结成岩作用是指沉积下来的各种松散堆积物，在一定条件下，由于压力增大、温度升高以及某些化学溶液的影响，发生压密、胶结及重结晶等物理或化学过程而使之固结成为坚硬岩石的作用。

2．工程地质作用——人为地质作用

工程地质作用或人为地质作用是指人类活动引起的地质效应。例如，采矿特别是露天开采穆动大量岩体会引起地表变形、崩塌和滑坡；人类在开采石油、天然气和地下水时因岩土层疏干排水会造成地面沉降；特别是兴建水利工程，会造成土地淹没、盐渍化、沼泽化或是库岸滑坡、水库地震。

（二）能量来源

产生地质作用的能量主要是内能和外能，内能是来源于地球本身的能源系统，主要有地内热能、重力能、地球旋转能、化学能和结晶能；外能则是指来源于地球以外的能源，主要有太阳辐射热、位能、潮汐能和生物能等。

1. 地内热能

（1）放射性热能是地球内部的放射性元素蜕变而产生的。

（2）重力分异产生的热能是地球物质在地心引力作用下按不同比重发生分异的过程中，释放出的位能转化成的热能。

（3）冲击、压缩产生的热能是地球在由星际物质聚积而成的过程中，微星体以高速冲击地球是巨大动能转变而来的。另外原始地球在自身重力作用下压缩，体积逐渐收缩而产生压缩热。此外，地球内部物质发生化学变化，结晶时会释放热，构造运动的机械能也可以转为热能。据计算，地内每年产生的热总量与经地表每年散失的总热量相抵后还有剩余，这部分剩余热能便是岩浆活动和变质作用的主要能量来源。

2. 重力能

重力能是地心引力给予物体的位能。

3. 地球旋转能

地球旋转能是地球自转产生的力给予地球表层物质的能它包括离心力、离极力和科里奥利力。

（1）离心力的大小随纬度而异，两极为零，赤道最大。地表离心力的水平力平行于地表相应点沿径向的切线，并指向低纬度，其大小在两极和赤道均为零，中纬度最大。

（2）离极力的方向指向赤道，促成表层物质向赤道运动。

（3）科里奥利力影响着地球表层物质沿纬向或径向的运动。

4. 太阳辐射热

太阳辐射热是太阳向地球输送的热。其中60%为大气、大陆和海洋吸收，成为大气圈、水圈和生物圈赖以活动，发育，并相互进行物质、能量交换的主要能源。由此产生了一系列外营力，如风、流水、冰川、波浪等。

5. 潮汐能

潮汐能是因日、月对旋转着的地球的各点的引力不断变化而产生的能。在它的作用下，地球上海水发生潮汐现象。潮汐具有机械能，是海洋中地质营力之一。

6. 生物能

生物能是生命活动经过能量转换而产生的能。其中特别指出人类大规模改造自然的活动，更是重要的能的表现形式。

7. 其他能源

地表还有来自外层空间的宇宙线、陨石冲击能，以及地表发生化学反应和结晶释放的热。

（三）作用关系

内、外力地质作用互有联系，但发展趋势相反。内力作用使地球内部和地壳的组成和结构复杂化，造成地表高低起伏；外力作用使地壳原有的组成和构造改变，夷平地表的起伏，向单一化发展。一般来说，内力作用控制着外力作用的过程和发展。

第二节 矿 物

矿物一般是自然产出且内部质点（原子、离子）排列有序的均匀固体。其化学成分一定并可用化学式表达。所谓自然产出是指地球中的矿物都是由地质作用形成。

地壳中存在的自然化合物和少数自然元素，具有相对固定化学成分和性质。都是固态的（自然汞常温液态除外）无机物。矿物是组成岩石的基础。地质博物馆中有明确概念：一般而言矿物必须是均匀的固体。矿物必须具有特定的化学成分，一般而言矿物必须具有特定的结晶构造（非晶质矿物除外），矿物必须是无机物，所以煤和石油不属于矿物。

在科学发展史上，矿物的定义曾经多次演变。按现代概念，矿物首先必须是天然产出的物体，从而与人工制备的产物相区别。但对那些虽由人工合成，而各方面特性均与天然产出的矿物相同或密切相似的产物，如人造金刚石、人造水晶等，则称为人工合成矿物。

早先，曾将矿物局限于地球上由地质作用形成的天然产物。但是近代对月岩及陨石的研究表明，组成它们的矿物与地球上的类同。有时只是为了强调它们的来源，称它们为月岩矿物和陨石矿物，或统称为宇宙矿物。另外还常分出地幔矿物，以与一般产于地壳中的矿物相区别。

其次，矿物必须是均匀的固体，气体和液体显然都不属于矿物。但有人把液态的自然汞列为矿物，一些学者把地下水、火山喷发的气体也都视为矿物。至于矿物的均匀性则表现在不能用物理的方法把它分成在化学成分上互不相同的物质，这也是矿物与岩石的根本差别。

此外，矿物这类均匀的固体内部的原子是作有序排列的，即矿物都是晶体。但早先曾把矿物仅限于"通常具有结晶结构"。这样，作为特例，诸如水铝英石等极少数天然产出的非晶质体，也被划入矿物。这类在产出状态和化学组成等方面的特征均与矿物相似，但不具结晶构造的天然均匀固体特称为似矿物。似矿物也是矿物学研究的对象，往往并不把似矿物与矿物严格区分。每种矿物除有确定的结晶结构外，还都有一定的化学成分，因而还具有一定的物理性质。矿物的化学成分可用化学式表达，如闪锌矿和石英可分别表示为 ZnS 和 SiO_2。但实际上所有矿物的成分都不是严格固定的，而是可在程度不等的一定范围内变化。造成这一现象的原因是矿物中原子间的广泛类质同象替代。

矿物是自然形成的纯物质或化合物，化学成分组成变化不大，有结晶结构。岩石是一或多种矿物的聚合体，化学成分不定，通常无结晶结构。

一、矿物的形态

矿物形态（morphology of minerals），矿物单晶体、规则连生晶体和集合体的外形特征。矿物单晶体的形态包括晶体的形状、结晶习性、晶体的大小及晶面花纹等；规则连生晶体的形态是指双晶、平行连晶及不同矿物晶体间浮生的外形特征；矿物集合体的形态通常是指同种矿物集合在一起所构成的形态，它取决于矿物单体的形状及其排列的方式。

矿物形态决定于其内部结构和生成环境。例如，具有层状结构的矿物常呈薄板状或片状晶形，内生黄铁矿的晶面条纹较发育，而外生黄铁矿的晶面则平滑无纹。所以研究矿物形态具有重要的鉴定意义，对某些矿物形态的精细研究，往往可以了解矿物与生成环境之间的关系，具有成因意义。

二、矿物的物理性质

（一）概述

长期以来，人们根据物理性质来识别矿物，如颜色、光泽、硬度、解理、比重和磁性等都是矿物肉眼鉴定的重要标志。

作为晶质固体，矿物的物理性质取决于它的化学成分和晶体结构，并体现着一般晶体所具有的特性——均一性、对称性和各向异性。

（二）形态

矿物千姿百态，就其单体而言，它们的大小悬殊，有的肉眼或用一般的放大镜可见（显晶），有的需借助显微镜或电子显微镜辨认（隐晶）；有的晶形完好，呈规则的几何多面体形态；有的呈不规则的颗粒，存在于岩石或土壤之中。矿物单体形态大体上可分为三向等长（如粒状）、二向延展（如板状、片状）和一向伸长（如柱状、针状、纤维状）3 种类型。而晶形则服从一系列几何结晶学规律。

矿物单体间有时可以产生规则的连生，同种矿物晶体可以彼此平行连生，也可以按一定对称规律形成双晶，非同种晶体间的规则连生称浮生或交生。

矿物集合体可以是显晶或隐晶的。隐晶或胶态的集合体常具有各种特殊的形态，如结核状（如磷灰石结核）、豆状或鲕状（如鲕状赤铁矿）、树枝状（如树枝状自然铜）、晶腺状（如玛瑙）、土状（如高岭石）等。

（三）颜色

矿物的颜色多种多样。呈色的原因，一类是白色光通过矿物时，内部发生电子跃迁过程而引起对不同色光的选择性吸收所致；另一类则是物理光学过程所致。导致矿物内电子跃迁的内因，最主要的是色素离子的存在，如 Fe^{3+} 使赤铁矿呈红色，V^{3+} 使钒榴石呈绿色等。

是晶格缺陷形成"色心"，如萤石的紫色等。矿物学中一般将颜色分为3类：自色是矿物固有的颜色；他色是指由混入物引起的颜色；假色则是由于某种物理光学过程所致。如斑铜矿新鲜面为古铜红色，氧化后因表面的氧化薄膜引起光的干涉而呈现蓝紫色的锖色。矿物内部含有定向的细微包体，当转动矿物时可出现颜色变幻的变彩，透明矿物的解理或裂隙有时可引起光的干涉而出现彩虹般的晕色等。矿物在白色无釉的瓷板上划擦时所留下的粉末痕迹。条痕色可消除假色，减弱他色，通常用于矿物鉴定。

（四）光泽与透明度

指矿物表面反射可见光的能力。根据平滑表面反光的由强而弱分为金属光泽（状若镀克罗米金属表面的反光，如方铅矿）、半金属光泽（状若一般金属表面的反光，如磁铁矿）、金刚光泽（状若钻石的反光，如金刚石）和玻璃光泽（状若玻璃板的反光，如石英）四级。金属和半金属光泽的矿物条痕一般为深色，金刚或玻璃光泽的矿物条痕为浅色或白色。此外，若矿物的反光面不平滑或呈集合体时，还可出现油脂光泽、树脂光泽、蜡状光泽、土状光泽及丝绢光泽和珍珠光泽等特殊光泽类型。

指矿物透过可见光的程度。影响矿物透明度的外在因素（如厚度、含有包裹体、表面不平滑等）很多。通常是在厚为 0.03mm 薄片的条件下，根据矿物透明的程度，将矿物分为：透明矿物（如石英）、半透明矿物（如辰砂）和不透明矿物（如磁铁矿）。许多在手标本上看来并不透明的矿物，实际上都属于透明矿物如普通辉石等。一般具玻璃光泽的矿物均为透明矿物，显金属或半金属光泽的为不透明矿物，具金刚光泽的则为透明或半透明矿物。

（五）断口解理与裂理

矿物在外力作用如敲打下，沿任意方向产生的各种断面称为断口。断口依其形状主要有贝壳状、锯齿状、参差状、平坦状等。在外力作用下，矿物晶体沿着一定的结晶学平面破裂的固有特性称为解理。解理面平行于晶体结构中键力最强的方向，一般也是原子排列最密的面网发生，并服从晶体的对称性。解理面可用单形符号（见晶体）表示，如方铅矿具立方体 {100} 解理、普通角闪石具 {110} 柱面解理等。根据解理产生的难易和解理面完整的程度将解理分为极完全解理（如云母）、完全解理（如方解石）、中等解理（如普通辉石）、不完全解理（如磷灰石）和极不完全解理（如石英）。裂理也称裂开，是矿物晶体在外力作用下，沿一定的结晶学平面破裂的非固有性质。它外观极似解理，但两者产生的原因不同。裂理往往是因为含杂质夹层或双晶的影响等，并非某种矿物所必有的因素所致。

（六）硬度与比重

是指矿物抵抗外力作用（如刻画、压入、研磨）的机械强度。矿物学中最常用的是摩氏硬度，它是通过与具有标准硬度的矿物相互刻划比较而得出的。10 种标准硬度的矿物组成了摩氏硬度计，它们从 1 度到 10 度分别为滑石、石膏、方解石、萤石、磷灰石、正长石、石英、黄玉、刚玉、金刚石。十个等级只表示相对硬度的大小，为了简便还可以用指甲（2-2.5）、小钢刀（6-7）、窗玻璃（5.5-6）作为辅助标准，粗略地定出矿物的摩氏硬度。另一种硬度为维氏硬度，它是压入硬度，用显微硬度仪测出，以千克/平方mm表示。摩氏硬度 H m 与维氏硬度 H v 的大致关系是（kg/mm^2），矿物的硬度与晶体结构中化学键型、原子间距、电价和原子配位等密切相关。

指矿物指纯净、均匀的单矿物在空气中的重量与同体积水在 4℃时重量之比。矿物的比重取决于组成元素的原子量和晶体结构的紧密程度。虽然不同矿物的比重差异很大，琥珀的比重小于 1，而自然铱的比重可高达 22.7，但大多数矿物具有中等比重（2.5 ~ 4）。矿物的比重可以实测，也可以根据化学成分和晶胞体积计算出理论值。

矿物的密度（D）是指矿物单位体积的重量，度量单位为克/立方厘米（g/cm^3）。矿物的比重在数值上等于矿物的密度。

矿物比重的变化幅度很大，可由小于 1（如琥珀）至 23（如饿钌族矿物）。自然金属元素矿物的比重最大，盐类矿物比重较小。

矿物比重可分为三级：

轻级比重小于 2.5。如石墨（2.5）、自然硫（2.05-2.08）、食盐（2.1-2.5）、石膏（2.3）等。

中级比重由 2.5 到 4。大多数矿物的比重属于此级。如石英（2.65）、斜长石（2.61-2.76）、金刚石（3.5）等。

重级比重大于 4。如重晶石（4.3-4.7）、磁铁矿（4.6-5.2）、白钨矿（5.8-6.2）、方铅矿（7.4-7.6）、自然金（14.6-18.3）等。

矿物的比重决定于其化学成分和内部结构，主要与组成元素的原子量、原子和离子半径及堆积方式有关。此外矿物的形成条件--温度和压力对矿物的比重的变化也起重要的作用。

应该指出，同一种矿物，由于化学成分的变化、类质同象混入物的代换、机械混入物及包裹体的存在、洞穴与裂隙中空气的吸附等对矿物的比重均会造成影响。所以，在测定矿物比重时，必须选择纯净、未风化矿物。

（七）挠性、磁性与发光性

某些矿物（如云母）受外力作用弯曲变形，外力消除可恢复原状，显示弹性；而另一些矿物（如绿泥石）受外力作用弯曲变形，外力消除后不再恢复原状，显示挠性。大多数矿物为离子化合物，它们受外力作用容易破碎，显示脆性。少数具金属键的矿物（如自然金），具延性（拉之成丝）、展性（捶之成片）。

根据矿物内部所含原子或离子的原子本征磁矩的大小及其相互取向关系的不同，它们在被外磁场所磁化时表现的性质也不相同，从而可分为抗磁性（如石盐）、顺磁性（如黑云母）、反铁磁性（如赤铁矿）、铁磁性（如自然铁）和亚铁磁性（如磁铁矿）。由于原子磁矩是由不成对电子引起的，因而凡只含具饱和的电子壳层的原子和离子的矿物都是抗磁的，而所有具有铁磁性或亚铁磁性、反铁磁性、顺磁性的矿物都是含过渡元素的矿物。

但若所含过渡元素离子中不存在不成对电子时（如毒砂），则矿物仍是抗磁的。具铁磁性和亚铁磁性的矿物可被永久磁铁所吸引；具亚铁磁性和顺磁性的矿物则只能被电磁铁所吸引。矿物的磁性常被用于探矿和选矿。

一些矿物受外来能量激发能发出可见光。加热、摩擦以及阴极射线、紫外线、X射线的照射都是激发矿物发光的因素。激发停止，发光即停止的称为荧光；激发停止发光仍可持续一段时间的称为磷光。矿物发光性可用于矿物鉴定、找矿和选矿。

三、矿物的化学性质

（一）晶体结构

化学组成和晶体结构是每种矿物的基本特征，是决定矿物形态和物理性质以及成因的根本因素，也是矿物分类的依据，矿物的利用也与它们密不可分。

（二）化学组成

化学元素是组成矿物的物质基础。人们对地壳中产出的矿物研究较为充分。地壳中各种元素的平均含量（克拉克值）不同。氧、硅、铝、铁、钙、钠、钾、镁八种元素就占了地壳总重量的97%，其中氧约占地壳总重量的一半（49%），硅占地壳总重的1/4以上（26%）。故地壳中上述元素的氧化物和氧盐（特别是硅酸盐）矿物分布最广，它们构成了地壳中各种岩石的主要组成矿物。其余元素相对而言虽微不足道，但由于它们的地球化学性质不同，有些趋向聚集，有的趋向分散。某些元素如锑、铋、金、银、汞等克拉克值甚低，均在千万分之二以下，但仍聚集形成独立的矿物种，有时并可富集成矿床；而某些元素如铷、镓等的克拉克值虽远高于上述元素，但趋于分散，不易形成独立矿物种，一般仅以混入物形式分散于某些矿物成分之中。

（三）原子与配位数

共价键的矿物（如自然金属、卤化物及氧化物矿物等）晶体结构中，原子常呈最紧密堆积（见晶体），配位数即原子或离子周围最邻近的原子或异号离子数，取决于阴阳离子半径的比值。当共价键为主时（如硫化物矿物），配位数和配位型式取决于原子外层电子的构型，即共价键的方向性和饱和性。对于同一种元素而言，其原子或离子的配位数还受到矿物形成时的物理化学条件的影响。温度增高，配位数减小，压力增大，配位数增大。矿物晶体结构可以看成是配位多面体（把围绕中心原子，并与之成配位关系的原子用直线连接起来获得的几何多面体）共角顶、共棱或共面联结而成。

（四）成分和结构

一定的化学成分和一定的晶体结构构成一个矿物种。但化学成分可在一定范围内变化。矿物成分变化的原因，除那些不参加晶格的机械混入物、胶体吸附物质的存在外，最主要的是晶格中质点的替代，即类质同象替代，它是矿物中普遍存在的现象。可相互取代，在晶体结构中占据等同位置的两种质点，彼此可以呈有序或无序的分布（见有序—无序）。矿物的晶体结构不仅取决于化学成分，还受到外界条件的影响。同种成分的物质，在不同的物理化学条件（温度、压力、介质）下可以形成结构各异的不同矿物种，这一现象称为同质多象。如金刚石和石墨的成分同样是碳单质，但晶体结构不同，性质上也有很大差异，它们被称为碳的不同的同质多象变体。如果化学成分相同或基本相同，结构单元层也相同或基本相同，只是层的叠置层序有所差异时，则称它们为不同的多型。如石墨 2H 多型（两层一个重复周期，六方晶系）和 3R 多型（三层一个重复周期，三方晶系）。不同多型仍看作同一个矿物种。

（五）晶体化学式

矿物的化学成分一般采用晶体化学式表达。它既表明矿物中各种化学组分的种类、数量，又反映了原子结合的情况。如铁白云石 $Ca(Mg，Fe，Mn)[CO_3]_2$，圆括号内按含量多少依次列出相互成类质同象替代的元素，彼此以逗号分开；方括号内为络阴离子团。

四、常见矿物

（一）重晶石

重晶石是钡的最常见矿物，它的成分为硫酸钡。产于低温热液矿脉中，如石英 - 重晶石脉，萤石 - 重晶石脉等，常与方铅矿、闪锌矿、黄铜矿、辰砂等共生。我国湖南、广西、青海、江西所产的重晶石矿床多是巨大的热液单矿物矿脉。重晶石亦可产于沉积岩中，呈结核状出现，多存在于沉积锰矿床和浅海的泥质、砂质沉积岩中。在风化残余矿床的残积黏土覆盖层内，常成结状、块状。

1. 结构性质

重晶石是以硫酸钡（$BaSO$）为主要成分的非金属矿产品（化学成分：BaO：65.7%，SO：34.3%。成分中有 Sr、Pb 和 Ca 类质同象替代），纯重晶石显白色、有光泽，由于杂质及混入物的影响也常呈灰色、浅红色、浅黄色等，结晶情况相当好的重晶石还可呈透明晶体出现。重晶石系硫酸盐矿物。成分为 $BaSO$。自然界分布最广的含钡矿物。钡可被锶完全类质同象代替，形成天青石；被铅部分替代，形成北投石（因产自台湾北投温泉而得名）。

重晶石化学性质稳定，不溶于水和盐酸，无磁性和毒性。重晶石化学组成为 $BaSO$，晶体属正交（斜方）晶系的硫酸盐矿物。常呈厚板状或柱状晶体，多为致密块状或板状、粒状集合体。质纯时无色透明，含杂质时被染成各种颜色，条痕白色，玻璃光泽，透明至半透明。三组解理完全，夹角等于或近于 90°。摩氏硬度 3 ~ 3.5，比重 4.0 ~ 4.6。鉴定特征：板状晶体，硬度小，近直角相交的完全解理，密度大，遇盐酸不起泡，并以此与相似的方解石相区别。重晶石是以硫酸钡（$BaSO$）为主要成分的非金属矿产品，纯重晶石显白色、有光泽，由于杂质及混入物的影响也常呈灰色、浅红色、浅黄色等，结晶情况相当好的重晶石还可呈透明晶体出现。重晶石是一种混合物。

重晶石的晶体呈大的管状，晶体聚集在一起有时可形成玫瑰花形状或分叉的晶块，这称为冠毛状重晶石。纯的重晶石是无色透明的，一般则呈白、浅黄色，具有玻璃光泽。而且重晶石可以用作白色颜料（我们俗称立德粉），还可用于化工、造纸、纺织填料，在玻璃生产中它可充当助熔剂并增加玻璃的光亮度。但它最主要的是作为加重剂用在钻井行业中及提炼钡。

2. 开发利用

重晶石是一种很重要的非金属矿物原料，具有广泛的工业用途。

（1）钻井泥浆加重剂：在一些油井、气井钻探时，一般使用的钻井泥浆、黏土比重为 2.5 左右，水的比重为 1，因此泥浆比重较低，有时泥浆重量不能与地下油、气压力平衡，则造成井喷事故。在地下压力较高的情况下，就需要增加泥浆比重，往泥浆中加入重晶石粉是增加泥浆比重的有效措施。做钻井泥浆用的重晶石一般细度要达到 325 目以上，如重晶石细度不够则易发生沉淀。钻井泥浆用重晶石要求比重大于 4.2，$BaSO$ 含量不低于 95%，可溶性盐类小于 1%。

（2）锌钡白颜料：锌钡白是一种常用的优质白色颜料，可作为油漆、绘画颜料的原料。将硫酸钡加热，使用还原剂就可还原成硫化钡（BaS），然后与硫酸锌（$ZnSO$）反应得到的硫酸钡和硫化锌的混合物（$BaSO$ 占 70%，ZnS 占 30%）即为锌钡白颜料。制取锌钡白的重晶石要求 $BaSO$ 含量大于 95%，同时应不含有可见的有色杂物。

（3）各种钡化合物：以重晶石为原料可以制造氧化钡、碳酸钡、氯化钡、硝酸钡、沉淀硫酸钡、氢氧化钡等化工原料。

化学纯的硫酸钡是测量白度的标准；碳酸钡是光学玻璃的重要原料，它向玻璃中引入 BaO，从而增大玻璃的折光率，并改善其他光学性能；在陶瓷中用来配制釉料；氯化钡是一种农用杀虫剂；硝酸钡用于焰火和玻璃工业中；高锰酸钡是一种绿色颜料。

（4）填料工业用重晶石：在油漆工业中，重晶石粉填料可以增加漆膜厚度、强度及耐久性。锌钡白颜料也用于制造白色油漆，在室内使用比铅白、镁白具有更多的优点。油漆工业用重晶石要求有足够的细度和较高的白度。

造纸工业、橡胶和塑料工业也用重晶石作填料，这种填料能提高橡胶和塑料的硬度、耐磨性及耐老化性。

橡胶、造纸用重晶石填料一般要求 $BaSO$ 大于 98%，CaO 小于 0.36%，不许含有氧化镁、铅等成分。

（5）水泥工业用矿化剂：在水泥生产中采用重晶石、萤石复合矿化剂掺入对促进 CS 形成、活化 CS 具有明显的效果，熟料质量得到了改善，水泥早期强度大约可提高 20% ~ 25%，后期强度约提高 10%，熟料烧成温度由 1450℃降低到 1300 ± 50℃。重晶石掺量为 0.8 ~ 1.5% 时，效果最好。在白水泥生产中，采用重晶石、萤石复合矿化剂后，烧成温度从 1500℃ 降至 1400℃，游离 CaO 含量低，强度和白度都有所提高。在以煤矸石为原料的水泥生料中加入适量的重晶石，可使熟料饱和比低的水泥强度，特别是早期强度得到大幅度的提高，这就为煤矸石的综合利用，为生产低钙、节能、早强和高强水泥提供了一条有益途径。

（6）防射线水泥、砂浆及混凝土：利用重晶石具有吸收 X 射线的性能，用重晶石制作钡水泥、重晶石砂浆和重晶石混凝土，用以代替金属铅板屏蔽核反应堆和建造科研、医院防 X 射线的建筑物。

钡水泥是以重晶石和黏土为主要原料，经烧结得到以硅酸二钡为主要矿物组成的熟料，再加适量石膏，共同磨细而成。比重较一般硅酸盐水泥高，可达 4.7 ~ 5.2。强度标号为 325 ~ 425。由于钡水泥比重大，可与重质集料（如重晶石）配制成均匀、密实的防 X 射线混凝土。

重晶石砂浆是一种容重较大、对 X 射线有阻隔作用的砂浆，一般要求采用水化热低的硅酸盐水泥，通常用的水泥：重晶石粉：重晶石砂：粗砂配合比为 1：0.25：2.5：1。重晶石混凝土是一种容重较大，对 X 射线具有屏蔽能力的混凝土，胶凝材料一般采用水化热低的硅酸盐水泥或高铝水泥、钡水泥、锶水泥等特种水泥。硅酸盐水泥应用最广。常用的水泥：重晶石碎石重晶石砂：水的配合比为 1：4.54：3.4：0.5；1：5.44：4.46：0.6；1：5：3.8：0.2 三种。

做防射线砂浆及混凝土的重晶石，$BaSO_4$ 含量应不低于 80%，其中含有的石膏、黄铁矿、硫化物和硫酸盐等杂质不得超过 7%。

（7）道路建设：橡胶和含约 10% 重晶石的柏油混合物已成功地用于停车场，是一种耐久的铺路材料。目前，重型道路建设设备的轮胎一部分地填充有重晶石，以增加重量，利于填方地区的夯实。

（8）其他：重晶石和油料调和后涂于布基上制造油布；重晶石粉用来精制煤油；在医药工业中做消化道造影剂；还可制农药、制革、制焰火等。此外，重晶石还用作提取金属钡，用作电视和其他真空管的吸气剂、黏结剂。钡与其他金属（铝、镁、铅、钙）制成合金，用于轴承制造。

3. 提纯技术

随着优质、单一型重晶石矿日益枯竭，我国目前绝大部分重晶石矿品位低，与其他金属矿、非金属矿紧密伴生，直接影响其在工业上的利用价值。作钻井泥浆用的重晶石加重剂一般细度要求达到 -0.056mm 以上，密度 >4.2g/cm，品位 >95%，可溶性盐类含量 98%，CaO 含量 <0.36%，且不许含有氧化镁、铅等有害成分。不同用途的重晶石对重晶石的纯度、白度、杂质含量的要求不同。

（1）物理提纯

重晶石的物理提纯方法主要有：手选、重选、磁选。手选的主要依据是重晶石与伴生矿的颜色和密度的区别。原矿经过粗碎后，重晶石矿物与脉石矿物能够有效解离，手选可以选出块状的重晶石。如广西象州潘村矿，用手选法可以得到粒度在 30 ~ 150mm，BaSO含量 >92% 的富矿。手选法简单方便易行，对设备依赖低，成本小，但对矿石要求高并且生产效率低，对资源造成极大浪费。重选是根据重晶石与伴生矿物的密度差别进行提纯。原矿经破碎、磨矿至一定粒级进入重选设备进行分选从而将脉石剔除。湖南衡南重晶石矿重选后的硫酸钡含量达 92% 以上，手选尾矿经重选后可以得到硫酸钡含量达 84.50% 的重选精矿。磁选是利用不同矿石之间磁性的差异，在磁力的作用下进行选别的方法。磁选主要来除掉一些具有磁性氧化铁类矿物如菱铁矿，通常与重选联合使用，以降低重晶石精矿中铁的含量。

（2）化学提纯

1）浮选法提纯

随着高品位易选重晶石矿的不断开发利用，急待加大对低品位重晶石矿开发研究的力度。重晶石常与萤石、方解石、石英等矿物紧密伴生，品位低、嵌布粒度细、成分复杂，传统重选工艺难以使其有效分离。浮选可以适应各种复杂嵌布类型的重晶石，因而成为现阶段重晶石选别的主要方法。

捕收剂是决定重晶石矿物能否有效分离的关键，常用的捕收剂根据吸附形式可以分为三种：

①以化学吸附为主的阴离子捕收剂；

②以物理吸附为主的阳离子捕收剂；

③介于两者之间的两性捕收剂。

根据重晶石与萤石的分离过程可分为两种：一种是抑制重晶石浮选萤石；另一种是抑制萤石浮选重晶石。

2）煅烧提纯

矿物煅烧过程表现为受热离解为一种组成更简单的矿物或矿物本身发生晶型转变，由一种固相热解为另一种固相和气相的物理变化过程。由于重晶石矿物在成床过程中混入 FeO、TiO、有机质等杂质，这些杂质会使重晶石发灰、发绿及发青等，从而影响重晶石的纯度和白度，严重降低重晶石的使用价值。煅烧可使有机质挥发，煅烧除杂主要适用于去除能够在高温下吸热分解或挥发的杂质。

3）浸出提纯

浸出提纯主要是用于除掉重晶石中的碳及有色杂质。它们的存在影响重晶石精矿的白度及应用前景。除掉这些杂质的主要方法有：酸浸法、氧化—还原法、有机酸络合法。酸浸法是利用酸与矿物中的杂质金属或金属氧化物进行反应，生成可溶于水或稀酸的化合物，经洗涤过滤，将可溶物去除，可以达到提纯的目的。雷绍明等将湖北某重晶石矿经过浓硫酸浸出后，可以使重晶石粉的白度从 84.10% 提高到 88.60%。氧化—还原法首先加入氧化剂使矿物中伴生的金属化合物溶解，并氧化重晶石中的致色有机物，再加入还原剂将 Fe 还原成 Fe，使其溶解，达到除杂增白、提高矿物品位的目的。有机酸络合法是在除铁过程中添加有机酸如 EDTA、抗坏血酸、柠檬酸、草酸等，这类酸能溶解铁氧化物，并形成络合物，达到很好的除铁效果。

重晶石经过基本提纯后可以满足生产初级钡盐的要求，但部分精细和专用化产品仍无法生产，还需依赖进口。需要对重晶石的开发做进一步探索。

4. 主要用途

重晶石属于不可再生资源，是中国的出口优势矿产品之一，广泛用于石油、天然气钻探泥浆的加重剂，在钡化工、填料等领域的消费量也在逐年增长。中国重晶石资源相当丰富，分布于全国 21 个省（区），总保有储量矿石 3.6 亿吨，居世界第 1 位。在医疗上可用于消化系统中造影剂。

石油钻探油气井旋转钻探中的环流泥浆加重剂冷却钻头，带走切削下来的碎屑物，润滑钻杆，封闭孔壁，控制油气压力，防止油井自喷，化工生产碳酸钡、氯化钡、硫酸钡、锌钡白、氢氧化钡、氧化钡等各种钡化合物这些钡化合物广泛应用于试剂、催化剂、糖的精制、纺织、防火、各种焰火、合成橡胶的凝结剂、塑料、杀虫剂、钢的表面淬火、荧光粉、荧光灯、焊药、油脂添加剂等。玻璃去氧剂、澄清剂、助熔剂增加玻璃的光学稳定性、光泽和强度，橡胶、塑料、油漆填料、增光剂、加重剂、建筑混凝土骨料、铺路材料重压沼泽地区埋藏的管道，代替铅板用于核设施、原子能工厂、X 光实验室等的屏蔽，延长路面的寿命。

（二）奥长石

奥长石又称更长石，旧称钠钙长石，斜长石的一种，常见于花岗岩、正长岩、闪长岩和片麻岩。它常与正长石共生。奥长石并没有特定的化学成分，属硅酸盐矿物 - 架状硅酸盐矿物 - 长石族。一般为无色，灰色或褐色，可以做玻璃或陶瓷工业原料；混合钠长石或金属矿物后，呈肉红色并由于含鳞片状镜铁矿细微包裹体而显现金黄色闪光的变种，称为日光石，产出较少，属于中档宝石。

第三节　岩　石

一、火成岩

火成岩或称岩浆岩，地质学专业术语，三大岩类的一种，是指岩浆冷却后（地壳里喷出的岩浆，或者被融化的现存岩石），成形的一种岩石。现在已经发现 700 多种岩浆岩，大部分是在地壳里面的岩石。常见的岩浆岩有花岗岩、安山岩及玄武岩等。一般来说，岩浆岩易出现于板块交界地带的火山区。

（一）岩浆岩分类

分为：火山岩（外部）、浅成岩和深成岩（内部）

浅成岩：是岩浆在地下，侵入地壳内部 3～1.5 千米的深度之间形成的火成岩，一般为细粒、隐晶质和斑状结构；

深成岩：是岩浆侵入地壳深层 3 千米以下，缓慢冷却相成的火成岩，一般为全晶质粗粒结构；亦名侵入岩。

火山岩：在火山爆发岩浆喷出地面之后，再经冷却形成，所以又名喷出岩，由于冷却较快，所以一般形成细粒或玻璃质的岩石。

（二）特性

1. 粒度

根据晶子粒的大小，岩浆岩分成五类：伟晶岩质，有非常大的颗粒。

晶岩质，只有大的颗粒。

斑状，有一些大颗粒和一些小颗粒。

非显晶质，只有小颗粒。

玻璃状，没有颗粒。

2. 晶体结构

晶体形状也是纹理的一个重要因素，以此分成三类：

全角：晶体形状完全保存。

半角：晶体形状部分保存。

他形：认不出晶体方向。

其中以第 3 项居多。

3. 化学成分

岩浆岩以两种化学成分分类：

二氧化硅的含量：酸性火成岩含量 >66%。

中性火成岩含量 66%~53%。

基性火成岩含量 53%~45%。

超基性火成岩含量 <45%。

石英，碱长石和似长石的含量：

长英质：含量很高，一般颜色较浅，密度较低。

铁镁质：含量低，颜色深，而且密度较高。

4. 物质组成

（1）化学成分。主要由氧、硅、铝、铁、钙、钠、钾、镁、钛、锰、氢、磷等 12 种元素组成。它们被称为造岩元素，约占火成岩总重量的 99% 以上，尤以氧最多，占总重量的 46% 以上。其余所有元素的重量总和还不到 1%。它们常用氧化物百分数表示。SiO_2 是岩浆岩中最重要的一种氧化物，其含量是岩石分类的一个主要参数。如 SiO_2 含量大于 65% 的火成岩称酸性岩，含量 52%～65% 者为中性岩，45%～52% 者为基性岩，小于 45% 者为超基性岩。K_2O+Na_2O 质量分数之和称为全碱含量，也是岩石分类的一个重要参数。除 12 种主要元素外，火成岩中还含有许多种微量元素，如 Au、Ag、As、B、Ba、Be、Cu、Pb、Zn、F、Cl、S、Ce、Li 等。

（2）矿物成分。常见的矿物有 20 多种，通称造岩矿物。依其化学成分可分为两类。硅铝矿物，SiO_2 与 Al_2O_3 含量高，不含 FeO、MgO，如石英类、长石类和似长石类。这类矿物颜色浅，故也称浅色或淡色矿物。铁镁矿物，FeO 和 MgO 的含量较高，SiO_2 含量较低。如橄榄石类、辉石类、角闪石类及黑云母类等。这类矿物的颜色较深，故又称深色或暗色矿物。硅铝矿物和铁镁矿物在火成岩中的比例是岩石鉴定和分类的重要标志之一。火成岩的矿物成分和化学成分取决于岩浆来源，也取决于岩浆演化成岩的总过程。如来自幔源的岩浆富含铁、镁、铬等元素，形成的岩石以铁镁矿物为主，而来自壳源的岩浆富含硅铝元素，形成的岩石以硅铝矿物为主，花岗质岩浆在演化过程中与碳酸盐岩接触交代形成的矽卡岩以含钙矿物为主等。

5. 岩石成因

火成岩岩浆岩就是从橄榄岩浆、玄武岩浆、安山岩浆、花岗岩浆通过复杂的演化作用形成的。这几种原始岩浆是上地幔和地壳底层的固态物质在一定条件下通过局部熔融（重熔）产生的。局部熔融是现代岩浆成因方面的一个基本概念，大致解释如下：和单种矿物比较起来，岩石在熔化时有下列两个特点：第一，是岩石的熔化温度低于其构成矿物各自单独熔化时的熔点；第二，是岩石从开始熔化到完全熔化有一个温度区间，而矿物在一定的压力下仅有一个熔化温度。岩石熔化时之所以出现上述特点，是因为岩石是由多种矿物组成的，不同的矿物其熔点也不相同，在岩石熔化时，不同矿物的熔化顺序自然不同。一般的情况是：矿物或岩石中 SiO_2 和 K_2O 含量愈高，即组分愈趋向于"酸性"，愈易熔化，称为易熔组分；反之，矿物或岩石中 FeO、MgO、CaO 含量愈高，即组分愈趋于"基性"，愈难熔化，称为难熔组分。所以，岩石开始熔化时产生的熔体中 SiO_2、K_2O、Na_2O 较多，熔体偏于酸性，随着熔化温度的提高，熔体中铁、镁组分增加而渐趋于基性。

6. 成岩结构

成岩的结构与构造，基本上是用肉眼在一块手标本上，或者在一米见方的野外露头上就能观察到的岩石特征，可以说是一项"微观"考察在比较大的范围内考察，也可说是一项"宏观"项目，这就是火成岩的产状。所谓火成岩的产状，是指火成岩体在地壳中产出（存在）的状态，具体地说，就是野外所看到的整个岩体的模样。当然，这也是在火成岩发育地区旅行时所必须了解的内容。火成岩体产状的具体内容，包括岩体的大小、形状及其与围岩之间的关系，这是由构造环境的特点所决定的。所以当对火成岩体的产状有所了解以后，对火成岩的成因、形成的条件等方面也就有所认识了。先谈火山岩的产状，它的特点与火山的喷发方式有密切的关系。如果是中心式的喷发，则形成许多锥形的火山岩堆积，组成古火山群，例如山西大同所见到的第四纪火山群就属于此种类型。如果是沿着地壳的断裂带分布的火山岩，或者说是由裂隙式的火山喷发而形成的，则出现线状分布的火山群，如南京地区所见到的第三纪火山群。各地火山岩组成的物质也有所不同，有的以熔岩为主，有的则以火山碎屑为主。如以现代的活火山为例，堪察加汝帕华火山和夏威夷的基拉韦亚火山以熔岩为主，喷溢之时，犹如河流奔泻，或如飞瀑高悬。

二、沉积岩

沉积岩，三大岩类的一种，又称为水成岩，是三种组成地球岩石圈的主要岩石之一（另外两种是岩浆岩和变质岩）。是在地壳发展演化过程中，在地表或接近地表的常温常压条件下，任何先成岩遭受风化剥蚀作用的破坏产物，以及生物作用与火山作用的产物在原地或经过外力的搬运所形成的沉积层，又经成岩作用而成的岩石。在地球地表，有70%的岩石是沉积岩，但如果从地球表面到16km深的整个岩石圈算，沉积岩只占5%。沉积岩主要包括石灰岩、砂岩、页岩等。沉积岩中所含有的矿产，占全部世界矿产蕴藏量的80%。

（一）特性

1. 特性概述

沉积岩是指成层堆积的松散沉积物固结而成的岩石。曾称水成岩。是组成地壳的三大岩类（火成岩、沉积岩和变质岩）之一。沉积物指陆地或水盆地中的松散碎屑物，如砾石、砂、黏土、灰泥和生物残骸等。主要是母岩风化的产物，其次是火山喷发物、有机物和宇宙物质等。沉积岩分布在地壳的表层。在陆地上出露的面积约占75%，火成岩和变质岩只有25%。但是在地壳中沉积岩的体积只占5%左右，其余两类岩石约占95%。沉积岩种类很多，其中最常见的是页岩、砂岩和石灰岩，它们占沉积岩总数的95%。这三种岩石的分配比例随沉积区的地质构造和古地理位置不同而异。总的说，页岩最多，其次是砂岩，石灰岩数量最少。沉积岩地层中蕴藏着绝大部分矿产，如能源、非金属、金属和稀有元素矿产，其次还有化石群。

2. 化学成分

随沉积岩中的主要造岩矿物含量差异而不同。例如，泥质岩以黏土矿物为主要造岩矿物，而黏土矿物是铝-硅酸盐类矿物，因此泥质岩中SiO_2及Al_2O_3的总含量常达70%以上。砂岩中石英、长石是主要的，一般以石英居多，因此SiO_2及Al_2O_3含量可高达80%以上，其中SiO_2可达$60\sim95\%$。石灰岩、白云岩等碳酸盐岩，以方解石和白云石为造岩矿物，CaO或CaO+MgO含量大，SiO_2，Al_2O_3等含量一般不足10%。

（二）形成

沉积岩是由风化的碎屑物和溶解的物质经过搬运作用、沉积作用和成岩作用而形成的。形成过程受到地理环境和大地构造格局的制约。古地理对沉积岩形成的影响是多方面的。最明显的是陆地和海洋，盆地外和盆地内的古地理影响。陆地沉积岩的分布范围比海洋沉积岩的分布范围小；盆地外沉积岩的分布范围或能保存下来的范围，比盆地内沉积岩的分布或能保存下来的范围要小一些。

（三）分类

沉积岩分类考虑岩石的成因、造岩组分和结构构造 3 个因素。一般沉积岩的成因分类比较粗略，按岩石的造岩组分和结构特点的分类比较详细。外生和内生实际上是指盆地外和盆地内的两种成因类型。盆地外的，主要形成陆源的硅质碎屑岩，但是陆地的河流等定向水系可将陆源碎屑物搬运到湖、海等盆地内部而沉积、成岩；盆地内的，形成的内生沉积岩的造岩组分，除了直接由湖、海中析出的化学成分外，也可能有一部分来自陆地的化学或生物组分。

1. 砾岩

是粗碎屑含量大于 30% 的岩石。绝大部分砾岩由粒度相差悬殊的岩屑组成，砾石或角砾大者可达 1 米以上，填隙物颗粒也相对比较粗。具有大型斜层理和递变层理构造。

2. 砂岩

在沉积岩中分布仅次于黏土岩。它是由粒度在 2 ~ 0.1mm 范围内的碎屑物质组成的岩石。在砂岩中，砂含量通常大于 50%，其余是基质和胶结物。碎屑成分以石英、长石为主，其次为各种岩屑以及云母、绿泥石等矿物碎屑。

3. 粉砂岩

岩中，0.1 ~ 0.01mm 粒级的碎屑颗粒超过 50%，以石英为主，常含较多的白云母，钾长石和酸性斜长石含量较少，岩屑极少见到。黏土基质含量较高。黏土岩是沉积岩中分布最广的一类岩石。其中，黏土矿物的含量通常大于 50%，粒度在 0.005 ~ 0.0039mm 范围以下。主要由高岭石族、多水高岭石族、蒙脱石族、水云母族和绿泥石族矿物组成。

4. 碳酸盐岩

常见的岩石类型是石灰岩和白云岩，是由方解石和白云石等碳酸盐矿物组成的。碳酸盐中也有颗粒，陆源碎屑称为外颗粒；在沉积环境以内形成并具有碳酸盐成分的碎屑称为内碎屑。在中国北方寒武系和奥陶系的石灰岩中广泛分布着一种竹叶状的砾屑，这些竹叶状灰岩反映了浅水海洋动荡的沉积环境，是由未固结的碳酸盐经强大的水流、潮汐或风暴作用，破碎、磨蚀、搬运和堆积而成的。在鲕状灰岩中常见到具有核心或同心层结构的球状颗粒，很像鱼子，得名"鲕粒"。鲕粒的核心可以是外颗粒，也可以是内颗粒，还可以是化石。同心层主要由泥级（<0.005mm）方解石晶体组成。

5．碎屑岩

碎屑岩也称火山碎屑岩，是火山碎屑物质的含量占 90% 以上的岩石，火山碎屑物质主要有岩屑、晶屑和玻屑，因为火山碎屑没有经过长距离搬运，基本上是就地堆积，因此，颗粒分选和磨圆度都很差。

6．碎屑沉积岩

是从其他岩石的碎屑沉积形成的，包括有长石，闪石，火山喷出物，黏土，以及变质岩的碎屑，碎屑的大小不同形成的岩石也不同，形成页岩的碎屑小于 0.004mm，形成砂岩的碎屑在 0.004 ~ 0.06mm 之间，形成砾岩的碎屑则有 2 ~ 256mm。

沉积岩的分类不仅根据其形成颗粒的大小，还要考虑到组成颗粒的化学成分，形成的条件等因素。颗粒形成的条件，是被冰、水、温度变化将岩石碎裂，也有是由于化学作用，如淋融再析出等。在搬运过程中，颗粒体积进一步变小，最终在一个新地点沉积成岩。

7．生物沉积岩

是由生物体的堆积造成的，如花粉、孢子、贝壳、珊瑚等大量堆积，经过成岩作用形成的。

一般认为，地球大气中的含碳量之所以相对其他行星如金星要低，就是因为被石灰岩等沉积岩固定。形成石灰岩的碳和钙都能在生物系统中循环。

（四）成因

风化的岩石颗粒，经大气、水流、冰川的搬运作用，到一定地点沉积下来，受到高压的成岩作用，逐渐形成岩石。沉积岩保留了许多地球的历史信息，包括有古代动植物化石，沉积岩的层理有地球气候环境变化的信息。沉积岩的物质来源主要有几个渠道，风化作用是一个主要渠道。此外，火山爆发喷射出大量的火山物质也是沉积物质的来源之一；植物和动物有机质在沉积岩中也占有一定比例。

三、变质岩

由变质作用所形成的岩石。是由地壳中先形成的岩浆岩或沉积岩，在环境条件改变的影响下，矿物成分、化学成分以及结构构造发生变化而形成的。它的岩性特征，既受原岩的控制，具有一定的继承性，又因经受了不同的变质作用，在矿物成分和结构构造上又具有新生性（如含有变质矿物和定向构造等）。通常，由岩浆岩经变质作用形成的变质岩称为"正变质岩"，由沉积岩经变质作用形成的变质岩称为"负变质岩"。根据变质形成条件，可分为热接触变质岩、区域变质岩和动力变质岩。变质岩在中国和世界各地分布很广。前寒武纪的地层绝大部分由变质岩组成；古生代以后，在各个地质时期的地壳活动带（如地槽区），在一些侵入体的周围以及断裂带内，均有变质岩的分布。

（一）分类

按原岩类型来分，变质岩可分为两大类：

①原岩为岩浆岩经变质作用后形成的变质岩为正变质岩；

②原岩为沉积岩经变质作用后形成的变质岩为负变质岩。

变质岩可以成区域性广泛出露（如中国东北地区的鞍山群及中南、西南地区的昆阳群、板溪群等），也可成局部分布（如岩浆侵入体周围的接触变质岩及构造错动带出现的动力变质岩）。与变质岩有关的金属和非金属矿产非常丰富。

进一步细分，习惯上先按变质作用类型和成因，把变质岩分为下列岩类。

①区域变质岩类，由区域变质作用所形成。

②热接触变质岩类，由热接触变质作用所形成，如斑点板岩等。

③接触交代变质岩类，由接触交代变质作用所形成，如各种。

④动力变质岩类，由动力变质作用所形成，如压碎角砾岩、碎裂岩、碎斑岩，等。

⑤气液变质岩类，由气液变质作用形成，如云英岩、次生石英岩、蛇纹岩等。

⑥冲击变质岩类。由冲击变质作用所形成。

在每一大类变质岩中可按等化学系列和等物理系列的原则，再作进一步划分。在早期的分类方案中，还出现过从原岩的物质成分与类型出发，再依次按变质作用过程中发生的变化与生成的岩石进行的分类。所有这些分类，原则不尽相同，强调的分类依据也有差别。原岩类型和变质作用性质是变质岩分类的两个主要基础，但原岩类型的复杂性和变质作用类型的多样性，给变质岩的分类带来许多困难。

以变质作用产物的特征（变质岩的矿物组成、含量和结构构造）对变质岩进行分类，将成为今后的主要趋势。主要岩石类型可分为以下 16 类：

（1）板岩类。属低级变质产物，如碳质板岩、钙质板岩、黑色板岩等。

（2）千枚岩类。变质程度较板岩相对较高，如绢云母千枚岩、绿泥石千枚岩等。

（3）片岩类。属低至中高级变质产物，如云母片岩、阳起石片岩、绿泥石片岩等。

（4）片麻岩类。属低—高级变质产物，如富铝片麻岩、斜长片麻岩等。

（5）长英质粒岩类。可形成于不同的变质条件下，如变粒岩、浅粒岩等。

（6）石英岩类。主要由石英组成（石英含量大于 75%），如纯石英岩、长石石英岩、磁铁石英岩等。

（7）斜长角闪岩类。形成于高绿片岩相到角闪岩相的变质条件，如石榴子石角闪岩、透辉石角闪岩等。

（8）麻粒岩类。属高温条件下形成的区域变质岩，如暗色麻粒岩、浅色麻粒岩等。

（9）铁镁质暗色岩类（主要由辉石类、角闪石类、云母类、绿泥石类等组成）。如透辉石岩，石榴子石角闪石岩等。

（10）榴辉岩类（主要由绿辉石和富镁的石榴子石组成）。如镁质榴辉岩、铁质榴辉岩等。

（11）大理岩类（主要由方解石和白云石组成）。如白云质大理岩、硅灰石大理岩、透闪石大理岩等。

（12）矽卡岩类。主要由接触交代作用形成，如钙质矽卡岩、镁质矽卡岩等。

（13）角岩类。属热接触变质作用产物，如云母角岩、长英质角岩等。

（14）动力变质岩类。属各种岩石受动力变质作用的产物，如构造角砾岩、压碎角砾岩、糜棱岩等。

（15）气 - 液变质岩类。由气液变质作用形成，如蛇纹岩、青磐岩、云英岩等。

（16）混合岩类。由混合岩化作用形成，如混合变质岩类、混合岩类和混合花岗岩类等。

（二）生成条件

变质岩是在地球内力作用，引起的岩石构造的变化和改造产生的新型岩石。这些力量包括温度、压力、应力的变化、化学成分。固态的岩石在地球内部的压力和温度作用下，发生物质成分的迁移和重结晶，形成新的矿物组合。如普通石灰石由于重结晶变成大理石。变质岩是在高温、高压和矿物质的混合作用下由一种岩石自然变质成的另一种岩石。质变可能是重结晶、纹理改变或颜色改变。

变质岩是组成地壳的主要成分，一般变质岩是在地下深处的高温（150℃ ~ 180℃到800℃ ~ 900℃）高压下产生的，后来由于地壳运动而出露地表。在特殊情况下，变质作用不一定由地球内部的因素所引起，也可以发生在地表，如陨石的猛烈撞击可以使地表岩石变质；洋脊附近大洋底部的玄武岩因受地下巨大的热流影响，也能在地表发生变质作用。

（三）化学成分

与原岩的化学成分有密切关系，同时与变质作用的特点有关。变质岩的化学成分主要由 SiO_2、Al_2O_3、Fe_2O_3、FeO、MnO、CaO、MgO、K_2O、Na_2O、H_2O、CO_2 以 及 TiO_2、P_2O_5 等氧化物组成。由于形成变质岩的原岩不同、变质作用中各种性状的具化学活动性流体的影响不同，变质岩的化学成分变化范围往往较大。在变质作用中，绝对的等化学反应是没有的，在变质反应过程中，总是有某些组分的带出和带入，原岩组分总是要发生某些变化，有时则非常显著。在通常的变质反应中，经常发生矿物的脱水和吸水作用、碳酸盐化和脱碳酸盐化作用。这些过程，除与温度、压力有关外，还和变质作用过程中 H_2O 和 CO_2 的性状有关，其他化学组分在不同的温度、压力以及外界组分的影响下，常表现出不同程度的活动性。

（四）矿物成分

变质岩常具有某些特征性矿物，这些矿物只能由变质作用形成，称为特征变质矿物，特征变质矿物有红柱石、蓝晶石、硅灰石、石榴子石、滑石、十字石、透闪石、阳起石、蓝闪石、透辉石、蛇纹石、石墨等。变质矿物的出现就是发生过变质作用的最有力证据。

除了典型的变质矿物外，变质岩中也有既能存在于火成岩又能存在于沉积岩的矿物，它们或者在变质作用中形成，或者从原岩中继承而来。属于这样的矿物有石英、钾长石、钠长石、白云母、黑云母等。这些矿物能够适应较大幅度的温度、压力变化而保持稳定。

（五）变质作用类型

由于引起岩石变质的地质条件和主导因素不同，变质作用类型及其形成的相应岩石特征也不同。

1. 接触变质作用

这是由岩浆沿地壳的裂缝上升，停留在某个部位上，侵入到围岩之中，因为高温，发生热力变质作用，使围岩在化学成分基本不变的情况下，出现重结晶作用和化学交代作用。例如中性岩浆入侵到石灰岩地层中，使原来石灰岩中的碳酸钙熔融，发生重结晶作用，晶体变粗，颜色变白（或因其他矿物成分出现斑条），而形成大理岩。从石灰岩变为大理岩，化学成分没有变，而方解石的晶形发生变化，这就是接触变质作用最普通的例子，又如页岩变成角岩，也是接触变质造成的。它的分布范围局部，附近一定有侵入体。包括热接触变质作用和接触交代变质作用。接触热变质作用引起变质作用的主要因素是温度；接触交代变质作用的原理是从岩石中分泌的挥发性物质，对围岩进行作用，导致围岩化学成分发生显著变化，产生大量的新矿物，形成新的岩石和结构构造。

2. 动力变质作用

这是由于地壳构造运动所引起的、使局部地带的岩石发生变质。特别是在断层带上经常可见此种变质作用。此类受变质的岩石主要是因为在强大的、定向的压力之下而造成的，所以产生的变质岩石也就破碎不堪，以破碎的程度而言，就有破碎角砾岩、碎裂岩、糜棱岩等等。好在这些岩石的原岩容易识别，故在岩石命名时就按原岩名称而定，如称为花岗破裂岩、破碎斑岩等。

3. 区域变质作用

分布面积很大可达到数千到数万平方千米，甚至更大，影响深度可达 20km 以上，变质的因素多而且复杂，几乎所有的变质因素——温度、压力、化学活动性的流体等都参加了。凡寒武纪以前的古老地层出露的大面积变质岩及寒武纪以后"造山带"内所见到的变质岩分布区，均可归于区域变质作用类型。区域变质作用中，温度与压力总是联合作用的，一般来说，地下的温度与压力随深度增加而增大，但是，由于各处地壳的结构与构造运动性质不同，温度与压力随深度增大的速度并非处处相同，有的变质地区压力增加慢，而温度增加快，有的地区恰好相反，这样出现了不同的区域变质环境，主要有三类：低压高温环境、正常地温梯度环境、高亚低温环境。区域变质作用的代表性岩石有：板岩、千枚岩、片岩、片麻岩、变粒岩、斜长角闪石、麻粒岩、榴辉岩。

4. 混合岩化作用

这是在区域变质的基础上，地壳内部的热流继续升高，于是在某些局部地段，熔融浆发生渗透、交代或贯入于变质岩系之中，形成一种深度变质的混合岩，是为混合岩化作用。

混合岩由两部分物质组成，一部分是变质岩，称为基体；另一部分是通过溶体和热液注入、交代而新形成的岩石，称为脉体。所谓基体，是指混合岩形成过程中残留的变质岩，如片麻岩、片岩等，具变晶结构、块状构造，颜色较深；所谓脉体，是指混合岩形成过程中新生的脉状矿物（或脉岩），贯穿其中，通常由花岗质、细晶岩或石英脉等构成，颜色比较浅淡。基体与脉体混合的形态是多样的，其混合岩也是多种的，如肠状混合岩、条带状混合岩、眼球状混合岩等等。

（六）结构

变质岩的结构是指变质岩中矿物的粒度、形态及晶体之间的相互关系，而构造则指变质岩中各种矿物的空间分布和排列方式。变质岩结构按成因可划分为下列各类：

1. 变余结构

是由于变质结晶和重结晶作用不彻底而保留下来的原岩结构的残余。如变余砂状结构（保留岩浆岩的斑状结构）、变余辉绿结构、变余岩屑结构等，根据变余结构、可查明原岩的成因类型。

2. 变晶结构

是岩石在变质结晶和重结晶作用过程中形成的结构，它表现为矿物形成、长大而且晶粒相互紧密嵌合。变晶结构的出现意味着火成岩及沉积岩中特有的非晶质结构、碎屑结构及生物骨架结构趋于消失，并伴随着物质成分的迁移或新矿物的形成。按矿物粒度的大小、相对大小，可分为粗粒（>3mm）、中粒（1～3mm）、细粒（<1mm）变晶结构和等粒、不等粒、斑状变晶结构等；按变质岩中矿物的结晶习性和形态，可分为粒状、鳞片状、纤状变晶结构等；按矿物的交生关系，可分为包含、筛状、穿插变晶结构等。少数以单一矿物成分为主的变质岩常以某一结构为其特征（如以粒状矿物为主的岩石为粒状变晶结构、以片状矿物为主的岩石为鳞片变晶结构），在多数变质岩的矿物组成中，既有粒状矿物，又有片、柱状矿物。因此，变质岩的结构常采用复合描述和命名，如具斑状变晶的中粒鳞片状变晶结构等。变晶结构是变质岩的主要特征，是成因和分类研究的基础。

3. 交代结构

是由交代作用形成的结构，表示原有矿物被化学成分不同的另一新矿物所置换，但仍保持原来矿物的晶形甚至解理等内部特点。一种变质岩有时具有两种或更多种结构，如兼具斑状变晶结构与鳞片变晶结构等。

4. 碎裂结构

是岩石在定向应力作用下，发生碎裂、变形而形成的结构。原岩的性质、应力的强度、作用的方式和持续的时间等因素，决定着碎裂结构的特点。特点是矿物颗粒破碎成外形不规则的带棱角的碎屑，碎屑边缘常呈锯齿状，并具有扭曲变形等现象。按碎裂程度，可分为碎裂结构、碎斑结构、碎粒结构等。

第三章　土的分类及地下水

第一节　土的物质组成

一、土的形成

（一）土和土体的概念

1. 土

地球表面 30 ~ 80km 厚的范围是地壳。地壳中原来整体坚硬的岩石，经风化、剥蚀搬运、沉积，形成固体矿物、水和气体的集合体称为土。

土是由固体相、液相、气体三相物质组成；或土是由固体相、液体相、气体相和有机质（腐殖质）相四相物质组成。

不同的风化作用，形成不同性质的土。风化作用有下列三种：物理风化、化学风化、生物风化。

2. "土体"

土体不是一般土层的组合体，而是与工程建筑的稳定、变形有关的土层的组合体。

土体是由厚薄不等，性质各异的若干土层，以特定的上、下次序组合在一起的。

（二）土和土体的形成和演变

地壳表面广泛分布着的土体是完整坚硬的岩石经过风化、剥蚀等外力作用而瓦解的碎块或矿物颗粒，再经水流、风力或重力作用、冰川作用搬运在适当的条件下沉积成各种类型的土体。

在搬运过程中，由于形成土的母岩成分的差异、颗粒大小、形态，矿物成分又进一步发生变化，并在搬运及沉积过程中由于分选作用形成在成分、结构、构造和性质上有规律的变化。

土体沉积后：

（1）靠近地表的土体

1）将经过生物化学及物理化学变化，即成壤作用，形成土壤。

2）未形成土壤的土，继续受到风化、剥蚀、侵蚀而再破碎、再搬运、再沉积等地质作用。

（2）时代较老的土，在上覆沉积物的自重压力及地下水的作用下，经受成岩作用，逐渐固结成岩，强度增高，成为"母岩"。

总之，土体的形成和演化过程，就是土的性质和变化过程，由于不同的作用处于不同的作用阶段，土体就表现出不同的特点。

（三）土的基本特征及主要成因类型

1. 土的基本特征

从工程地质观点分析，土有以下共同的基本特征：

（1）土是自然历史的产物

土是由许多矿物自然结合而成的。它在一定的地质历史时期内，经过各种复杂的自然因素作用后形成各类土的形成时间、地点、环境以及方式不同，各种矿物在质量、数量和空间排列上都有一定的差异，其工程地质性质也就有所不同。

（2）土是相系组合体

土是由三相（固、液、气）或四相（固、液、气、有机质）所组成的体系。相系组成之间的变化，将导致土的性质的改变。土的相系之间的质和量的变化是鉴别其工程地质性质的一个重要依据。它们存在着复杂的物理—化学作用。

（3）土是分散体系

由二相或更多的相所构成的体系，其一相或一些相分散在另一相中，谓之分散体系。根据固相土粒的大小程度（分散程度），土可分为①粗分散体系（大于 2μ），②细分散体系，（$2\sim0.1\mu$），③胶体体系（$0.1\sim0.01\mu$），④分子体系（小于 0.01μ）。分散体系的性质随着分散程度的变化而改变。

粗分散与细分散和胶体体系的差别很大。细分散体系与胶体具有许多共性，可将它们合在一起看成是土的细分散部分。土的细分散部分具有特殊的矿物成分，具有很高的分散性和比表面积，因而具有较大的表面能。

任何土类均储备有一定的能量，在砂土和黏土类土中其总能量系由内部储量与表面能量之和构成，即：

$$E_{总}=E_{内}+E_{表}$$

（4）土是多矿物组合体

在一般情况下，土将含有 $5\sim10$ 种或更多的矿物，其中除原生矿物外，次生黏土矿物是主要成分。黏土矿物的粒径很小（小于 $0.002mm$），遇水呈现出胶体化学特性。

2. 土体的主要成因类型

按形成土体的地质营力和沉积条件（沉积环境），可将土体划分为若干成因类型：如残积、坡积、洪积……

现就介绍几种主要的成因类型、土体的性质成分及其工程地质特征。

（1）残积土体的工程地质特征

残积土体是由基岩风化而成，未经搬运留于原地的土体。它处于岩石风化壳的上部，是风化壳中剧风化带。

残积土一般形成剥蚀平原。

影响残积土工程地质特征因素主要是气候条件和母岩的岩性：

1）气候因素

气候影响着风化作用类型从而使得不同气候条件不同地区的残积土具有特定的粒度成分、矿物成分、化学成分。

①干旱地区：以物理风化为主，只能使岩石破碎成粗碎屑物和砂砾，缺乏黏土矿物，具有砾石类土和工程地质特征。

②半干旱地区：在物理风化的基础上发生化学变化，使原生的硅酸盐矿物变成黏土矿物；但由于雨量稀少，蒸汽量大，故土中常含有较多的可溶盐类；如碳酸钙、硫酸钙等。

③潮湿地区：a 在潮湿而温暖，排水条件良好的地区，由于有机质迅速腐烂，分解出 CO_2，有利于高岭石的形成。b 在潮湿温暖而排水条件差的地区，则往往形成蒙脱石。

可见：从干旱、半干旱地区至潮湿地区，土的颗粒组成由粗变细；土的类型从砾石类土过渡到砂类土、黏土。

2）母岩因素

母岩的岩性影响着残积土的粒度成分和矿物成分；

酸性火成岩含较多的黏土矿物，其岩性为粉质黏土或黏土；

中性或基性火成岩易风化成粉质黏土；

沉积岩大多是松软土经成岩作用后形成的，风化后往往恢复原有松软土的特点，如：黏土岩黏土；细砂岩细砂土等。

残积物的厚度在垂直方向和水平方向变化较大；这主要与沉积环境、残积条件有关（山丘顶部因侵蚀而厚度较小；山谷低洼处则厚度较大。）

残积物一般透水性强，以致残积土中一般无地下水。

（2）坡积土体的工程地质特征

坡积土体是残积物经雨水或融化了的雪水的片流搬运作用，顺坡移动堆积而成的，所以其物质成分与斜坡上的残积物一致。坡积土体与残积土体往往呈过渡状态，其工程地质特征也很相似。

1）岩性成分多种多样；

2）一般见不到层理；

3）地下水一般属于潜水，有时形成上层滞水

4）坡积土体的厚度变化大，由几厘米至一二十米，在斜坡较陡处薄，在坡脚地段厚。一般当斜坡的坡角越陡时，坡脚坡积物的范围越大。

（3）洪积土体的工程地质特征

洪积土体是暂时性、周期性地面水流——山洪带来的碎屑物质，在山沟的出口地方堆积而成。

洪积土体多发育在干旱半干旱地区，如我国的华北、西北地区。

其特征为：距山口越近颗粒越粗，多为块石、碎石、砾石和粗砂，分选差，磨圆度低、强度高，压缩性小；（但孔隙大，透水性强）

距山口越远颗粒越细，分选好，磨圆度高，强度低，压缩性高。

此外：洪积土体具有比较明显的层理（交替层理、夹层、透镜体等）；洪积土体中地下水一般属于潜水。

（4）湖积土体的工程地质特征

湖积土体在内陆分布广泛，一般分为淡水湖积土和咸水湖积土。

淡水湖积土：分为湖岸土和湖心土两种。

湖岸多为砾石土、砂土或粉质砂土；

湖心土主要为静水沉积物，成分复杂，以淤泥、黏性土为主，可见水平层理。

咸水湖积物以石膏、岩盐、芒硝及 RCO_3 岩类为主，有时以淤泥为主。

总之，湖积土体具有以下工程地质特征：

1）分布面积有限，且厚度不大；

2）具独特的产状条件；

3）黏土类湖积物常含有机质、各种盐类及其他混合物；

4）具层理性，具各向异性。

（5）冲积土体的工程地质特征

冲积土体是由于河流的流水作用，将碎屑物质搬运堆积在它侵蚀成的河谷内而形成的。

冲积土体主要发育在河谷内以及山区外的冲积平原中，一般可分为三个相：即河床相、河漫滩相、牛轭湖相。

1）河床相：主要分布在河床地带，冲积土一般为砂土及砾石类土，有时也夹有黏土透镜体，在垂直剖面上土粒由下到上，由粗到细，成分较复杂，但磨圆度较好。

山区河床冲积土厚度不大，一般为10m左右；而平原地区河床冲积土则厚度很大，一般超过几十米，其沉积物也较细。

河床相物质是良好的天然地基。

2）河漫滩相冲积土是由洪水期河水将细粒悬浮物质带到河漫滩上沉积而成的。一般为细砂土或黏土，覆盖于河床相冲积土之上。常为上下两层结构，下层为粗颗粒土，上层为泛滥的细颗粒土。

47

3）牛轭湖相冲积土是在废河道形成的牛轭湖中沉积下来的松软土。由含有大量有机质的粉质黏土、粉质砂土、细砂土组成，没有层理。

河口冲积土：由河流携带的悬浮物质，如粉砂、黏粒和胶体物质在河口沉积的一套淤泥质黏土、粉质黏土或淤泥，形成河口三角洲。往往作为港口建筑物的地基。

另外，还有很多类型：冰川、崩积、风积、海洋沉积、火山等等。

二、土的三相组成

土是由固体颗粒，液体水和气体三部分组成，称为土的三相组成。土中的固体矿物构成骨架，骨架之间贯穿着孔隙，孔隙中充填着水和空气，三相比例不同，土的状态和工程性质也不相同。

固体＋气体（液体＝0）为干土，干黏土较硬，干砂松散；

固体＋液体＋气体为湿土，湿的黏土多为可塑状态；

固体＋液体（气体＝0）为饱和土，饱和粉细砂受震动可能产生液化；饱和黏土地基沉降需很长时间才能稳定。

由此可见，研究土的工程性质，首先从最基本的、组成土的三相，即固体相、水和气体本身开始研究。

（一）土的固体颗粒

研究固体颗粒就要分析粒径的大小及其在土中所占的百分比，称为土的粒径级配（粒度成分）。

此外，还要研究固体颗粒的矿物成分以及颗粒的形状。

1. 粒径级配（粒度成分）

随着颗粒大小不同，土可以具有很不相同的性质。颗粒的大小通常以粒径表示。工程上按粒径大小分组，称为粒组，即某一级粒径的变化范围。

划分粒组的两个原则：

1）首先考虑到在一定的粒径变化范围内，其工程地质性质是相似的，若超越了这个变化幅度就要引起质的变化。

2）要考虑与目前粒度成分的测定技术相适应。

此外，要便于记忆。

将粒径由大至小划分为六个粒组：1）漂石或块石组；2）卵石（碎石）组；3）砾石；4）砂粒组；5）粉粒组；6）黏粒组。

实际上，土常是各种大小不太颗粒的混合体，较笼统地说，以砾石和沙砾为主要组成的土为粗粒土，也称无黏性土。其特征为：孔隙大、透水性强，毛细上升，高度很小，既无可塑造性，也无胀缩性，压缩性极弱，强度较高。以粉粒、黏粒（或胶粒 <0.002mm）为主的土称为细粒土，也称为黏性土。其特征为：主要由原生矿物、次生矿物组成，孔隙

很小，透水性极弱，毛细上升高度较高，有可塑性、胀缩性，强度较低。

（1）粒径级配分析方法

工程上，使用的粒径级配的分析方法有筛分法和水分法两种。

筛分法适用于颗粒大于 0.1mm（或 0.074mm，按筛的规格而言）的土。它是利用一套孔径大小不同的筛子，将事先称过重量的烘干土样过筛，称留在各筛上的重量，然后计算相应的百分数。

砾石类土与砂类土采用筛分法。

水分法（静水沉降法）：用于分析粒级小于 0.1mm 的土，根据斯托克斯（stokes）定理，球状的细颗粒在水中的下沉速度与颗粒直径的平方成正比。$V = Kd_2$。因此可以利用粗颗粒下沉速度快，细颗粒下沉速度慢的原理，把颗粒按下沉速度进行粗细分组。实验室常用比重计进行颗粒分析，称为比重计法。此外还有移液管等。

（2）粒径级配曲线

将筛分析和比重计试验的结果绘制在以土的粒径为横坐标，小于某粒径之土质量百分数 p（%）为纵坐标，得到的曲线称土的粒径级配累积曲线。

此外，粒径的级配的表示方法还有列表法，三角图法等。

（3）粒径级配累积曲线的应用

土的粒径级配累积曲线是土工上最常用的曲线，从这曲线上可以直接了解土的粗细、粒径分布的均匀程度和级配的优劣。

2．土粒成分

土中固体部分的成分，绝大部分是矿物质，另外或多或少有一些有机质，而土粒的矿物成分主要决定于母岩的成分及其所经受的风化作用。不同的矿物成分对土的性质有着不同的影响，其中以细粒组的矿物成分尤为重要。

（1）原生矿物

由岩石经物理风化而成，其成分与母岩相同。包括：

1）单矿物颗粒：如常见的石英、长石、云母、角闪石与辉石等，砂土为单矿物颗粒。

2）多矿物颗粒：母岩碎屑，如漂石、卵石与砾石等颗粒为多矿物颗粒。

但总的来说，土中原生矿物主要有：

1）硅酸盐类矿物；

2）氧化物类矿物；

3）硫化物矿物；

4）磷酸盐类矿物。

（2）次生矿物

岩屑经化学风化而成，其成分与母岩不同，为一种新矿物，颗粒细。包括：

1）可溶性的次生矿物主要指各种矿物中化学性质活泼的 K、Na、Ca、Mg 及 Cl、S 等元素，这些元素呈阳离子及酸根离子，溶于水后，在迁移过程中，因蒸发浓缩作用形成可溶的卤化物，硫酸盐和碳酸盐。

2）不可溶性的次生矿物有次生二氧化硅，倍半氧化物，黏土矿物。

A次生二氧化硅：硅酸盐，由二氧化硅组成，例如：燧石、玛瑙、蛋白石等都属这类矿物。

B倍半氧化物是由三价的Fe、Al和O、OH、H_2O等组成的矿物，可用R_2O_3表示

C黏土矿物

黏土矿物的微观结构由两种原子层（晶面）构成：一种是由Si-O四面体构成的硅氧晶片；另一种是由Al～OH八面体构成的铝氢氧晶片，因这两种晶片结合的情况不同，形成三种黏土矿物，蒙脱石，伊利石（水云母）、高岭石。

黏土矿物的鉴定方法差热分析：加热后的物理—化学变化过程

（3）有机质：泥炭、腐殖质动植物残骸。

（二）土中水

组成土的第二种主要成分是土中水。在自然条件下，土中总是含水的。土中水可以处于液态、固态或气态。土中细粒越多，即土的分散度越大，水对土的性质的影响也越大。

研究土中水，必须考虑到水的存在状态及其与土粒的相互作用。

存在于土粒矿物的晶体格架内部或是参与矿物构造中的水称为矿物内部结合水，它只有在比较高的温度（80～680℃，随土粒的矿物成分不同而异）下才能化为气态水而与土粒分离，从土的工程性质上分析，可以把矿物内部结合水当作矿物颗粒的一部分。

存在于土中的液态水可分为结合水和自由水两大类。

1. 结合水

系指受电分子吸引力吸附于土粒表面的土中水，这种电分子吸引力高达几千到几万个大气压，使水分子和土粒表面牢固的黏结在一起。

结合水因离颗粒表面远近不同，受电场作用力的大小也不同，所以分为强结合水和弱结合水。

（1）强结合水（吸着水）

系指紧靠土粒表面的结合水，它的特征是：

1）没有溶解盐类的能力；

2）不能传递静水压力；

3）只有吸热变成蒸汽时才能移动。

这种水极其牢固地结合在土粒表面上，其性质接近于固体，密度约为1.2～2.4g/cm³，冰点为-78℃，具有极大的黏滞度、弹性和抗剪强度。

如果将干燥的土移在天然湿度的空气中，则土的质量将增加，直到土中吸着的强结合水达到最大吸着度为止。

土粒越细，土的比表面积越大，则最大吸着度就越大。砂土为1%，黏土为17%。

（2）弱结合水（薄膜水）

弱结合水紧靠于强结合水的外围形成一层结合水膜。它仍然不能传递静水压力，但水膜较厚的弱结合水能向临近的较薄的水膜缓慢移动。

当土中含有较多的弱结合水时，土则具有一定的可塑性。砂土比表面积较小，几乎不具可塑性，而黏土的比表面积较大，其可塑性范围较大。

弱结合水离土粒表面积愈远，其受到的电分子吸引力愈弱小，并逐渐过渡到自由水。

2.自由水

自由水是存在于土粒表面电场影响范围以外的水。它的性质和普通水一样，能传递静水压力，冰点为0℃，有溶解能力。

自由水按其移动所受到作用力的不同，可以分为重力水和毛细水。

（1）重力水

重力水是存在于地下水位以下的透水土层中的地下水，它是在重力或压力差作用下运动的自由水，对土粒有浮力作用，重力水对土中的应力状态和开挖基槽、基坑以及修筑地下构筑物时所应采取的排水、防水措施有重要的影响。

（2）毛细水

毛细水是受到水与空气交界面处表面张力作用的自由水。其形成过程通常用物理学中毛细管现象解释。分布在土粒内部相互贯通的孔隙，可以看成是许多形状不一，直径各异，彼此连通的毛细管。

按物理学概念：在毛细管周壁，水膜与空气的分界处存在着表面张力 T。水膜表面张力的作用方向与毛细管壁成夹角，由于表面张力的作用，毛细管内的水被提升到自由水面以上高处。

分析高度为的水柱静力平衡条件，因为毛细管内水面处即为大气压；若以大气压力为基准，则该处压力 Pa=0

故：$\pi \gamma^2 \bullet h_c \bullet \gamma_w = 2\pi \gamma \bullet T \cos \alpha$

$$h_c = \frac{2T \cos \alpha}{\gamma \bullet \gamma_w}$$

式中，水膜的张力 T（与温度有关），当10℃时，T=0.0756g/cm

20℃时，T = 0.0742g/cm

α——方向角，其大小与土颗粒和水的性质有关。

γ——毛细管半径

γ_w——水的容重

若令 $\alpha = 0$，则可求得毛细水上升的最大高度（$h_{c\max}$）

$$h_{c\max} = \frac{2\gamma}{\gamma \bullet \gamma_w}$$

上式表明，毛细升高 h_c 与毛细管半径 γ 成反比；显然土颗粒的直径越小，孔隙的直径（毛细管直径）越细，则 h_c 愈大。

毛细水的工程地质意义：

1）产生毛细压力（ p_c ）： $p_c = \dfrac{2T\cos\alpha}{\gamma} = \gamma_w \bullet h_c$ 与一般静水压力的概念相同，它与水头高度 h_c 成正比。但自由水位以上，毛细区域内，颗粒间所受的毛细压力 p_c 是倒三角形分布，弯液面处最大（ $h_c \bullet \gamma_w$ ），自由水面处为零。

2）毛细水对土中气体的分布与流通起有一定作用，常是导致产生密闭气体的原因。

3）当地下水埋深浅，由于毛细管水上升，可助长地基土的冰冻现象；地下室潮湿；危害房屋基础及公路路面；促使土的沼泽化。

3．土中气体

土的孔隙中没有被水占据的部分都是气体。

（1）土中气体的来源

土中气体的成因，除来自空气外，也可由生物化学作用和化学反应所生成。

（2）土中气体的特点

1）土中气体除含有空气中的主要成分 O_2 外，含量最多的是水汽，CO_2，N_2，CH_4，H_2S 等气体，并含有一定放射性元素。空气中 O_2 为：20.9%

2）土中气体 O_2 含量比空气中少，土中 O_2 为：10.3%

土中气体 CO_2 含量比空气中高很多；空气含量为0.03%，土中气体为10%；

土中气体中放射性元素的含量比在空气中的含量大2000倍。

（3）土中气体按其所处状态和结构特点，可分为以下几大类：吸附气体、溶解气体、密闭气体及自由气体。

1）吸附气体

由于分子引力作用，土粒不但能吸附水分子，而且能吸附气体，土粒吸附气体的厚度不超过 2～3 个分子层。

土中吸附气体的含量决定于矿物成分、分散程度、孔隙度、湿度及气体成分等。

在自然条件下，在沙漠地区的表层中可能遇到比较大的气体吸附量。

2）溶解气体

在土的液相中主要溶解有：CO_2、O_2 水汽（H_2O）；其次为 H_2、Cl_2、CH_4；其溶解数值取决于温度、压力、气体的物理化学及溶液的化学成分。

溶解气体的作用主要为：

a 改变水的结构及溶液的性质，对土粒施加力学作用；

b 当 T、P 增高时，在土中可形成密闭气体。

c 可加速化学潜蚀过程。

3）自由气体

自由气体与大气连通，对土的性质影响不大。

4）密闭气体

封闭气体的体积与压力有关，压力增大，则体积缩小；压力减少，则体积增大。因此密闭气体的存在增加了土的弹性。

密闭气体可降低地基的沉降量，但当其突然排除时，可导致基础与建筑物的变形。

密闭气体在不可排水的条件下，由于密闭气体可压缩性会造成土的压密。密闭气体的存在能降低土层透水性，阻塞土中的渗透通道，减少土的渗透性。

三、土的结构及构造

（一）土的结构

土颗粒之间的相互排列和连续形式，称为土的结构。

常见的土结构有以下三种：

1. 单粒结构

粗颗粒土，如卵石、砂等。

2. 蜂窝结构

当土颗粒较细（粒级在 0.02~0.002mm 范围），在水中单个下沉，碰到已沉积的土粒，由于土粒之间的分子吸力大于颗粒自重，则正常土粒被吸引不再下沉，形成很大孔隙的蜂窝状结构。

3. 絮状结构

粒径小于 0.005mm 的黏土颗粒，在水中长期悬浮并在水中运动时，形成小链环状的土集粒而下沉。这种小链环碰到另一小链环被吸引，形成大链环状的絮状结构，此种结构在海积黏土中常见。

上述三种结构中，以密实的单粒结构土的工程性质最好，蜂窝状其次，絮状结构最差。后两种结构土，如因振动破坏天然结构，则强度低，压缩性大，不可用作天然地基。

（二）土的构造

同一土层中，土颗粒之间相互关系的特征称为土的构造。常见的有下列几种：

1. 层状构造

土层由不同颜色，不同粒径的土组成层理，平原地区的层理通常为水平层理。

层状构造是细粒土的一个重要特征。

2. 分散构造

土层中土粒分布均匀，性质相近，如砂，卵石层为分散构造。

3. 结核状构造

在细粒土中掺有粗颗粒或各种结核，如含礓石的粉质黏土，含砾石的冰碛土等。其工程性质取决于细粒土部分。

4．裂隙状构造

土体中有很多不连续的小裂隙，有的硬塑与坚硬状态的黏土为此种构造。裂隙强度低，渗透性高，工程性质差。

第二节　土的物理力学性质及其指标

一、土的物理性质及其指标

土与其他建筑材料相比，具有独特性，主要特征为碎散性、三相体系及自然变异性。土是岩石风化的产物，是由岩石在错综复杂的自然环境中，经历了物理、化学、生物风化作用以及剥蚀、冲积、搬运、沉积作用等所生成的沉积物。土与其他建筑材料相比，具有散体性、自然变异性和多样性的特点。土是由颗粒、水及气体所组成的三相体系。三相体系的性质，特别是固体颗粒的性质，就直接影响到土的工程特性。但是，同一种土，密实度又决定其强度的高低。对于细粒土来说，水的含量多时则软，水的含量少时则硬。这就说明了，土的物理性质不仅由三相体系的性质决定，而且土的三相比例关系也是一个重要的影响因素。

1．土的物理性质及指标

土的物理性质指标分为两大类：基本指标和计算指标。基本指标包括：土的密度、土粒比重和土的含水量；计算指标包括：表示土中孔隙的指标、土中含水程度的指标和土的密度和容重的指标。其中基本指标是通过室内土工试验来测定的，通常做三个基本的物理性质试验，分别是：土的密度试验，土粒的比重试验和土的含水量的试验。计算指标是由基本指标通过常用公式计算得到的。土的物理状态，对于黏性土而言，主要指土的软硬程度；对于砂类土，则是指土的密实程度。而对于无黏性土而言，主要关注其密实度。

2．黏性土物理性质指标的分析

黏性土最主要的物理状态是其稠度。稠度指黏性土的软硬程度或是土对外力引起的变形或是破坏的抵抗能力。从概念方面分析，土的稠度其实就是反应土中水的形态。土从一种状态到另一种状态的界限含水量，称为稠度界限。但是，在工程中实测的塑限和液限只是一种近似定量的界限，并不能直观的判定土的软硬和对黏性土进行分类，反应地基土的承载力。塑性指数，即液限与塑限的差。塑性指数的大小与黏粒的含量和矿物成分有关系。在工程中，普遍是按塑性指数来划分黏性土。并且需要一个指标能直接反应土的天然含水量和界限含水量之间的关系，即液性指数。显然，当天然含水量接近塑限时，土坚硬，承载力高，工程地质条件好；反之，天然含水量接近液限时，土体软弱，承载力低，工程地质条件差。在实际工程中，根据液性指数（ ）的大小，把黏性土分为以下几种状态。

在实际工程中，黏性土主要关心液性指数和孔隙比。液性指数是利用室内试验来确定土的含水率，液限、塑限，根据经验公式得出；同样孔隙比也是利用土工试验确定的土的重度和比重，根据土的三相物理性质指标的换算公式得到。利用这两个参数，查找地方经验的地基承载力特征值的表格，得出地基承载力特征值。

表2-2-1 黏性土状态分类

液性参数	状态
≤0	坚硬
0<≤0.25	硬塑
0.25<≤0.5	硬可塑
0.5<≤0.75	软可塑
0.75<≤1	软塑
>1	流塑

3．无黏性土物理性质指标的分析

无黏性土主要指碎石类土和砂土，在这类土中缺少黏性矿物，不具有可塑性，多数呈单粒结构。其物理性质主要取决于土的颗粒粒径及颗粒级配。无黏性土主要是用土的密实度来反映这类土的工程性质。土呈密实状态时，承载力高，工程地质条件好，更适宜做天然地基。对于无黏性土来说，颗粒级配是一个重要的指标，只用天然状态下的孔隙比无法准确地反应土的颗粒级配情况，所以引入相对密实度 Dr 的概念来评价，比天然孔隙比更能全面的反应无黏性土的密实度。

$$D_r = \frac{e_{max} - e}{e_{max} - e_{min}}$$

e_{max}——土在最松散状态时的孔隙比；

e_{min}——土在最密实状态时的孔隙比；

e——土在天然状态时的孔隙比。

但是，在实际工程中，很难测定 e_{max} 和 e_{min}，试验结果都有很大的出入，而且最困难的是现场取样，一般的工程条件都很难完全保持土的天然结构，得出准确的相对密度 Dr 非常困难，所以工程中没有普遍的使用。在工程实践中，利用一些原位测试方法来确定无黏性土的密实度。常用的原位测试方法有：静力触探试验、圆锥动力触探试验、标准贯入试验、波速测试等方法。以下简单介绍前三种测试方法。

表2-2-2 砂类土密实度的判别

标准贯入锤击数N	密实度
N≤10	松散
10＜N≤15	稍密
15＜N≤30	中密
N＞30	密实

静力触探试验主要试用于砂土、含少量碎石的土、一般黏性土、软土、粉土，根据工程需要测定比贯入阻力、锥尖阻力、侧壁摩阻力和贯入时孔隙水压力，进而绘制各种贯入曲线，根据曲线的线型特征结合地区经验和相邻钻孔资料计算各土层试验数据的平均值，再根据静力触探的资料，利用地区经验，可进行力学分层，估算土的密实度、地基承载力、单桩承载力和进行液化判别等；重型圆锥动力触探主要适用于砾砂、中密以下的碎石土、极软岩，根据贯入击数和地区经验，评定土的密实度，地基承载力、和单桩承载力；标准贯入度锤击数应用的较为广泛，可以用于砂土、粉土及一般黏性土标准贯入试验成果可以直接标注在工程地质剖面图上，分层统计平均值时，剔除异常值，根据贯入击数划分砂土的密实度。

二、土的力学性质及其指标

土的力学性质：是指土在外力作用下所表现的性质，主要为变形和强度特性。

（一）土的压缩性

1. 土的压缩变形的本质

土的压缩性是指在压力作用下体积压缩小的性能。从理论上，土的压缩变形可能是：

（1）土粒本身的压缩变形；

（2）孔隙中不同形态的水和气体的压缩变形；

（3）孔隙中水和气体有一部分被挤出，土的颗粒相互靠拢使孔隙体积减小。

土的压缩是气体压缩的结果。接近自然界的假设：土的压缩主要是由于孔隙中的水分和气体被挤出，土粒相互移动靠拢，致使土的孔隙体积减小而引起的。

研究土的压缩性，就是研究土的压缩变形量和压缩过程，既研究压力与孔隙体积的变化关系以及孔隙体积随时间变化的情况。

有侧限压缩（无侧胀压缩）：指受压土的周围受到限制，受压过程中基本上不能向侧面膨胀，只能发生垂直方向变形。

无侧限压缩（有侧胀压缩）：受压土的周围基本上没有限制，受压过程中除垂直方向变形外，还将发生侧向的膨胀变形。

研究方法：室内压缩实验和现场载荷试验两种。

2．压缩试验和压缩系数

（1）压缩曲线：若以纵坐标表示在各级压力下试样压缩稳定后的孔隙比 e，以横坐标表示压力 p，根据压缩试验的成果，可以绘制出孔隙比与压力的关系曲线，称压缩曲线。

压缩曲线的形状与土样的成分，结构，状态以及受力历史等有关。若压缩曲线较陡，说明压力增加时孔隙比减小得多，则土的压缩性高；若曲线是平缓的，则土的压缩性低。

（2）压缩系数：e-p 曲线中某一压力范围的割线斜率称为压缩系数。

$$a = tg\alpha = \frac{e1-e2}{p2-p1} \text{ 或 } a = -\frac{\Delta e}{\Delta p} = \frac{ei - e_{i+1}}{p_{i+1} - pi}$$

此式为土的力学性质的基本定律之一，称为压缩定律。其比例系数称为压缩系数，用 a 表示，单位是 1/Mpa。

压缩系数是表示土的压缩性大小的主要指标，压缩系数大，表明在某压力变化范围内孔隙比减少得越多，压缩性就越高。

在工程实际中，规范常以 p_1=0.1Mpa，p_2=0.2Mpa 的压缩系数即 a1-2 作为判断土的压缩性高低的标准。但当压缩曲线较平缓时，也常用 p_1=100KPa 和 p_3=300KPa 之间的孔隙比减少量求得 a_1-3。

低压缩性土：a1-2 ＜ 0.1Mpa-1

中压缩性土：0.1≤a1-2 ＜ 0.5Mpa-1

高压缩性土：a1-2≥0.5Mpa-1

（3）压缩指数（Cc）：将压缩曲线的横坐标用对数坐标表示。Cc=（e_1-e_2）/（lgp_2-lgp_1），因为 e-lgp 曲线在很大压力范围内为一直线，故 Cc 为一常数，故用 e-lgp 曲线可以分析研究 Cc，Cc 越大，土的压缩性越高。

当 Cc ＜ 0.2 时，属于低压缩性土；当 Cc ＞ 0.4 时属于高压缩性土。

压缩系数和压缩指数关系：$Cc = \dfrac{a(p_2 - p_1)}{\lg p_2 - \lg p_1}$

$a = \dfrac{C_c}{p_2 - p_1} \lg(p_2 / p_1)$

（4）压缩模量（Es）：是指在侧限条件下受压时压应力 δz 与相应应变 qz 之比值；即 Es ＝ δz/qz 单位：Mpa

压缩模量与压缩系数之关系：Es 越大，表明在同一压力范围内土的压缩变形越小，土的压缩性越低。

Es ＝ 1+e_1/a

式中：e_1：相应于压力 p_1 时土的孔隙比。

a：相应于压力从 p_1 增至 p_2 时的压缩系数。

3．载荷试验和变形模量

室内有侧限的压缩试验不能准确地反映土层的实际情况，因此，可在现场进行原位载荷试验，某条件近似无限压缩。载荷试验结果可以绘制压力 P 与变形量是 s 的关系和变形量与时间 T 的关系曲线。

从载荷试验结果可看出，一般土地基的变形可分为三个不同阶段：

（1）压密变形阶段：相当于曲线 oa 段，s-p 的关系近直线，此阶段变形主要是土的孔隙体积被压缩而引起土粒发生垂直方向为主的位移，称压密变形。地基土在各级荷载作用下变形，是随着时间的增长而趋于稳定。

（2）剪切变形阶段：相当于曲线的 ab 段，s-p 的关系不再保持直线关系，而是随着 p 的增大，s 的增大逐渐加大。此阶段变形是在压密变形的同时，地基土中局部地区的剪应力超过土的抗剪强度，而引起土粒之间相互错动的位移，称剪切变形，也称塑性变形。

地基由压密变形阶段过渡到局部剪切变形阶段的临界荷载，称为地基土的临塑荷载或比例界限压力。

（3）完全破坏阶段：塑性变形区的不断发展，导致地基稳定性的逐渐降低，而且趋向完全破坏阶段。即 b 点以下的一段。地基达到完全破坏时的临界荷载，称为地基的极限荷载。相当 b 的压力。因此，在实际设计工作中，若作用在基础底面每单位面积的压力不超过地基土的临塑荷载，则一般能保证地基的稳定和不致产生过大的变形，确保建筑物的安全和正常使用。故常选用临塑荷载作为地基土的允许承载力。

载荷试验的结果，除了用以确定地基土的允许承载力外，还可以提供地基计算中所需要的另一个压缩性指标——变形模量 E_0。

变形模量 E_0：是指在无侧限条件下受压时，压应力与相应应变之比值，即

$$E_0 = \delta z / \varepsilon z$$

土的变形模量，一般是用载荷试验成果绘制的 s-p 关系曲线，以曲线中的直线变形段，按弹性理论公式求得，即

$$E_0 = （1 - U_2）P/Sd$$

式中：U：土的泊松比；

P：载荷板上的总荷重；

S：与载荷 P 相应的压缩量；

d：相应于圆形荷载板的直径 cm，

即（式中 A 为载荷板面积）

4. 土的变形模量与压缩模量的关系

土的变形模量和压缩模量，是判断土的压缩性和计算地基压缩变形量的重要指标。

为了建立变形模量和压缩模量的关系，在地基设计中，常需测量土的侧压力系数 ξ 和侧膨胀系数 μ。

侧压力系数 ξ：是指侧向压力 δx 与竖向压力 δz 之比值，即：

$$\xi = \delta x / \delta z$$

土的侧膨胀系数 μ（泊松比）：是指在侧向自由膨胀条件下受压时，测向膨胀的应变 εx 与竖向压缩的应变 εz 之比值，即

$$\mu = \varepsilon x / \varepsilon z$$

根据材料力学广义胡克定律推导求得 ξ 和 μ 的相互关系，

$$\xi = \mu / (1 - \mu) \text{ 或 } \mu = \varepsilon / (1 + \varepsilon)$$

土的侧压力系数可由专门仪器测得，但侧膨胀系数不易直接测定，可根据土的侧压力系数，按上式求得。

在土的压密变形阶段，假定土为弹性材料，则可根据材料力学理论，推导出变形模量 E0 和压缩模量 Es 之间的关系。

$$E_0 = (1 - \frac{2u^2}{1-u})E_s, \text{ 令 } \beta = 1 - \frac{2u^2}{1-u}$$

则 $E_0 = \beta E_s$

当 $\mu = 0 \sim 0.5$ 时，$\beta = 1 \sim 0$，即 E0/Es 的比值在 $0 \sim 1$ 之间变化，即一般 E_0 小于 Es。但很多情况下 E_0/Es 都大于 1。其原因为：一方面是土不是真正的弹性体，并具有结构性；另一方面就是土的结构影响；三是两种试验的要求不同。

5. 土的受力历史和前期固结压力

膨胀曲线：在做压缩试验得到压缩曲线后，然后逐渐御去荷重，算出每级御荷后膨胀变形稳定时的孔隙比，则可绘出御荷后的孔隙比与压力的关系曲线，称膨胀系数。

弹性变形：在御荷后可以恢复的那部分变形，称土的弹性变形，主要是结合水膜的变形封闭气体的压缩荷土粒本身的弹性变形等。

残余变形：御荷后，仍不能恢复的那部分变形，称土的残余变形。因为土粒和结构单元产生相对位移，改变了原有接触点位置；孔隙水和气体被挤出。

试验结果表明：土的残余变形常比弹性变形大得多。

（1）扰动饱和黏性土的压缩曲线：

再压缩曲线和膨胀曲线只能在压缩曲线的左方，并以压缩主支曲线为界线。若以半对数坐标，即用 1gp 为横坐标，则试验证明压缩主支曲线是一条直线。

（2）重负荷载作用下的压缩曲线：

条件：用不太大的同一压力重复加荷和御荷，弹性变形和残余变形将随着重复次数的增加而减小，压缩曲线越来平缓，其中残余变形减小的更快，荷载重复次数足够多时，新的残余变形将会更小，直至完全消失，土就具有弹性变形的性质。

（3）扰动土和原状土的压缩曲线

由于原状土具有较强的结构联接力，当外加荷重较小，没有克服这种阻力时，土不会发生压缩；只有当外荷大于土的结构阻力，土才开始压缩。因此原状土的压缩曲线一般比扰动土的压缩曲线要平缓。一般来说重复加荷、御荷以及土的结构、成分、状态对土的压缩性的影响很大，特别是土体的受力历史应引起足够的重视。历史上的荷载作用，使土层

保留一定的结构性，对土的压缩性有一定影响。

土的前期固结压力：是指土层在过去历史上曾经受过的最大固结压力，通常用 Pc 来表示。前期固结压力也是反映土体压密程度及判别其固结状态的一个指标。

固结比：Ocr = Pc/Po

目前土层所承受的上覆土的自重压力 Po 进行比较，可把天然土层分三种不同的固结状态。

1）Pc = Po，称正常固结土，是指目前土层的自重压力就是该地层在历史上所受过的最大固结压力。

2）Pc > Po，称超前固结土，是指土层历史上曾受过的固结力，大于现有土的自重压力。使土层原有的密度超过现有的自重压力相对的密度，而形成超压状态。

3）Pc < Po，称欠固结土，即土层在自重压力下尚未完成固结。

新近沉积的土层如淤泥、充填土等处于欠压密状态。一般当施加土层的荷重小于或等于土的前期固结压力时，土层的压缩变形量将极小甚至可以不计；当荷重超过土的前期固结压力时，土层的压缩变形量将会有很大的变化。

在其他条件相同时，超固结土的压缩变形量 < 正常固结土的压缩量 < 欠固结土的压缩量。

6. 土的压缩过程

土是松软多孔，它在荷重作用下的压缩变形不是瞬时就能达到稳定，而是需要有个时间过程，所需时间的长短随土层性质，排水条件和地基情况而不同。

在压缩过程中，由外力荷重使土中一点引起的压应力 δ，是由两种不同的压力来分担：

（1）有效压力 δ_1，由土颗粒接触点所承担的压力；

（2）孔隙水压力 μ，即由孔隙中水所承担的压力（指超静水压力）。

土的压缩过程，实质是这两种压力的分担转移过程。

当压力刚加上，孔隙中水来不及排出，δ 完全由水来承担；即 $\delta = \mu$，$\delta_1 = 0$；

水在孔隙水压力 μ 的作用下，逐渐向外排出，土粒逐渐承担孔隙水减小的那部分压力，压应力由 μ 和 δ_1，两部分承担，当有效压力逐渐增大到全部承担压应力时，水便停止流出，这时 $\delta_1 = \delta$，$\mu = 0$，压缩过程也就停止。

可见：1）只有有效压力才能压缩土的孔隙体积，引起土的压缩，这种由孔隙水的渗透而引起的压缩过程，称为渗透固结。

2）渗透固结过程，实质上是孔隙水压力向有效压力转移的过程；这一过程所需的时间，就是地基压缩变形达到最终稳定的时间。压缩稳定所需的时间的长短，常取决于孔隙水的向外渗流的速度。

7. 影响土的压缩性的主要因素

土的压缩性实质上说明土的孔隙和联结在外力作用下可能产生的变化。影响土的压缩性的主要因素包括土的粒度成分和矿物成分、含水率、密实度、结构和构造特征。土的受力条件（受力性质、大小、速度等）也影响着土的压缩特点。

（1）粒度成分和矿物成分的影响

1）在常见的可塑状态下，随着黏粒含量的增多，结合水膜愈厚，土的透水性减弱，压缩量增大而固结速度缓慢。

2）亲水性强的矿物形成的结合水膜较厚，尤其在饱和软塑状态下，则土的压缩量较大，固结较慢。

3）腐殖质含量愈多，土的压缩性越大，固结越慢。

土的塑性指数或液限能综合说明粒度和矿物成分的影响。一般饱和黏性土，塑性指数或液限愈大，则土的压缩系数或压缩指数愈大。

国外根据试验成果总结出饱和黏性土压缩指数 CC 和液限 WL 具有大致的关系：

CC=0.009（WL-10）

（2）含水率的影响

天然含水率或塑性指数 IL 决定着土的联结强度，随着含水率的增大，土的压缩性增强。

（3）密实度的影响

黏性土的密实度与联结有关，随着密实度的增大（孔隙比较小），土的接触点有所增多，联结增强，则土的压缩性减弱。

（4）结构状态的影响

土的结构状态也影响着土的联结强度，原状土和扰动土是不一样的，扰动土的压缩性比原状土增强。

（5）构造特征的影响

土的构造特征不同，其所受的固结压力也不同，故压缩性也不同。

（6）受力历史的影响

经卸荷后再加荷的再压缩曲线比较平缓，重复次数愈多，则曲线愈缓，可见受力的影响。

在研究土的压缩性，必须结合土的受荷历史，考虑前期固结压力影响，才能得出更符合实际的结果。

（7）增荷率和加荷速度的影响

增荷率愈大，则土的压缩性愈高。

加荷速度越快，土的压缩性愈快。

（8）动荷载的影响

在动荷载的作用下，土将产生附加的压缩性。

试验表明：土的振动压缩曲线与静荷载压缩曲线是极其相似的，但压缩量较大，一般随着动荷载作用强度的增大而增大，这与土的特性和所受的静荷载大小有关。

在动荷载作用下，土地饿压密量大小除取决于振动加速度（振动频率和振幅）外，还与作用的时间有关，动荷载的时间愈长，压缩量愈大，最终趋于稳定。

动荷载作用下土的变形同样包括弹性变形和塑性变形两部分：动荷载较小时，主要为弹性变形，动荷增大时，塑性变形逐渐增大。

（二）土的抗剪性

1. 土的剪切破坏的本质

土体的破坏通常都是剪切破坏。例如：土坡丧失稳定引起的路堤毁坏、路堑边坡的崩塌和滑坡等。

土是由固体颗粒组成的，土粒间的联结强度远远小于土粒本身的强度，故在外力作用下，土粒之间发生相对错动，引起土中的一部分相对于另一部分产生移动。

研究土的强度特征，就是研究土的抗剪强度特性，简称抗剪性。

土的抗剪强度 τf：是指土体抵抗剪切破坏的极限能力，其数值等于剪切破坏时滑动面上的剪应力。

剪切面（剪切带）：土体剪切破坏是沿某一面发生与剪切方向一致的相对位移，这个面通常称为剪切面。

土体在外力和自重压力作用下，土中各点在任意方向平面上都会产生法向应力 σ 和剪应力 τ。当通过该点某一方向上的剪应力等于该点上所具有的抗剪强度 τf 时，则该点不会破坏，处于稳定状态。

土的极限平衡条件：$\tau = \tau f$。

无黏性土一般无联结，抗剪力主要是由颗粒间的摩擦力组成，这与粒度、密实度和含水情况有关。

黏性土颗粒间的联结比较复杂，联结强度起主要作用，黏性土的抗剪力主要与联结有关。

土的抗剪强度主要依靠室内试验和原位测试确定。试验中，仪器的种类和试验方法以及模拟土剪切破坏时的应力和工作条件好坏，对确定强度值有很大的影响。

2. 土的抗剪强度和剪切定律

研究土的抗剪强度，最常借用直剪切试验方法。

将土样放在上、下部分可以错动的金属盒内，法向应力：$\sigma = \dfrac{P}{A}$

在下盒从小到大逐渐施加水平力，当水平剪力增至 T 时，土样发生剪切破坏，此时的剪切应力 $\tau = \dfrac{P}{A}$，即为土样在该法向应力作用下时的抗剪强度 τf。

抗剪强度是随着法向应力而改变，同一种土制备三个相同的土样，在 σ_1、σ_2、σ_3 作用下，得不同 τf。以抗剪强度 τf 为纵坐标，以法向压力为横坐标，可绘制该土样的 $\tau f \sim \sigma$ 关系曲线。

试验结果表明：

无黏性土：$\tau_f = \sigma \cdot tg\varphi$

黏性土：$\tau_f = \sigma \cdot tg\varphi$

式中：τ_f：土的抗剪强度，Mpa；

σ：剪切面的法向压力，Mpa；

$tg\varphi$：土的内摩擦系数；

ϕ：土的内摩擦角，度；

c：土的内聚力，Mpa。

库仑定律说明：

（1）土的抗剪强度由土的内摩擦力 $\sigma tg\varphi$ 和内聚力 c 两部分组成。

（2）内摩擦力与剪切面上的法向压力成正比，其比值为土的内摩擦系数 $tg\varphi$。

无黏性土的剪抗强度决定于与法向压力成正比的内摩擦力 $\sigma tg\varphi$，而土的内摩擦系数主要取决于土粒表面的粗糙程度和土粒交错排列的情况，土粒表面越粗糙，棱角越多和密实度愈大，则土的内摩擦系数越大。

黏性土的抗剪强度由内摩擦力和内聚力组成。土的内聚力主要由土粒间结合水形成的水胶联结或毛细水联结组成。黏性土的内摩擦力较小。

土的抗剪强度指标：土的内摩擦角 φ 和内聚力 c。

土的抗剪强度指标，还可使用三轴剪切试验测定。

三轴剪切试验是使试样在三向受力的情况下进行剪切破坏，测得图样破坏时的最大主应力 σ 和最小主应力 σ_3，再把据莫尔强度理论求出土的抗剪强度指标 c，φ 值。

从弹性力学中可知作用于单元体内的最大主应力 σ 和最小主应力 σ_3 与单元体内在一斜面上的法向应力 σ，剪应力 τ 之间存在下列关系：

$$\sigma = \frac{1}{2}(\sigma_1 + \sigma_3) + \frac{1}{2}(\sigma_1 - \sigma_3)\cos 2\alpha$$

$$\tau = \frac{1}{2}(\sigma_1 - \sigma_3)\operatorname{Sin} 2\alpha$$

其中 α：为斜面与最大主平面之交角。

这个关系可很方便地用莫尔应力圆来表示。当该单元体达到极限平衡状态时，则滑动面上的剪应力等于土的抗剪强度 τ_f，$\tau = \tau_f = \sigma tg\varphi + c$。此时应力圆称极限应力圆。极限应力圆必然与土的抗剪强度曲线相切，切点微面上的剪应力恰等于土的抗剪强度 τ_f。这样有三个极限应力圆就可得到抗剪强度曲线（三圆公切线），从而求得 c,φ。

据上述原理，试样用橡皮膜包着，置于密封容器中，通过液体加压，使土样三个轴受相同围压 σ_3，然后通过活塞杆加轴向应力 σ_r，直至试样剪切破坏。

$$\sigma_1 \rightarrow \sigma_{11}$$

$\sigma_1 = \sigma_3 + \sigma_r$；用 σ_1, σ_3 可作莫尔应力圆。取 $\sigma_{32} \rightarrow \sigma_{12}$ 三个极限圆公切线

$$\sigma_{33} \rightarrow \sigma_{13}$$

直接剪切试验与三轴剪切试样的比较：

优点：构造简单，操作方便。

缺点：

①剪切面仅限于上下盒之间，未能反映最薄弱的面；

②剪切面上剪应力分布不均匀；

③在剪切过程中，土样剪切面逐渐缩小，而计算则用图样的原载面积计算；

④试验时不能严格控制排水条件，不能另测孔隙水压力。

优点：

①能严格的控制排水条件角可量测试件中的变化；

②剪切破裂面是在最弱处；

③结果比较可靠；

④此外还可测定土的其他力学性质。

缺点：

试件的 $\sigma_2 = \sigma_3$，不符实际。

目前新问世的真三轴议中试件 3 在不同的 $\sigma_1 \neq \sigma_2 \neq \sigma_3$ 作用下进行试验。

3．抗剪强度指标的确定

在固结过程中，剪切面上的法向压力 σ，是由孔隙水压力 u 和有效压力 $\bar{\sigma}$ 分担，即 $\sigma = u + \bar{\sigma}$。

有效压力 $\bar{\sigma}$ 使土固结压密，从而加大土的摩擦力，孔隙水压力逐渐消散，土的抗剪强度逐渐增大。

测定抗剪强度指标时，必须考虑土的固结程度对抗剪强度的影响。

（1）总应力法

总应力法是用剪切面上的总应力来表示土的抗剪强度，即 $\tau_f = \sigma tg\varphi + c$，将孔隙水压力的影响，通过试验时控制孔隙水的排出程度的不同来体现。分为快剪、慢剪、固结快剪。

1）排水剪（慢剪）

土样的上、下两面均为透水石，以利排水。土样在垂直压力下，待充分排水固结达稳定后，再缓慢施加水平剪力，使剪力作用也充分排水固结，直至土样破坏。

排水剪的实质是使土样再应力变化过程中的孔隙水压力完全消失。慢剪强度指标分别用 φ_d, C_d 表示。

抗剪强度公式为：$\tau_f = \sigma tg\varphi_d + C_d$

2）不排水剪（快剪）

这种实验方法要求在剪切过程中土的含水量不变。因此，无论加垂直压力或水平剪力，都必须迅速进行，不让孔隙水排出，快剪强度指标分别用 φ_u，C_u 表示。即：$\tau_f = \sigma tg\varphi_u + C_u$

3）固结不排水剪（固结快剪）

试样在垂直压力下排水固结稳定后，迅速施加水平剪力，以保持土样的含水量在剪切前后基本不变。

固结快剪强度指标分别用 φ_{cu}，C_{cu} 表示。即：$\tau_f = \sigma tg\varphi_{cu} + C_{cu}$

上述三种试验方法测得的抗剪强度指标，虽在同一法向压力 σ 作用下进行，但因排水程度不同，实际上作用于剪切面上的有效压力 $\bar{\sigma}$ 不一样大，故得出三种不同大小的强度指标。

一般：$\varphi_d > \varphi_{cu} > \varphi_u$

（2）有效应力法

有效应力法是用剪切面上的有效应力来表示土的抗剪强度，即：

$$\tau_f = \bar{\sigma} tg \bar{\varphi} + \bar{c} = (\sigma - u)tg \bar{\varphi} + \bar{c}$$

式中：$\bar{\varphi}$，$\bar{c}$ 分别为有效那摩擦角和有效内聚力。

比较：

①总应力法较简单，一般用直剪仪测定，有效应力法较完善，能较好地模拟实际固结情况，一般用三轴剪切仪测定。

②总应力法的慢剪强度指标 φ_d，C_d 实际上与有效应力强度指标 $\bar{\varphi}$，$\bar{c}$ 相等，在没有三轴仪时，可用慢剪试验测定 φ_d，C_d。

4．土的流变特性与动力特性

（1）土的流变特性

土的变形及强度不仅决定于外力的大小，而且受到时间的影响，对黏性土来说尤其明显。

蠕变：在长期不变的剪应力作用下，剪切变形随时间而缓慢增长的现象。

应力松弛：当变形一定时会引起应力随时间而逐渐降低的现象，又称强度的衰减。

蠕变、应力松弛，长期强度为黏性土的主要流变特性。

1）黏性土的蠕变

蠕变可分为体积蠕变和剪切蠕变。体积蠕变的结果，增大土的压缩量，并使土体进一步压密，例如：欠固结。

剪切蠕变一般就指土的蠕变，即在一定剪切应力作用下土的剪切变形随时间缓慢的增长。土的蠕变特性决定于剪应力大小，一般可分为两种变形。

①衰减型

当剪应力 τ 小于某一值时，即 $\tau < \tau_\infty$ 时，剪应变随时间逐渐减弱，最后趋向于稳定，应变速率也随之逐渐减少，最后趋向于零，即 $d_\varepsilon / dt \to 0$。

②非衰减型

当剪应力大于某一值时，即 $\tau > \tau_\infty$ 时，剪应变随时间不停滞的发展，最后达到破坏。非衰减型蠕变曲线可分为四个阶段。

A 瞬时变形阶段：剪应力作用后立即产生变形，其值很小；

B 不稳定蠕变阶段：剪应变速率逐渐减小；

C 稳定流动阶段：剪应变速率为常数；

D 破坏阶段：剪切变形速率不断加快，最终导致破坏。

极限值 τ_∞ 即土的极限长期强度，当 $\tau < \tau_\infty$ 时，土的蠕变不会引起土体破坏；而当 $\tau > \tau_\infty$ 时，则土的蠕变结果会引起土体的破坏。

蠕变破坏所需的时间决定于剪应力大小，剪应力值越大，则破坏时间越早。

黏性土的蠕变具有粘塑性和黏滞性流变特性，其实质是由于黏粒周围的水化膜之黏滞性引起。蠕变的性质除与外荷大小有关外，主要决定于土的类型，即：成分、结构和所处的物理状态。黏粒越多，蠕变越大，蠕变速率也越大。含蒙脱石的黏土蠕变速率最大，伊利石次之，高岭土最小。

2）黏性土的长期强度

实验室所测的强度，只是短时间的强度，因此必须研究其长期强度，以取得强度与时间关系曲线（长期强度曲线）

按长期强度曲线，可把强度分为：

A 瞬时强度：当 t=0 时的抗剪强度，τ_{f0}

B 长期强度：当剪切时间为 t 时的抗剪强度，τ_{ft}

C 极限长期强度：当时的抗剪强度，即：长期强度随时间不断减弱到某一极限时，$\tau_{f\infty}$

D 标准强度：按室内常规试验方法所测得的强度

由此可见，剪切历时愈长，土的 τ_f 愈小，只有当土体中剪应力小于土的极限长期强度 $\tau_{f\infty}$ 时，土体才处于长期稳定状态。

（2）土的动力特性

当土体受到如地震、爆破、机械震动、车辆运行等动力作用时，土内必须产生新的压力而引起土的变形。

土在动力作用下的变形可分为弹性变形与残余变形。当动荷载强度较小不超过土的弹性极限时，它所引起的变形主要为弹性变形，弹性模量，泊松比，振动阻尼系数等为其主要动力参数。

当动力强度较大时，它所引起的变形为残余变形，动力越大，变形越大，结果使土的结构破坏，土体压缩沉降，强度减弱，严重者可使土体失去强度而威胁建筑物及边坡等稳定性。

1）振动力作用下土的密度

在动力作用下，颗粒活动能力增大，致使土的颗粒间连接力削弱，土的压缩性增大，特别对砂土来说尤为显著。砂土在静荷载作用下压缩性小，在一般建筑物荷载下可不予考虑；但在振动荷载作用下，具有较大的压缩性。

在振动荷载作用下，砂土的压缩、饱和砂的液化及软黏土的触变为它们的主要动力特性。

2）振动力作用下的抗剪强度

振动力作用下土的抗剪强度降低，对砂土来说尤为显著。因为在振动力作用下，砂土颗粒间摩擦力降低，当振动加速度达到某一起始加速度时，砂土的强度随着加速度增大而不断降低。

动荷载对一般黏性土的强度影响不大，而对饱水软黏土如淤泥及淤泥质亚黏土、黏土等则影响显。在振动作用下饱和软黏土的结构会遭到破坏，而使其强度及黏滞性剧烈降低。

5．影响土的抗剪性的主要因素

土的抗剪强度与钢材、混凝土等材料不同，不是一个定值，而受很多因素的影响，不同地区，不同成因、不同类型土的抗剪强度，往往有很大差别，即使同一种土，在不同的密度、含水量、剪切速率、仪器型式的不同条件下，抗剪强度数值也不相等。

由公式 $\tau_f = \sigma tg\varphi + c$ 可知，影响土的抗剪强度因素就是影响 φ, σ, c 的因素，可归纳为两类：

（1）土的物理化学性质的影响

1）土粒的矿物成分、颗粒形状及级配的影响

颗粒越粗，表面越粗糙，棱角状土，$\varphi \rightarrow$ 大；

黏土矿物成分不同，土粒表面薄膜水和电分子力不同，内聚力不同。一般：

黏性土含量增多，$c \rightarrow$ 大，$\varphi \rightarrow$ 小；

胶结物质可使 $c \rightarrow$ 大。

土的塑性指数 I_p 能综合说明力度和矿物成分的影响，$I_p \rightarrow$ 大 $c \rightarrow$ 大，$\varphi \rightarrow$ 小。

2）土的原始密度的影响

原始密度增大土粒间表面摩擦力和咬合力越大，即 $\varphi \rightarrow$ 大；$\tau_f \rightarrow$ 大

同时 $e \rightarrow$ 小，接触紧密，$c \rightarrow$ 大；

3）土的含水量的影响

当含水量增大时，水分在土粒表面形成润滑剂，使 $\varphi \rightarrow$ 小，对黏性土来说，含水量增加，使薄膜水变厚，甚至增加自由水，则粒间电分子力减弱，$c \rightarrow$ 小。

4）土的结构的影响，黏性土结构受扰动，$c \rightarrow$ 小。

（2）孔隙水压力的影响

由 $\sigma = \sigma' + u$ 公式可知，作用在土样剪切面上的总应力为有效应力与孔隙水压力之和，

在外荷作用下，随着时间的增长，$u \to$ 小，$\sigma' \to$ 大，孔隙水压力作用在土中自由水上，不会产生土粒间的内摩擦力；只有作用在土骨架上的有效应力，才能产生土的内摩擦强度，因此，土的抗剪强度试验条件不同（受力条件、仪器种类等）影响孔隙水排出的程度，亦即影响有效应力的数值，使测出的抗剪强度数值不同。工程上，根据实际地质情况和孔隙水压力消失程度，采用三种不同方法，即：慢剪、快剪、固结快剪，对同一种土样，试验得出的抗剪强度不同，τ_f 慢为最大，τ_f 快最小，τ_f 固快介于两者之间；即：τ_f 慢 > τ_f 固快 > τ_f 快。此外，动荷载的影响。在动荷载作用下的土的抗剪强度比在静荷载作用下的抗剪强度要小。一般来说，振动强度较大，土的抗剪强度降低愈明显。

（三）土的击实性（压实性）

1. 研究土的压实性的实际意义

土工建筑物，如土坝、土堤及道路填方是用土作为建筑材料而成的。为了保证填料有足够的强度，较小的压缩性和透水性，在施工时常常需要压实，以提高填土的密实度（工程上以干密度表示）和均匀性。

研究土的填筑特性常用现场填筑试验和室内击实试验两种方法。前者是在现场选一试验地段，按设计要求和施工方法进行填土，并同时进行有关测试工作，以查明填筑条件（如土料、堆填方法、压实机械等）和填筑效果（如土的密实度）的关系。

室内击实试验是近似地模拟现场填筑情况，是一种半经验性的试验，用锤击方法将土击实，以研究土在不同击实功能下土的击实特性，以便取得有参考价值的设计数值。

2. 土的击实性及其本质

土的击实是指用重复性的冲击动荷载将土压密。研究土的击实性的目的在于揭示击实作用下土的干密度、含水率和击实功三者之间的关系和基本规律，从而选定适合工程需要和最小击实功。

击实试验是把某一含水率的土料填入击实筒内，用击锤按规定落距对土打击一定的次数，即用一定的击实功击实土，测其含水率和干密度的关系曲线，即为击实曲线。

在击实曲线上可找到某一峰值，称为最大干密度 ρ_{dmax}，与之相对应的含水率，称为最优含水率 w_{op}。它表示在一定击实功作用下，达到最大干密度的含水率。即：当击实土料为最佳含水率时，压实效果最好。

（1）黏性土的击实性

黏性土的最优含水率一般在塑限附近，约为液限的 0.55 ~ 0.65 倍。在最优含水率时，土粒周围的结合水膜厚度适中，土粒联结较弱，又不存在多余的水分，故易于击实，使土粒靠拢而排列的最密。

实践证明，土被击实到最佳情况时，饱和度一般在 80% 左右。

（2）无黏性土的击实性

无黏性土情况有些不同。无黏性土的压实性也与含水量有关，不过不存在着一个最优含水量。一般在完全干燥或者充分洒水饱和的情况下容易压实到较大的干密度。

潮湿状态，由于具有微弱的毛细水联结，土粒间移动所受阻力较大，不易被挤紧压实，干密度不大。

无黏性土的压实标准，一般用相对密度 Dr。一般要求砂土压实至 Dr>0.67，即达到密实状态。

3. 影响土的击实性的主要因素

影响土压实性的因素除含水量的影响外，还与击实功能、土质情况（矿物成分和粒度成分），所处状态、击实条件以及土的种类和级配等有关。

（1）压实功能的影响

定义：压实功能是指压实每单位体积土所消耗的能量，击实试验中的压实功能用下式表示：$N = \dfrac{W \cdot d \cdot n \cdot m}{V}$

式中：

W——击锤质量（kg），在标准击实试验中击锤质量为 2.5kg；

d——落距（m），击实试验中定为 0.30m；

n——每层土的击实次数，标准试验为 27 击；

m——铺土层数，试验中分三层；

V——击实筒的体积，为 $1 \times 10^{-3} m^3$。

同一种土，用不同的功能击实，得到的击实曲线，有一定的差异。

1）土的最大干密度和最优含水率不是常量；ρ dmax 随击数的增加而逐渐增大，而 wop 则随击数的增加而逐渐减小。

2）当含水量较低时，击数的影响较明显；当含水量较高时，含水量与干密度关系曲线趋近于饱和线，也就是说，这时提高击实功能是无效的。

（2）试验证明，最优含水量 w_{op} 约与 w_p 相近，大约为 $w_{op} = w_p + 2$。填土中所含的细粒越多（即黏土矿物越多），则最优含水率越大，最大干密度越小。

（3）有机质对土的击实效果有不好的影响。因为有机质亲水性强，不易将土击实到较大的干密度，且能使土质恶化。

（4）在同类土中，土的颗粒级配对土的压实效果影响很大，颗粒级配不均匀的容易压实，均匀的不易压实。这是因为级配均匀的土中较粗颗粒形成的孔隙很少有细颗粒去充填。

第三节　土的分类

一、土的工程分类原则和体系

土的工程分类在工程实践中是十分重要的。根据土的工程分类可以大致判断土的基本工程特性及初步评价地基土的承载力、稳定性、可液化性以及作为建筑材料的适宜性等；可以合理确定不同土的研究内容与方法；当土的性质不能满足工程要求时，可以结合土类确定相应的改良与处理方法。

土的工程分类体系，目前国内外主要有两种：

（1）建筑工程系统的分类体系——以原状土为基本对象，对土的分类除考虑土的组成外，很注重土的天然结构性，即土的粒间连接性质和强度。例如我国国家标准《建筑地基基础设计规范》（GB 50007—2002）和《岩土工程勘察规范》（GB 50021—2001）的分类；原苏联建筑法规的分类；美国国家公路协会（AASHO）分类以及英国基础试验规程（CP2004，1972）分类等。

（2）材料系统的分类体系——以扰动土为基本对象，对土的分类以土的组成为主，不考虑土的天然结构性。例如，我国国家标准《土的分类标准》（GBI145—90）和美国材料协会的土质统一分类法（ASTM，1969）等。

二、土的分类

为了了解不同土壤之间的关系以及它的特定用途，所以把土壤分类。第一个土壤分类系统是俄罗斯科学家 Dokuchaev 在 1880 年左右开发的。它被美国和欧洲研究者修改并且开发这个系统通常使用到了 20 世纪 60 年代。它基于土壤的特别形态取决于他们的材料和母质的观点。在 20 世纪 60 年代，不同的分类系统开始出现，他们侧重于土壤形态而不是他们的材料和母质。自那时以来，分类系统又经历了进一步的修改。

（一）通俗分类法

这里指一般大众的分类方法。

1. 黑土 - 富含腐殖质的土

2. 黄土 - 一般常见的土

3. 红土 - 富含氧化铁的土

（二）美国分类法

1. 淋余土

淋余土与极育土相较，系属高盐基森林土。成土过程的标志，为有层状结晶格子黏粒移位，盐基不过分缺乏，常见之层序组合为具有一淡色或黑瘠披被层覆盖在一黏聚层之上。气候环境多属温暖，且在植物生长季节常有 3 个月以上能供给中性植物有效水分。典型的淋余土中之有机物穿透浅，有显著的黏粒聚积，黏粒聚积层次可厚可薄，而与整个盐基饱和度皆属中等偏高，且整个剖面变化不大。

2. 灰烬土

灰烬土是指土壤剖面中有 60% 以上的厚度具有火山灰土壤性质的土壤，通常在火山爆发后生成。灰烬土的主要特性为：

（1）容积比重很低，一般为小于 900 公斤 /m³。

（2）无定形物质很多，草酸可萃取铁铝含量多（一般大于 2%）。

（3）对磷酸具有强吸附力。因此灰烬土通常很轻，为强酸性土壤，施磷肥效果低。主要分布于阳明山国家公园的大部分地区，土体表面 30~50cm 大部分为黑色物质，中间为由安山岩风化的物质，大多呈黄棕色，底层为安山岩。

3. 旱境土

旱境土所共有之独具性质，为一年中有很长时期缺乏有效水分以供中性植物生长，可有一个或一个以上之土壤化育层，表土层不受腐殖质的污染，而使颜色呈显著加深，与缺乏深宽鳞隙。在土壤温度温暖之程度足够植物生长之大多数时间内，缺乏有效水分，与在土壤温度高于 8℃时，从不会含有效水分可连续供植物生长长达 90 天。旱境土为干旱地区之主要土壤，地表处仅有少量有机碳聚积，常有大量之碳酸盐类与黏粒聚积。

4. 新成土

主要为在土壤中缺乏由重要成土过程中任何一组所遗留下来之标志能成为区分特征，亦可无附属特性。故新成土共有之独具性质为系矿物质土壤物质并缺乏明显的土壤化育层次，可发生于任何气候下。缺乏化育层的理由，可能为顽固的母质；硬而缓慢溶解岩石；缺乏足够的时间可供化育层的形成与在坡地上侵蚀速度超过土壤化育层的形成。一般言之，新成土黏粒缺乏位移情形，有机物少量聚积。

5. 冰冻土

冰冻土之独具性质为生成于永远冻结地带（permafrost zone），其定义为土壤表层下100cm 为永冻状态，或是在表层 100cm 内含有永冻物质而 200cm 以下处于永冻状态。

6. 有机质土

有机质土所独具性质为在上部 80cm 内含有甚高之有机物，一般有机物厚度在 80cm 内，有一半以上土层至少含有 20% ~ 30%，或富含有机物之层次系停落在岩石上或岩石之粗碎块上。此类土壤皆为由于在水中聚积，且多少曾进行分解之植物残体所组成，但亦有若干系由森林落叶枯枝或苔藓植物在过湿环境下与可以自由排水情形下生成。

7. 弱育土

弱育土独具之性质为在一年中有半年以上时间或有连续 3 个月以上时间是温暖季节期间，土壤含有水分可有效于植物生长，有一个或一个以上曾受改变或稍具位移性质（除碳酸盐类或无定形硅酸外）集中现象之土壤化育层次。质地细于壤质细砂土，含有若干可风化性矿物，黏粒成分具有中至高能量之阳离子保持力。弱育土除在较干环境外，几乎在任何环境下皆可生成，土层常较浅，且多数位于相当年轻之地表面。

8. 黑沃土

黑沃土所独具之性质为有一暗棕至黑色之披被层，构成 A 与 B 化育层总厚之 1/3 或以上，或其厚度大于 25cm，具有明显构造，或当干时呈软的构造，在 A1 化育层与 B 化育层中其可萃取阳离子以钙占优势，占优势之结晶性黏土矿物具有中或高阳离子交换能力，若土壤在 50cm 内有深宽罅隙，则在此深度以内，若干化育层中黏粒含量为 <30%。该土壤为地球上最肥沃的土壤。

9. 氧化土

氧化土之独具性质除石英外，大多数矿物皆受极度风化而成为高岭土与游离氧化物，黏粒部分仅具有甚低活性，为壤质或黏质质地。氧化物土为发生在热带或亚热带地区，系地表有长期间之安定处特征性土壤，发育形成时必在湿润气候下。典型的氧化物土有机碳含量高、阳离子交换能量低与黏粒含量随深度而减少。

10. 淋淀土

淋淀土至少在上部层序中，由支配性成土程序位移腐殖质与铝，或腐殖质铝与铁作为无定形物质而造成标志。淋淀土所独具之性质为一具高阳离子交换能量之黑色或带红色无定形物质聚积的 B 化育层，即所谓的淋淀层。在多数未经扰动的土壤，均有一灰白层覆盖于 B 层之上。淋淀土所具有之附属特性为湿润或温湿，壤质或砂质质地，有高的 pH 依赖交换能量及盐基含量很少。

11. 极育土

极育土与淋余土相比较，极育土属低盐基森林土，经强烈淋溶作用标志，极育土共有之独具性质为有一黏聚层，盐基贮藏量低，特别在较低之化育层中是如此，年平均土温度均高于 8℃。极育土一般黏粒含量有先随深度之增加而增加，然后再降低之趋势。阳离子交换容量大多数为中至低等，随深度而递减之盐基饱和百分率系反射于植物之盐基循环或肥料施用。极育土分布地区温暖而有水分供给，故施肥可成高生产地。

12. 膨转土

此类土壤为具有规则性之土壤混搅或骚动作用及有阻止其诊断或鉴别层次发育之成土

过程的标志。又因为有土壤物质之移动作用，故其诊断或鉴别性质有很多附属性质，例如当土壤干时，总体密度甚高，当湿润时导水度甚低，当土壤湿润后再干燥，土表有相当起伏，由于有鳞隙，可使土壤甚速干燥。膨转土共有之独具性质为黏粒含量高，随水分含量变化，体积有显著改变，在若干季节中有深宽鳞隙，有断面擦痕，几轧地形，与楔形构造之粒团和水平层次呈某角度之倾斜。

（三）土分类的基本类型

按具体内容和适用范围，土分类可以概括为一般性分类、局部性分类和专门性分类三种基本类型。

1. 一般性分类，是对包括工程建筑中常遇到的各类土，考虑土的主要工程地质特征而进行的划分。这是一种比较全面的综合性分类，其有着重大的理论和实践意义，最常见的土分类就是这种分类，也称通用分类。

2. 局部性分类。仅根据一个或较少的几个专门指标，或者是仅对部分土进行分类，例如按粒度成分的分类，按塑性指数的分类及按压缩性指标的分类等。这种分类应用范围较窄，但划分明确具体，是一般性分类的补充和发展。

3. 专门性分类。根据某些工程部分的具体需要而进行的分类。它密切结合工程建筑类型，直接为工程设计与施工服务。如水利水电、地质、工业与民用建筑、交通等部门都有相应的土分类标准，并以规范形式颁布，在本部门统一执行。专门性分类是一般性分类在实际应用中的补充和发展。

（四）土分类的序次

1.第一序次分类

土体是一定地质历史时期的产物，不同时代的土具有不同的特性，因此将土按地质年代进行的分类称为土的地质年代分类，这种分类是第一序次的分类。这种分类常用于小比例尺的地质或工程地质填图使用。

2.第二序次分类

土体的地质成因有许多类型，其特性与土的成因有密切关系，因此将土按地质成因的分类称为土的地质成因分类，这种分类是第二序次的分类。与土的地质年代分类一样常用于小比例尺的地质或工程地质填图使用。

3.第三序次分类

土的物质组成（粒度成分和矿物成分）及其与水相互作用的特点是决定土体的工程特性的最本质因素，因此将反映土体成分和与水相互作用的关系特征的土分类称为土质分类，这种分类是第三序次的分类。土质分类，可初步了解土体的最基本特性及其对工程建筑的适用性及可能出现的问题。

土质分类是土分类的最基本形式，其分类方法主要有以下三种：一是按土的粒度成分的分类；二是按土的塑性特性的分类；三是综合考虑粒度成分和塑性特性的分类。粒度成分是决定着土粒的联结和排列方式，在一定程度上能反映土中矿物成分或岩屑成分的变化，与土的形成条件有关，一直是土质分类的重要标准，但它不是影响土性的唯一因素。土的化学成分—矿物成分是决定土性的主要物质依据。不同矿物与水作用程度不同，土的性质变化很大。实践表明，土的粒度成分和矿物成分是影响土可塑性的最主要因素，所以把塑性指数作为土质分类的重要指标。它反映了土的粒度和矿物亲水性的综合影响，而且测定简便。粒度成分适用于粗粒土和巨粒土的分类，而塑性特性则适用于细粒土的分类。对于含粗粒的细粒土及含细粒的粗粒土的分类，要综合考虑粒度成分和塑性特性。

4. 第四序次分类

由于土体的结构及其所处的状态不同，土的特性指标变化常常很大。为提供工程设计与施工所需要的参数，必须对土进一步分类，也就是土的工程分类。土的工程分类是按土的具体特性的分类，主要考虑与水作用所处的状态（如湿度、饱和度、稠度、膨胀性或收缩性、湿陷性、冻胀性或热融性等）、土的密实程度或渗透性、压缩性和固结性等特性，将土进行详细的分类，以满足工程建筑的要求。

（五）土分类标准的发展概况

有关土的地质年与成因分类和工程分类，我国各部门已有较统一的认识，其划分基本较一致。但是，对于土质分类却一直争论不休。20世纪80年代以前，我国最广泛使用的土质分类是水电部1962年颁布的《土工试验操作规程》中的土分类。它采用两种平行的分类体系，一种是按粒度成分的分类，另一种是按塑性指数的分类。应用较广泛的还有国家建委于1974年和1979年颁布的《工民建筑地基基础设计规范》和《工业与民用建筑工程地质勘查规范》中的土分类标准，它们综合考虑了颗粒级配和塑性指数，作为土分类的指标，并考虑了地质成因和堆积年代的影响，根据土的工程特性将土分为一般性土和特殊性土。水电部于1979年修订的《土工试验规程》制定了与国外统一的土质分类相似的新分类。交通部1981年《公路土工试验规程》和地矿部1984年《土工试验规程》也规定了近似的统一土质分类标准。统一分类按粒度将土分为粗粒土、细粒土等；粗粒土又按颗粒级配再进行细分；细粒土按塑性图和有机质含量再进行细分。

20世纪90年代以前，我国缺乏全国统一的土质分类标准，不同部门都各有各自的规定，分类原则和界限各不相同，土的名称也很混乱。这种情况，不仅妨碍了生产、科研和教学及发展，也不利于国内外科技情报的交流。通过有关部门的调查研究，参考了国内外有关规范和标准，总结我国土质分类的实践经验，由原水利电力部会同国务院各有关部门共同编制的《土的分类标准》，经过有关部门会审，并于1990年12月批准，将《土的分类标准》（GBJ145-90）作为国家标准。至此，结束了无全国统一土分类的局面。交通部于1993年又将1985年发布的《公路土工试验规程》（JTJ051-85）废止，重新修订并颁布新的行业标准《公路土工试验规程》（JTJ051-93）。而现行国家标准《岩土工程勘察规范》

（GB50021-2001）中规定的"土的工程分类"标准是目前我国工程建设中应用最广泛而且有重大影响的一种专门性分类标准。

此外，有些地区还以国家统一标准为依据，制订了地方标准，这些分类标准都属于第四序次的分类。如《北京地区建筑地基基础勘察设计规范》《上海地区建筑地基基础设计规范》和《浙江省建筑地基基础设计规范》等地方标准的土分类。

（六）土体的堆积年代分类

土体根据堆积年代分为以下三类：

1. 老沉积土（也称老堆积土）：是指第四纪晚更新世及其以前形成的土体，包括早更新世 Q_1、中更新世 Q_2、晚更新世 Q_3 三个地质历史时期的地层。

2. 新近沉积土（也称新近堆积土）：是指文化期以来（第四纪全新世近期）沉积的土，即代号为 Q_{42} 的地层。

3. 一般沉积土（也称一般堆积土）：指第四纪全新世早期沉积的土，即代号为 Q_{41} 的地层。

此外，黄土根据堆积时代和堆积环境分为新黄土和老黄土。新黄土可分为一般新黄土和新近沉积黄土，老黄土包括午城黄土和离石黄土。

（七）特殊土的分类

1. 填土的分类

填土根据堆填方式分为工程填土（我国公路工程称为填筑土，工业与民建筑工程则称为压实填土）和非工程填土两类；根据物质组成分为素填土和杂填土。根据填土的堆填方式及物质组成，填土可分为以下四类：素填土、杂填土、冲填土和压实填土。

工程填土用天然开挖的土作建筑材料，或用于筑坝，或用于房屋建筑的大规模开挖和回填土石方工程，或用作地基填土，这类填土均要求有一定的压实度，因此也称压实填土。

素填土是指由碎石土、砂土、粉土和黏性土等一种或几种材料组成的填土，不含杂物或杂物含量很少。

杂填土是指含有大量建筑垃圾、工业废料或生活垃圾等杂物的填土。其根据物质组成又分为建筑垃圾土、工业废料土和生活垃圾土三类。

冲填土是由水力冲填泥沙形成的填土。

2. 湿陷性土的分类

湿陷性土根据颗粒组成分为湿陷性碎石土、湿陷性砂土、湿陷性黄土和湿陷性填土等。

湿陷性判定标准有两种：一种是取试样做室内试验判定湿陷性，当湿陷系数小于 0.015 时，定为非湿陷性土。当湿陷系数不小于 0.015 时，定为湿陷性土；另一种是采用现场载荷试验确定湿陷性，在 200kPa 压力下浸水载荷试验的附加湿陷量与承压板宽度之比不小于 0.023 时，定为湿陷性土，否则定为非湿陷性土。

3. 黄土的分类

（1）按成因的黄土分类

黄土按成因分为原生黄土（无层理）和次生黄土（有层理，并含有较多的沙砾和细砾，地质学上称其为黄土状土）。

（2）按沉积环境和时代黄土分类

黄土根据堆积时代和堆积环境分为新黄土和老黄土。新黄土可分为一般新黄土和新近沉积黄土，老黄土包括午城黄土和离石黄土。

（3）黄土按湿陷性分为湿陷性黄土和非湿陷性黄土。湿陷性黄土又分为自重湿陷性黄土和非自重湿陷性黄土。

4. 红黏土的分类

在气候变化大、降水量大于蒸发量、气候潮湿、碳酸盐岩系出露的地区，碳酸盐岩经红土化作用（包括机械风化和化学风化作用）形成的棕红、褐黄等色的高塑性黏土称为红黏土。

红黏土按成因类型分原生红黏土和次生红黏土。颜色棕红或褐黄，覆盖于碳酸盐岩系之上，其液限大于或等于 50% 的红黏土，应判定为原生红黏土。原生红黏土经搬运、沉积后仍保留其基本特征，且其液限大于 45% 的红黏土，可判定为次生红黏土。

5. 软土的分类

实际应用时，应注意软土的定义和分类不统一问题，下面介绍以下工程上常用的几种：

（1）《岩土工程勘察规范》（GB50021-2001）关于软土的定义是：天然孔隙比大于或等于 1.0，且天然含水量大于液限的细粒土，应判定为软土。包括淤泥、淤泥质土、泥炭、泥炭质土等。

（2）《公路工程地质勘查规范》（JTJ064-98）关于软土的定义是：软土是指滨海、湖沼、谷地、河滩沉积的天然含水量大于液限，天然孔隙比大于或等于 1.0，压缩系数不小于 0.5MPa~1，不排水抗剪强度小于 30kPa 的细粒土。

（3）《公路软土地基路堤设计与施工技术规范》（JTJ017-96）关于软土的定义是：软土是指滨海、湖沼、谷地、河滩沉积的天然含水量高、孔隙比大、压缩性高、抗剪强度低的细粒土。

（4）《铁路工程地质勘查规范》（TB10012-2001）关于软土的定义是：当地层是在静水或缓慢流水环境中沉积的粉土、黏性土，具有含水率大（W≥WL）、孔隙比大（e≥1.0）、压缩性高（α0.1~0.2≥0.5MPa~1）、强度低（Ps＜800kPa）等特点时，称为软土。

6. 混合土的分类

编写勘察报告时，应注意混合土在不同规范中的含义，下面介绍以下规范对混合的规定：

（1）《岩土工程勘察规范》（GB50021-2001）关于混合土的定义：由细粒土和粗粒土混杂且缺乏中间粒径的土应定名为混合土，分为粗粒混合土和细粒混合土两种类型。当碎石土中粒径小于 0.075mm 的细粒质量超过总质量的 25% 时，应定名为粗粒混合土，例碎石类土混粉土、碎石类土混粉质黏土、碎石类土混黏土、碎石类土混淤泥质土等；当粉土或黏性土中粒径大于 2mm 的粗粒质量超过总质量的 25% 时，应定名为细粒混合土，例如粉土混碎石类土、粉质黏土混碎石类土、黏土混碎石类土、淤泥混碎石类土等。定名时应将主要土类列在名称前部，次要土类列在名称后部，中间以"混"字联结。

（2）《土的分类标准》（GBJ145-90）将混合土分为混合巨粒土、巨粒混合土、含细粒土砾、细粒土质砾、含细粒土砂、细粒土质砂和含粗粒的细粒土等七类。

（3）《公路土工试验规程》（JTJ051-93）将混合土分为漂（卵）石夹土、漂（卵）石质土、含细粒土砾、细粒土质砾、含细粒土砂、细粒土质砂和含粗粒的细粒土等七类。

（4）《港口工程地质勘查规范》（JTJ240-97）关于混合土的定义：混合土是指粗细粒两类土呈混杂状态存在，具有颗粒级配不连续，中间粒组颗粒含量极少，级配曲线中间段极为平缓等特征。定名时应将主要土类列在名称前部，次要土类列在名称后部，中间以"混"字联结。港口工程常遇到的混合土有两类：一是淤泥和砂的混合土，属海陆混合沉积的一种特殊土，土质极为松软。当淤泥含量超过总质量的 30% 时定名为淤泥混砂，当淤泥含量超过总质量的 10%，但小于或等于 30% 时定名为砂混淤泥；二是黏性土和砂或碎石的混合土，属残积、坡积、洪积等成因的土。当黏性土含量超过总质量的 40% 时定名为黏性土混砂或碎石，当黏性土的含量超过总质的 10%，但小于或等于 40% 时应定名为砂或碎石混黏性土。

7. 盐渍土的分类

（1）《岩土工程勘察规范》（GB50021-2001）关于盐渍土的定义：土中易溶盐含量大于 0.3%，并具有溶陷、盐胀、腐蚀等工程特性时，应判定为盐渍土。

（2）《铁路工程地质勘查规范》（TB10012-2001）规定：当地表下 1m 内土层易溶盐平均含量大于 0.5% 时，属盐渍土场地。

8. 膨胀土的分类

含有大量亲水矿物，湿度变化时体积有较大变化，变形受约束时产生较大内应力的土，称为膨胀土。其成因类型主要有湖积、河流堆积、滨海沉积和残积等四种类型。

9. 冻土的分类

冻土是指温度低于或等于摄氏零度，且含有冰（或固态水）的各类土。分类方法有以下两种：一种是根据冻土冻结状态持续时间长短的分类，这种分类为规范所采用；另一种是根据冻土的冻结状态分类。

我国冻土根据冻结状态持续时间的长短规定分为多年冻土、隔年冻土和季节冻土等三种类型。

10. 污染土的分类

污染土是指由于致污物质（不包括核污染）侵入而改变了物理力学性状的土。污染土的定名可在土原分类名称前冠以"污染"二字。

11. 风化岩及残积土的分类

新鲜岩石在风化引力作用下，其结构、成分和性质已产生不同程度的变异，称为风化岩；当岩石已完全风化成土而未经搬运的风化残积物，称为残积土。两者的共同之处在于均保持在其原岩所在的位置，没有受到搬运营力的水平搬运。两者的区别主要有：风化岩受风化的程度较轻，保存原岩的性质较多，基本上可作为岩石看待，而残积土则是原岩受至风化程度极重，极少保持原岩的结构和性质，应按土看待。

（1）《岩土工程勘察规范》（GB50021-2001）关于风化岩和残积土分类的基本规定如下：

对于厚层的强风化和全风化岩石，宜结合当地经验进一步划分为碎块状、碎屑状和土状；对于厚层残积土可进一步划分为硬塑残积土和可塑残积土，也可根据含砾或砂量划分为黏性土、砂质黏性土和砾质黏性土。《岩土工程勘察规范》（GB50021-94）规定：当大于2mm颗粒含量不小于20%者定为砾质黏性土，小于20%者定为砂质黏性土，不含者定为黏性土。《港口工程地质勘查规范》（JTJ240-97）与GB50021-94有所不同，即当大于2mm颗粒含量不小于20%者定为砾质黏性土，小于5%者定为黏性土，在两者之间者定为砂质黏性土。

（2）花岗岩残积土与风化岩的划分准则

《岩土工程勘察规范》（GB50021-94）和《工程地质手册》（第三版）对花岗岩残积土与风化岩的划分标准是相同的，具体如下：

①当标准贯入试验锤击数$N \geq 50$击时，为强风化岩；当$50 > N \geq 30$时，为全风化岩；当$N < 30$时，为残积土。

②当风干试样的无侧限抗压强度$qb \geq 800kPa$时，为强风化岩；当$800kPa > qb \geq 600kPa$时，为全风化岩；当$qb < 600kPa$时，为残积土。

③当剪切波速$vs \geq 350m/s$时，为强风化岩；当$350m/s > vs \geq 250m/s$时，为全风化岩；当$vs < 250m/s$时，为残积土。

第四节　地下水

一、水文循环

水循环是指地球上不同的地方上的水，通过吸收太阳的能量，改变状态到地球上另外一个地方。例如地面的水分被太阳蒸发成为空气中的水蒸气。而水在地球的状态包括固态、液态和气态。而地球中的水多数存在于大气层、地面、地底、湖泊、河流及海洋中。水会通过一些物理作用，例如：蒸发、降水、渗透、表面的流动和地底流动等，由一个地方移动到另一个地方。如水由河川流动至海洋。

（一）水循环

地球表面各种形式的水体是不断地相互转化的，水以气态，液态和固态的形式在陆地、海洋和大气间不断循环的过程就是水循环。地球表面的水通过形态转化和在地表及其邻近空间（对流层和地下浅层）迁移。

1．水循环的成因

形成水循环的外因是太阳辐射和重力作用，其为水循环提供了水的物理状态变化和运动能量：形成水循环的内因是水在通常环境条件下气态、液态、固态三种形态容易相互转化的特性。

降水、蒸发和径流是水循环过程的三个最重要环节，这三个环节构成的水循环决定着全球的水量平衡，也决定着一个地区的水资源总量。

2．水循环的分类

水循环还可以分为海陆间循环、陆上内循环和海上内循环三种形式。

（二）环节

水循环是多环节的自然过程，全球性的水循环涉及蒸发、大气水分输送、地表水和地下水循环以及多种形式的水量储蓄降水、蒸发和径流是水循环过程的三个最主要环节，这三者构成的水循环途径决定着全球的水量平衡，也决定着一个地区的水资源总量。

蒸发是水循环中最重要的环节之一。由蒸发产生的水汽进入大气并随大气活动而运动。大气中的水汽主要来自海洋，一部分还来自大陆表面的蒸散发。大气层中水汽的循环是蒸发—凝结—降水—蒸发的周而复始的过程。海洋上空的水汽可被输送到陆地上空凝结降水，称为外来水汽降水；大陆上空的水汽直接凝结降水，称内部水汽降水。一地总降水量与外来水汽降水量的比值称该地的水分循环系数。全球的大气水分交换的周期为10天。在水循环中水汽输送是最活跃的环节之一。

径流是一个地区（流域）的降水量与蒸发量的差值。多年平均的大洋水量平衡方程为：蒸发量 = 降水量 - 径流量；多年平均的陆地水量平衡方程是：降水量 = 径流量 + 蒸发量。但是，无论是海洋还是陆地，降水量和蒸发量的地理分布都是不均匀的，这种差异最明显的就是不同纬度的差异。

中国的大气水分循环路径有太平洋、印度洋、南海、鄂霍茨克海及内陆等5个水分循环系统。它们是中国东南、西南、华南、东北及西北内陆的水汽来源。西北内陆地区还有盛行西风和气旋东移而来的少量大西洋水汽。

陆地上（或一个流域内）发生的水循环是降水—地表和地下径流—蒸发的复杂过程。陆地上的大气降水、地表径流及地下径流之间的交换又称三水转化。流域径流是陆地水循环中最重要的现象之一。

地下水的运动主要与分子力、热力、重力及空隙性质有关，其运动是多维的。通过土壤和植被的蒸发、蒸腾向上运动成为大气水分；通过入渗向下运动可补给地下水；通过水平方向运动又可成为河湖水的一部分。地下水储量虽然很大，但却是经过长年累月甚至上千年蓄积而成的，水量交换周期很长，循环极其缓慢。地下水和地表水的相互转换是研究水量关系的主要内容之一，也是现代水资源计算的重要问题。

据估计，全球总的循环水量约为496′1012立方米／年，不到全球总储水量的万分之四。在这些循环水中，约有22.4%成为陆地降水，这其中的约三分之二又从陆地蒸发掉了。但总算蒸发量小于降水量，这才形成了地面径流。

（三）交换周期

1. 综述

水循环系统是多环节的庞大动态系统，自然界中的水是通过多种路线实现其循环和相变的。其范围可由地表向上伸展至大气对流层顶以上，地表向下可及的深度平均约1000m。全球性的水循环称为大循环，由海洋、陆地和一系列大小区域的水循环所组成。水循环按其发生的空间又可以分为海洋水循环、陆地水循环（包括内陆水循环）。因此，水循环的尺度大至全球，小至局部地区。从时间上划分，可以是长时期的平均，也可以是短时段的状况。相应的，研究水循环时，研究的区域可大至全球、某一流域，也可小至某一地域内的土壤或地下含水层内的水循环，时间也可长可短。

水循环分为海陆间循环（大循环）以及陆地内循环和海上内循环（小循环）。从海洋蒸发出来的水蒸气，被气流带到陆地上空，凝结为雨、雪、雹等落到地面，一部分被蒸发返回大气，其余部分成为地面径流或地下径流等，最终回归海洋。这种海洋和陆地之间水的往复运动过程，称为水的大循环。仅在局部地区（陆地或海洋）进行的水循环称为水的小循环。环境中水的循环是大、小循环交织在一起的，并在全球范围内和在地球上各个地区内不停地进行着。

2. 水交换周期

水循环使地球上各种形式的水以不同的周期或速度更新。水的这种循环复原特性，可以用水的交替周期表示。由于各种形式水的储蓄形式不一致，各种水的交换周期也不一致。

3. 水循环周期表

水体名称：更新周期／年大气水：0.025～0.03年河水（外流）：0.03～0.05年湖泊淡水：10～100年地下水：100～1000年海洋水：约5000年冰川：约100005年。水循环的形成和影响因素。

（四）主要作用

水是一切生命机体的组成物质，也是生命代谢活动所必需的物质，又是人类进行生产活动的重要资源。地球上的水分布在海洋、湖泊、沼泽、河流、冰川、雪山，以及大气、生物体、土壤和地层。水的总量约为 $1.4 \times 10^9 km^3$，其中96.5%在海洋中，约覆盖地球总面积的70%。陆地上、大气和生物体中的水只占很少的一部分。

水循环的主要作用表现在三个方面：

1. 水是所有营养物质的介质，营养物质的循环和水循环不可分割地联系在一起；

2. 水对物质是很好的溶剂，在生态系统中起着能量传递和利用的作用；

3. 水是地质变化的动因之一，一个地方矿质元素的流失，而另一个地方矿质元素的沉积往往要通过水循环来完成。

地球上的水圈是一个永不停息的动态系统。在太阳辐射和地球引力的推动下，水在水圈内各组成部分之间不停地运动着，构成全球范围的海陆间循环（大循环），并把各种水体连接起来，使得各种水体能够长期存在。海洋和陆地之间的水交换是这个循环的主线，意义最重大。在太阳能的作用下，海洋表面的水蒸发到大气中形成水汽，水汽随大气环流运动，一部分进入陆地上空，在一定条件下形成雨雪等降水；大气降水到达地面后转化为地下水、土壤水和地表径流，地下径流和地表径流最终又回到海洋，由此形成淡水的动态循环。这部分水容易被人类社会所利用，具有经济价值，正是我们所说的水资源。

水循环是联系地球各圈和各种水体的"纽带"，是"调节器"，它调节了地球各圈层之间的能量，对冷暖气候变化起到了重要的因素。水循环是"雕塑家"，它通过侵蚀，搬运和堆积，塑造了丰富多彩的地表形象。水循环是"传输带"，它是地表物质迁移的强大动力，和主要载体。更重要的是，通过水循环，海洋不断向陆地输送淡水，补充和更新陆地上的淡水资源，从而使水成了可再生的资源。

（五）影响

自然因素主要有气象条件（大气环流、风向、风速、温度、湿度等）和地理条件（地形、地质、土壤、植被等）。人为因素对水循环也有直接或间接的影响。

大气环流变化引起的降水时空分布、强度和总量的变化，雨带的迁移以及气温、空气湿度、风速的变化以及太阳辐射强迫的变化直接影响土壤水，蒸发及径流的生成。受气候因素的制约，我国湿润气候区、半湿润气候区及干旱半干旱地区的陆地水循环有显著差异。

人类活动不断改变着自然环境，越来越强烈地影响水循环的过程。人类构筑水库，开凿运河、渠道、河网，以及大量开发利用地下水等，改变了水的原来径流路线，引起水的分布和水的运动状况的变化。农业的发展，森林的破坏，引起蒸发、径流、下渗等过程的变化。城市和工矿区的大气污染和热岛效应也可改变本地区的水循环状况。

人类活动对水循环的影响反映在两方面。最重要的方面是由于人类生产和社会经济发展使大气的化学成分发生变化，如 CO_2、CH_4、$CFCs$ 等温室气体浓度的显著增加改变了地球大气系统辐射平衡而引起气温升高，全球性降水增加，蒸发加大和水循环的加快以及区域水循环变化。这种变化的时间尺度可持续几十年到几百年。另一种人类活动主要作用于流域的下垫面，如土地利用的变化、农田灌溉、农林垦殖、森林砍伐、城市化不透水层面积的扩大、水资源开发利用和生态环境变化等引起的陆地水循环变化。这种人类活动的影响虽然是局部的，但往往强度很大，有时对水循环的影响可扩展至较大地区。

环境中许多物质的交换和运动依靠水循环来实现。陆地上每年有 $3.6 \times 10^{13} m^3$ 的水流入海洋，这些水把约 3.6×10^9 吨的可溶解物质带入海洋。

人类生产和消费活动排出的污染物通过不同的途径进入水循环。矿物燃料燃烧产生并排入大气的二氧化硫和氮氧化物，进入水循环能形成酸雨，从而把大气污染转变为地面水和土壤的污染。大气中的颗粒物也可通过降水等过程返回地面。土壤和固体废物受降水的冲洗、淋溶等作用，其中的有害物质通过径流、渗透等途径，参加水循环而迁移扩散。人类排放的工业废水和生活污水，使地表水或地下水受到污染，最终使海洋受到污染。

水在循环过程中，沿途挟带的各种有害物质，可由于水的稀释扩散，降低浓度而无害化，这是水的自净作用。但也可能由于水的流动交换而迁移，造成其他地区或更大范围的污染。

地球上大量的热能用于将冰融化为水（335J·g）使水温升高（1℃需 4.18J·g），并将水转换为蒸汽（2243J·g）。因此，水有防止温度发生剧烈波动的重要生态作用。

1．水量平衡

水量平衡是说，在一个足够长的时期里，全球范围的总蒸发量等于总降水量。与世界大陆相比，中国年降水量偏低，但年径流系数均高，这是中国多山地形和季风气候影响所致。中国内陆区域的降水和蒸发均比世界内陆区域的平均值低，其原因是中国内陆流域地处欧亚大陆的腹地，远离海洋之故。中国水量平衡要素组成的重要界线，是 1200mm 年等降水量。年降水量大于 1200mm 的地区，径流量大于蒸散发量；反之，蒸散发量大于径流量，中国除东南部分地区外，绝大多数地区都是蒸散发量大于径流量。越向西北差异越大。水量平衡要素的相互关系还表明在径流量大于蒸发量的地区，径流与降水的相关性很高，蒸散发对水量平衡的组成影响甚小。在径流量小于蒸发量的地区，蒸散发量则以降水而变化。这些规律可作为年径流建立模型的依据。另外，中国平原区的水量平衡均为径流量小于蒸发量，说明水循环过程以垂直方向的水量交换为主。

2．意义

当前已经把水循环看作为一个动态有序系统。按系统分析，水循环的每一环节都是系统的组成成分，也是一个亚系统。各个亚系统之间又是以一定的关系互相联系的，这种联系是通过一系列的输入与输出实现的。例如，大气压系统的输出——降水，会成为陆地流域亚系统的输入，陆地流域亚系统又通过其输出——径流，成为海洋亚系统的输入等。以上的水循环亚系统还可以细分为若干更次一级的系统。

水循环是地球上最重要的物质循环之一，它实现了地球系统水量、能量和地球生物化学物质的迁移和转换、构成了全球性的连续有序的动态大系统。水循环联系着海陆两大系统，塑造着地表形态，制约着地球生态环境的平衡和协调，不断提供再生的淡水资源。因此，水循环对于地球表层结构的演变和人类可持续发展都意义重大。

（1）水循环深刻地影响着地球表层结构的形成、演化和发展。

（2）水循环的实质就是物质与能量的传输过程。

（3）水循环是海陆间联系的纽带。

（4）水循环是地球系统中各种水体不断更新的总和，这使得水成为可再生资源，根植于人类社会和历史的变迁之中。

水循环的地理意义有五方面：

（1）水在水循环这个庞大的系统中不断运动、转化，使水资源不断更新（所谓更新，在一定程度上决定了水是可再生资源）。

（2）水循环维持全球水的动态平衡。

（3）水循环进行能量交换和物质转移。陆地径流向海洋源源不断地输送泥沙、有机物和盐类；对地表太阳辐射吸收、转化、传输，缓解不同纬度间热量收支不平衡的矛盾，对于气候的调节具有重要意义。

（4）造成侵蚀、搬运、堆积等外力作用，不断塑造地表形态。

（六）其他

1. 社会水循环

人类社会对自然水循环的持续干预，破坏其原有的路线和发展进程，加之地表水资源、地下水资源的过度开发利用，导致水资源逐渐成为稀缺资源。同时，城市化、工业化的不断扩张，排放污水、废水与日俱增，滋生一系列违背自然水循环规律的水资源问题。社会水循环的提出，为水资源高效利用及与自然水循环和谐共处提供新的契机，科学解决当前面临的水资源开发、利用、节约、保护等难题。

2. 全球变暖背景下水循环在加强

全球变暖背景下水循环在加强。水循环的改变一方面能够影响海洋的淡水通量，诱导出海洋盐度，流场，以及温度场的异常。海洋的异常能够进一步反馈给大气，从而激发全球气候的调整。另一方面，水循环的改变还能够影响大气中的水汽含量和非绝热加热率。大气中的水汽是最主要的温室气体之一，水汽反馈是全球变暖过程中最显著的正反馈过程。水汽的相变过程导致潜热通量发生异常，最终能够影响气候系统中的极向热输送。

3. 寒区水循环

寒区因为冻土层的广泛存在，该地区水循环、水平衡和水资源驱动机制具有其自身特色，水文特点与无冻土区相比有着显著差别。永久冻土和季节性冻土对上层土壤含水量、土壤蒸发能力和土壤入渗有着深刻影响，从而影响区域或流域的产汇流机制其至水循环特性。此外，由于气候变化的影响和人类活动的日益加剧，寒区水循环与水资源对于这些变化和影响的响应因其自身的水文特性与其他地区的响应有着相当大的区别。

二、地下水的类型

（一）地下水类型

1. 地下水基本类型的划分

地下水与地表上其他水体相比较，无论从形成、平面分布与垂向结构上讲，还是从水的理化性状、力学性质上看，均显得复杂多样。地下水的这种多样性和变化复杂性，是地下水类型划分的基础；而地下水的分类，又是揭示地下水内在的差异性，充分认识和把握地下水的特性及其动态变化规律的有效方法和手段。因而具有十分重要的理论意义和实际价值。

地下水的分类方法有多种，并可根据不同的分类目的、不同的分类原则与分类标准，可以区分为多种类型体系。如按地下水的起源和形成，可区分为渗入水、凝结水、埋藏水、原生水和脱出水等；按地下水的力学性质可分为结合水、毛细水和重力水；如按地下水的化学成分的不同，又有多种分类。但从地理水文学角度来说，特别重视如下的分类：

（1）按地下水的贮存埋藏条件分类

1）包气带水

结合水（分吸湿水、薄膜水）。

毛管水（分毛管悬着水与毛管上升水）。

重力水（分上层滞水与渗透重力水）。

2）饱水带水

潜水。

承压水（分自流溢水与非自流溢水）。

（2）按岩土的贮水空隙的差异分类。

1）孔隙水。

2）裂隙水。

3）岩溶水。

2. 包气带水

（1）包气带水的特征与包气带的类型

贮存在地下自由水面以上包气带中的水，称为包气带水。包气带水包括吸湿水、薄膜水、毛细水、气态水、过路的重力渗入水以及上层滞水。

1）包气带水的主要特征与饱和带中的地下水相比较，包气带水具有如下特征：其一包气带含水率和剖面分布最容易受外界条件的影响，尤其是与降水、气温等气象因素关系密切，多雨季节，雨水大量入渗，包气带含水率显著增加；干旱月份，土壤蒸发强烈，包气带含水量迅速减少，致使包气带水呈现强烈的季节性变化。其二包气带在空间上的变化，主要体现在垂直剖面上的差异，一般规律是愈近表层，含水率的变化愈大，逐渐向下层，含水率变化趋于稳定而有规律。其三包气带含水率变化还与岩土层本身结构，岩土颗粒的机械组成有关，因为颗粒组成不同，使得岩土的孔隙大小和孔隙度发生差异，从而导致了含水量的不同。

2）包气带的类型通常，根据包气带厚度的不同，将包气带区分为厚型、薄型与过渡型等3种类型。

①厚型

包气带比较厚，即使在地下水自由水面较高的雨季，带内毛管上升高度亦不能到达地表，整个包气带可以进一步区分出土壤水带、中间过渡带以及毛管上升带等3个亚带，其中土壤水带从地表到主要植物根系分布下限，通常只有几十厘米的厚度。除水汽与结合水外，水分主要以悬着水形式存在于土壤孔隙之中，所以又称为悬着水带。其主要特点受外界气象因素的影响大，与外界水分交换最为强烈，所以含水量变化大。当土壤孔隙中毛细悬着水达到最大含量时，称此含水率为"田间持水量"。入渗的水一旦超过田间持水量，土体无法再保持超量的水分，于是在重力作用下沿非毛细空隙向下渗漏。

中间过渡带处于悬着水带与毛管上升带之间。其本身并不直接与外界进行交换，而是一个水分蓄存及传送带。它的厚度变化比较大，主要取决整个包气带的厚度，如包气带本身很薄，中间带往往就不复存在。本带的特点是水分含量不仅沿深变化小，而且在时程上也具有相对稳定性，水分运行缓慢，故又名含水量稳定带。

毛管上升带位于潜水面以上，并以毛管上升高度为限，具体厚度视颗粒的组成而定。颗粒细、毛管上升高度大，本带就厚，反之则薄。在天然状态下，毛管上升带厚度一般在1~2米左右。毛管上升带内的水分分布的一般规律是：其含水率具有自下而上逐渐减小的特点，由饱和含水率逐步过渡到与中间过渡带下端相衔接的含水量。对于干旱的土层，则以最大分子持水量为下限。而且对于给定的岩土层，这种分布具有相对的稳定性。

②薄型

薄型的包气带其厚度往往不到1米，有的只有几十厘米，包气带内只有毛细上升带的存在，没有中间过渡带，强烈变化亦不明显。因而毛细上升水可以直接到达地表，在这种情况下，毛细管就像无数的小吸管，源源不断地将地下水吸至地表，所以地下潜水蒸发迅速。反之由于包气带薄，降水入渗补给给地下水的途径亦短，雨后地下潜水面上升快。因而薄型包气带之下的潜水季节变化强烈。

③过渡型

过渡型包气带之厚度介于上述两类之间，并存在明显的季节性变化。在雨季，地下水面上升，包气带变薄，只存在毛细上升带；到了旱季，地下水面下降，整个包气带又可区分出3个亚带。我国东部平原地区的地下包气带大多属于这种类型。

（2）包气带的水分交换与动态

包气带中的水分，不仅垂向上存在明显差异，而且在时程上亦不断变化。这种变化一方面是由于和外界发生水分交换而引起的，另一方面是通过内部水分的再分配和内排水过程而发生的。这种变化的结果还会影响到后继降水的径流形成过程。

造成包气带水分增长途径有两个，一是通过上界面得到降水与地表水的补给；二是通过下界面来自饱和水带的补给。在给定的条件下，包气带水分的增长及运动受控于土壤水分势梯度，以及土壤的水分传导特性。一般情况下，由于下界面的交换处于稳定的均衡状态，因此上界面的交换是造成包气带水分增长的主要方面。据观测，在干旱地区，透水性较差的土壤，一次降水形成的下渗锋面一般均在 10 厘米以内，在个别长历时低强度的降水情况下（降水量达 40~80mm），其锋面可下深至 60~80 厘米。

包气带中水分的消退亦是在它的上、下界面上进行的。其中土壤蒸发和植物散发是造成上层水分消退的主导因素，内排水则是水分通过下界面的主要消退方式。两相比较，与增长过程一样，水分消退过程主要是通过上界面进行的。

3．潜水

（1）潜水的概念和主要特征

饱水带中自地表向下第一个具有自由水面的含水层中的重力水，称为潜水．表征潜水特性的参数有：

潜水位（h）是指潜水面上任一点的海拔高程（m）；

潜水埋深（T）是指潜水面距地表的铅直距离（m）；

含水层厚度（H）指潜水面至隔水底板的距离（m）；

潜水流水力坡度：是指潜水面上任意两点的水位差与该两点的渗透距离之比。

潜水在重力作用下自水位高处向水位低处流动，形成潜水流。如遇大面积的不透水底板呈下凹状态，潜水面坡度近于零，潜水几乎静止不动，可形成潜水湖。潜水与承压水相比较，呈现以下两大基本特点：

第一，由于潜水面上没有稳定的隔水层，潜水面通过包气带中的孔隙与大气相连通，潜水面上任一点的压强等于大气压强，所以潜水面不承受静水压力。而且一般情况下，潜水分布区与补给区基本一致。

第二，潜水含水层通过包气带与地表水及大气圈之间存在密切联系，因此深受外界气象、水文因素的影响，动态变化比较大，呈现明显的季节变化。丰水季节潜水补给充足，贮量增加，潜水面上升，厚度增大，埋深变浅，水质冲淡，矿化度降低；枯水季节，补给量减少，潜水位下降，埋深加大，水中含盐量浓度增大，矿化度提高。

（2）潜水面形状及其表示方法

1）潜水面的形状它是潜水外在的表征，它一方面反映外界因素对潜水的影响，另一方面又可反映潜水本身的流向，水力坡度以及含水层厚度等一系列特性。潜水面虽然是一个自由水面，但由于受到埋藏地区的地形、岩性等因素的制约，可以呈现倾斜、抛物线形和水平等多种形状。总体上说，潜水自补给区向排泄区汇集的过程中，其潜水面随地形条件变化，上下起伏，形成向排泄区斜倾的曲面，但曲面的坡度比地面起伏要平缓得多。此外含水层的岩性、厚度、隔水层底板的形状以及人工抽水等均会影响到潜水面的形状．一般规律是若岩性颗粒变粗，则含水层透水性增强，潜水面坡度趋向平缓，当含水层沿潜水流向增厚，潜水面坡度也变缓，反之则变陡。如隔水底板向下凹陷，潜水汇集可形成前述之潜水湖，此时潜水面基本上呈水平状；在人工大规模抽水的条件下，一旦潜水补给速度低于抽水速度，潜水位逐步下降可使潜水面形成一个以抽水井为中心的漏斗状曲面。

2）潜水面表示方法一般采用如下两种：一是绘制水文地质剖面图，即在研究区域内选择代表性剖面线，再将剖面线上各点的有关资料按一定的比例绘制在图上，并将岩性相同的地层和各点的同一时期的潜水位相连，就可得潜水面的形状。另一种是以平面图的形式表示，即绘制等水位线图。绘制方法类似于绘制地形图。它先以一定比例尺的地形图作底图，而后按一定的水位间隔，将某一时间潜水位相同的各点联成等水位线。为了全面了解潜水面的变化特点和规律，通常在同一地区应分别绘制出高水位期和低水位期两种潜水等水位线图。

潜水等水位线图具有重要的实用价值，它可以用来研究和解决如下问题：

确定潜水流向，垂直于等水位线，并从高水位指向低水位的方向，即为潜水的流向；

确定潜水面的水力坡度，沿水流方向取任意两点的水位差，除以两点间投影在平面上的直线距离，即可得出水力坡度。

此外在等水位线图上还可查取地下水的埋藏深度，推断含水层的岩性与厚度变化，确定潜水与地表水的互补关系，以及研究和布设引水、排水工程的位置等。

（3）潜水与地表水之间的互补关系

潜水与地表水之间存在着密切的内在联系。在靠近江河、湖（库）等地表水体的地区，地下潜水常以潜水流的形式向这些水体汇集，成为地表径流的重要补给水源。特别在枯水季节，降水稀少，许多河流全赖地下潜水的补给，以至河川径流过程，成为地下潜水的出流过程。但在洪水期，江河水位高于地下潜水位时，潜水流的水力坡度形成倒比降，于是河水向两岸松散沉积物中渗透，补给地下潜水。汛期一过，江河水位低落，贮存在河床两岸的地下水，重又回归河流。上述现象称为地表径流的河岸调节，此种调节过程往往经历整个汛期，并具有周期性规律，通常距离河流愈近，潜水位的变幅愈大，河岸调节作用愈明显。在平原地区，这种调节作用影响的范围可向两岸延伸 1～2km。

潜水与地表水之间的这种相互补给和排泄关系，称为水力联系。一般可将潜水与地表水之间关系划分为以下几种类型：

1）具有周期性水力联系

这种类型在大中型河流的中下游冲积、淤积平原上比较多见。如果平原上地下隔水层处于河流最枯水位以下，亦即河槽底部位于潜水含水层中，于是在江河水位高涨的洪水时期，河水渗入两岸松散沉积物中，补给地下潜水，部分洪水贮存于河岸，使河槽洪水有所削减；枯水期江河水位低于两岸潜水位，潜水补给河流，于是原先贮存于河岸的水量归流入河，起着调节地表径流的作用。在水位过程线上，明显的表现为地下潜水受控于地表河水，并在雨洪期涨水阶段的地下径流表现为负值。

2）具有单向的水力联系

这种类型常见于山前冲积扇地区、河网灌区以及干旱沙漠区，在这些地区的地表江河水位，常年高于地下潜水位，所以河水长年的渗漏，不断补给地下潜水，地下径流均为负值。

3）具有间歇性水力联系

这是介于上述单向水力联系以及无水力联系之间的一种过渡类型。通常在丘陵和低山区潜水含水层较厚的地区比较多见。在这些地区，如隔水层的位置介于河流洪枯水位之间，地下潜水与地表河水之间就可能存在间歇性水力联系。当洪水期时河水位高于潜水位，河流与地下水之间发生水力联系，河流成为地下潜水的间歇性补给源；而在枯水期，地表水与地下水脱离接触，水力联系中断，此时仅在潜水出露点。潜水以悬挂泉的形式出露地表。因此间歇性的水力联系仅存在部分的河岸调节作用。

此外还有一种所谓无水力联系，地下潜水位恒高于江河水位，单向的补给河流，与河流水不发生水力联系的关系。

4. 承压水

承压水是指充满于两个稳定隔水层之间的含水层中的地下水。倘若含水层没有完全被水充满，且像潜水那样具有自由水面，则称为无压层间水。

（1）承压水的主要特征

相对于潜水等其他类型的地下水，承压水具有如下主要特征：

1）承压性。承压水由于存在隔水层顶板而承受静水压力。这是承压水的最基本特征。当钻孔穿透隔水层顶板时才能见到承压水，此时水面的高程称初见水位（H_1）。此后地下水在静水压力作用下，将顺着钻孔上升到一定高度才能静止下来，此静止水面高出含水层顶板底面的距离称为该点的承压水头（h）。而静水面的高程就是含水层在该点的承压水位（H_2）。如果承压水位高于地表，承压水将能自喷到地表，这样的承压水又称为自流水。

2）承压水的分布区与补给区不一致，这是承压水有别于潜水的又一特征。

3）受外界的影响相对要小，动态变化相对稳定。由于隔水层顶板的存在，在相当大的程度上阻隔了外界气候、水文因素对地下水的影响，因此承压水的水位、温度、矿化度等均比较稳定。但从另一方面说，在积极参与水循环方面，承压水就不似潜水那样活跃，因此承压水一旦大规模开发后，水的补充和恢复就比较缓慢，若承压水参与深部的水循环，则水温因明显增高可以形成地下热水和温泉。

4）水质类型多样，变化大。承压水的水质从淡水到矿化度极高卤水都有存在，可以说具备了地下水各种水质类型。有的封闭状态极为良好的承压含水层，与外界几乎不发生联系，至今保留着古代的海相残留水，由于浓缩之缘故，其矿化度可达数百克／升之多，此外承压水质常呈现垂直或水平分带的规律。

（2）承压水的形成

承压水的形成主要取决于地质构造条件，只要有适合的地质构造，无论孔隙水、裂隙水或岩溶水都可以形成承压水。最适宜于承压水形成的是向斜构造和单斜构造，分述如下：

1）向斜盆地构造。这种盆地又称承压盆地或自流盆地，它可以是大型的复式构造，亦可以是单一的向斜构造。无论是哪一类，一般均包括有补给区、承压区及排泄区等3个组成部分。补给区通常处于盆地的边缘，地形相对较高，直接接受大气降水和地表水的入渗补给。从补给区当地来看，它是潜水，具有地下自由水面，不受静水压力。承压区一般位于盆地中部，分布范围较大，含水层的厚度往往因受构造的影响而有变化，由于其上覆盖有隔水层，含水层中的水承受静水压力，具有压力水头，如果承压水头高出地表，这时的水头称为"正水头"，反之，称为"负水头"。

排泄区一般位于被河谷切割的相对低洼的地区，在这种情况下，地下水常以上升泉的形式出露地表，补给河流。其出流过程一般相当稳定。

我国承压盆地十分普遍，其中位于华北地区的寒武-奥陶系构成的承压盆地，以及华南地区的石炭-二叠系构成的承压盆地最为重要。此外，我国第四系拗陷所形成的自流盆地也有重要意义。这些盆地不但分布面积广，而且水质好，水量丰富，如陕西省关中平原、山西的汾河平原、内蒙古河套平原以及新疆等地的许多山间盆地，都属第四系拗陷所构成的承压盆地。

2）承压斜地构造，又称自流斜地，它主要由单斜岩层组所组成。它的重要特征是含水层的倾没端具有阻水条件。造成阻水条件的成因归纳起来主要有3种，其一是透水层和隔水层相间分布，并向一个方向倾斜，地下水充满在两个隔水层之间的透水层中，便形成承压水。

第二种是由于含水层发生相变或尖灭形成承压斜地。含水层上部出露地表，下部在某一深度处尖灭，即岩性发生变化，由透水层逐渐转化为不透水层，形成承压条件。

第三种是由于含水层倾没端被阻水断层或阻水岩体封闭，从而形成承压斜地。山东济南附近石灰岩层被闪长岩侵入体所掩盖，迫使岩溶水以泉的形式涌出地表，形成典型的承压水斜地。

承压斜地亦可划分为补给区、承压区与排泄区3部分，但其相对位置则视具体情况而定。可以像自流盆地那样，补给区与排泄区位于两侧，中间为承压区；亦可能承压区位于一侧，而补给区与排泄区相邻。

（3）承压水等水压线

所谓等水压线，就是某一含水层中承压水位相等的各点的连线。将这些等水压线绘制在同一图上，可得出承压水面，承压水面不同于潜水面，常与地形极不吻合，甚至高于地表面。钻孔钻到承压水位处是见不到水的。必须凿穿隔水顶板才能见到水，因此，通常在等水压线图上要附以含水层顶板等高线。

等水压线图有许多实际用途，如可以确定承压水流的方向，承压水的埋藏深度、承压水头的大小等，并可用来判定开采条件的优劣以及布设井孔等。

5．孔隙水

孔隙水是指埋藏于松散岩土孔隙中的重力水。孔隙水既可以是承压的，也可以是非承压的。在我国，孔隙水主要贮存于第四纪和第三纪未胶结的松散岩土层中。

孔隙水与裂隙水，岩溶水相比较，由于松散岩层一般连通性好，含水层内水力联系密切，地下水具有统一水面，其透水性、给水性的变化较裂隙、岩溶含水层为小，孔隙水的运动大多呈层流状态。

通常，孔隙水还可根据松散沉积物的成因类型以及地貌条件上的差异，可区分为山前倾斜平原孔隙水、河谷地区的孔隙水、冲积平原孔隙水、山间盆地孔隙水，以及黄土地区孔隙水和沙漠地区的孔隙水等。以下介绍山前倾斜平原上的孔隙水。

山前倾斜平原系山区与平原相接的过渡地带。通常是由一连串冲积、洪积扇以及山麓坡积相连而成。地面坡度由陡变缓，沉积物由粗变细，层次由少变多、地下水埋深由深变浅，水力坡度由大变小，透水性和给水性由强变弱，径流条件由好变差，矿化度由低增高、水质由好变差。其中对于典型冲洪积扇而言，自出山口至平原沿着纵向可分为3个水文地质带。

（1）深埋带

深埋带位于洪积扇上部，地面坡度大，沉积物粗，透水性好，来自大气降水、山区河水的补给条件好，径流条件亦好，由于地下水埋藏深，常达数十米，故称深埋带。

（2溢出带

溢出带位于洪积扇中部，具有过渡特性，地形变缓，颗粒变细，透水性和潜水径流明显减弱，潜水埋深变浅，蒸发作用加强，水的矿化度增大，由于受透水性差的土层阻挡，常有泉溢出，所以称溢出带。

（3）垂直交替带

此带位于洪积扇前缘，其边缘常因冲积、湖积物交替沉积，形成复合堆积，透水性弱，径流缓慢，地下潜水主要消耗于蒸发，故称垂直交替带。如垂直交替带底部存在承压含水层，往往形成底部承压水的顶托补给。

6．裂隙水

裂隙水是指存在于岩石裂隙中的地下水。裂隙水的埋藏、分布与运动规律，主要受岩石的裂隙类型、裂隙性质、裂隙发育的程度等因素控制。与孔隙水相比较，裂隙水具有如下特征。

（1）裂隙水埋藏与分布极不均匀。这种不均匀性是由贮水裂隙在岩石中分布的不均匀所引起的。岩石裂隙发育的处所，容易富集地下水；反之裂隙不发育也就难以集聚地下水。裂隙水的这一特性，往往造成同一地区两个相邻的钻孔，它们的出水量可相差几十甚至上百倍。

实际表明岩石的裂隙率与岩相变化有关，一般粒粗坚硬的岩石的裂隙率要高于细粒柔性的岩石。

（2）裂隙水的动力性质比较复杂。由于基岩裂隙发育程度，裂隙大小、形状以及充填情况的不同。水在裂隙中的运动性质，诸如动水压力、流速等就不同，即使处在同一基岩中的孔隙水，也不一定具有统一的地下水面，水的运动下象孔隙水那样沿着多孔介质渗透，而是沿裂隙渗流及网脉状流动，而且其透水性往往在各个方向上呈现向异性的特点。

（3）基岩裂隙的发育具有明显的分带性，通常由地表向下随着深度的增加，裂隙率迅速递减，裂隙水在垂直方向上的运动，亦存在分带现象，主要表现为渗透系数迅速减小，井孔的涌水量，随着深度增加先是增大，到一定深度后，又急剧减少。

裂隙水主要分布于基岩广布的山区，平原地区一般仅埋藏于松散沉积物所覆盖之下的基岩中，在地表极少出露。裂隙水象孔隙水一样，亦可按埋藏条件区分为裂隙潜水和裂隙承压水；此外按裂隙的成因不同，可分为构造裂隙水、成岩裂隙水及风化裂隙水。

7. 岩溶水

在可溶性岩石（如石灰岩、白云岩、石膏等）的溶隙中贮存、运动的地下水称岩溶水。我国可溶性岩石广布，尤其是广大西南地区岩溶地貌发育，岩溶水分布极为广泛，水文情势非常复杂。概括起来，岩溶水有如下基本特征：

（1）分布上的不均匀性。岩溶水的不均匀性主要是由于可溶性岩石强烈的透水性，以及岩溶空隙在空间分布上的不均匀性所造成的。像石灰岩其原始孔隙很小，透水性能差，但经溶蚀以后产生的不同形状的溶隙，包括溶蚀漏斗、落水洞、溶洞，其渗透性能可比原始的孔隙增大千万倍，一些巨大的地下管道和洞穴，可成为地下暗河，加上岩溶发育程度在空间上的差异性，促使岩溶水在地区分布上存在严重的不均匀性，而且往往造成地下埋伏有暗河，而地表水难以滞留而干旱缺水。

（2）地下径流动态不稳定。这种不稳定性一方面表现为岩溶水的地下径流速度比其他类型的地下水流要快，各向异性强，即使处在同一水力系统内，不通过水断面上的渗透系数、水力坡度、渗流速度各不相同，往往是层流和紊流两种流态并存。另一方面还表现为岩溶水的水位与流量过程，呈现强烈的季节性变化。其水位变幅可达几米甚至几十米；流量可相差几十甚至上百倍。

（3）地表径流与地下径流，无压流与有压流相互转化岩溶地区从分水岭到河流各排水基面，一般均具有向地表径流迅速转化的趋势。但在此过程中，由于受到岩溶程度差异、岩性以及构造条件、地貌形态变化等的影响，造成地表明流与地下暗河之间频繁交替转化的现象。当地下径流遇到非可溶性岩或阻水断层的阻隔时，则常以泉或冒水洞的形式转化为地表明流。

从总体上看，岩溶地区的地下径流总是趋向附近的排泄基面、向河谷或低洼处汇聚，以水平循环运动为主；但在岩溶化地块发育的溶蚀洼地，落水洞和漏斗成为地表水与地下水之间的联系通道，水流以垂直运动为主，相互之间水力联系很差。

当地下径流由过水断面比较窄的裂隙处向开阔的溶洞发育地段汇聚时，承压性质的水流可转化为无压水流；反之无压流又可转化为有压流。

此外，岩溶地区的地下水分水岭与地表水的分水岭一般来说不相重合，这主要是由于地表和地下的侵蚀营力不同，侵蚀速率不同，尤其是可溶性岩的化学组成成分变异等所致。

第四章　岩土工程勘察级别及技术

第一节　岩土工程勘察

岩土工程勘察（Geotechnical investigation）是指根据建设工程的要求，查明、分析、评价建设场地的地质、环境特征和岩土工程条件，编制勘察文件的活动。

若勘察工作不到位，不良工程地质问题将揭露出来，即使上部构造的设计、施工达到优质也不免会遭受破坏。不同类型、不同规模的工程活动都会给地质环境带来不同程度的影响；反之不同的地质条件又会给工程建设带来不同的效应。岩土工程勘察的目的主要是查明工程地质条件，分析存在的地质问题，对建筑地区做出工程地质评价。

岩土工程勘察的任务是按照不同勘察阶段的要求，正确反映场地的工程地质条件及岩土体性态的影响，并结合工程设计、施工条件以及地基处理等工程的具体要求，进行技术论证和评价，提交处理岩土工程问题及解决问题的决策性具体建议，并提出基础、边坡等工程的设计准则和岩土工程施工的指导性意见，为设计、施工提供依据，服务于工程建设的全过程。

岩土工程勘察应分阶段进行。岩土工程勘察可分为可行性研究勘察（选址勘察）、初步勘察和详细勘察三阶段，其中可行性研究勘察应符合场地方案确定的要求；初步勘察应符合初步设计或扩大初步设计的要求；详细勘察应符合施工设计的要求。

根据勘察对象的不同，可分为：水利水电工程（主要指水电站、水工构造物的勘察）、铁路工程、公路工程、港口码头、大型桥梁及工业、民用建筑等。由于水利水电工程、铁路工程、公路工程、港口码头等工程一般比较重大、投资造价及重要性高，国家分别对这些类别的工程勘察进行了专门的分类，编制了相应的勘察规范、规程和技术标准等，通常这些工程的勘察称工程地质勘查。因此，通常所说的"岩土工程勘察"主要指工业、民用建筑工程的勘察，勘察对象主体主要包括房屋楼宇、工业厂房、学校楼舍、医院建筑、市政工程、管线及架空线路、岸边工程、边坡工程、基坑工程、地基处理等。

岩土工程勘察的内容主要有：工程地质调查和测绘、勘探及采取土试样、原位测试、室内试验、现场检验和检测，最终根据以上几种或全部手段，对场地工程地质条件进行定性或定量分析评价，编制满足不同阶段所需的成果报告文件。

第二节　岩土工程勘察等级

一、工程重要性

工程重要性等级，是根据工程的规模、特征以及由于岩土问题造成破坏或影响正常使用的后果的严重性进行划分的，可划分为三个等级（表4-2-1）。

表4-2-1　工程重要性等级划分

重要性等级	工程类型	破坏后果
一级工程	重要工程	很严重
二级工程	一般工程	严重
三级工程	次要工程	不严重

工程重要性等级划分，由于涉及各行各业（房屋建筑、地下洞室、电厂及其他工业建筑、废弃物处理等工程），很难做出统一的划分标准。以住宅和一般公用建筑为例，30层以上的建筑工程，其重要性等级可定为一级，7~30层的可定为二级，6层及6层以下的可定为三级。目前，地下洞室、深基坑开挖、大面积岩土处理等尚无重要性等级的具体规定，可根据实际情况划分。对大型沉井和沉箱、超长桩基和墩基、有特殊要求的精密设备和超高压设备、有特殊要求的深基坑开挖和支护工程、大型竖井和平硐、大型基础托换和补强工程以及其他难度大、破坏后果严重的工程，其工程重要性等级列为一级为宜。

二、场地复杂程度

场地复杂程度等级根据建筑抗震稳定性、不良地质作用发育情况、地质环境破坏程度、地形地貌和地下水等5个方面综合考虑。

1. 建筑抗震稳定性

根据国家标准《建筑抗震设计规范》（GB 50011—2001）规定，选择建筑场地时，应根据地质、地形、地貌条件划分为对建筑抗震有利、不利和危险的地段。

（1）危险地段

地震时可能发生滑坡、崩塌、地陷、地裂、泥石流及发震断裂带上可能发生地表位错的部位。

（2）不利地段

软弱土和液化土，条状突出的山嘴，高耸孤立的山丘，非岩质的陡坡、河岸和斜坡边缘，平面分布上成因、岩性和性状明显不均匀的土层（如古河道、疏松的断层破碎带、暗埋的塘浜沟谷及半填半挖地基）等。

（3）有利地段

岩石和坚硬土或开阔平坦、密实均匀的中硬土等。

上述规定中，场地土的类型按表 4-2-2 划分。

表4-2-2 场地土的类型划分

场地土类型	土层剪切波速范围/（m·s⁻¹）	岩土名称和性状
坚硬场地土	>500	稳定的岩石，密实的碎石土
中硬场地土	500≥>250	中密，稍密的碎石土，密实、中密的砾、粗、中砂，>200kPa的黏性土和粉土
中软场地土	250≥>140	稍密的砾、粗、中砂，除松散外的细、粉砂，≤200kPa的黏性土和粉土，>130kPa的填土
软弱场地土	≤140	淤泥和淤泥质土，松散的砂，新近代沉积的黏性土和粉土，<130kPa的填土

注：为根据《建筑地基基础设计规范》（GB 50007—2002）有关规定确定的地基承载力特征值（kPa）；为岩土剪切波速。

2. 不良地质作用发育情况

不良地质作用分布于场地内及其附近地段，主要影响场地稳定性，也对地基基础、边坡和地下洞室等具体的岩土工程有不利影响。

"强烈发育"是指泥石流沟谷、崩塌、滑坡、土洞、塌陷、岸边冲刷、地下水强烈潜蚀等极不稳定场地，这些不良地质作用直接威胁工程的安全。例如，山区泥石流的发生，会酿成地质灾害，破坏甚至摧毁整个工程建筑物。岩溶地区溶洞和土洞的存在，所造成的地面变形甚至塌陷，对工程设施的安全也会构成直接威胁。"一般发育"是指虽有不良地质作用，但并不十分强烈，对工程安全的影响不严重，或者说对工程安全可能有潜在的威胁。

3. 地质环境破坏程度

地质环境破坏是指人为因素和自然因素引起的地下采空、地面沉降、地裂缝、化学污染、水位上升等。地质环境的"强烈破坏"，是指由于地质环境的破坏，已对工程的安全构成直接威胁。"一般破坏"是指已有或将有上述现象发生，但并不强烈，对工程安全的影响不严重。

4. 地形地貌条件

地形地貌主要指的是地形起伏和地貌单元（尤其是微地貌单元）的变化情况。一般地说，山区和丘陵区场地地形起伏大，工程布局较困难，挖填土石方量较大，土层分布较薄且下伏基岩面高低不平，地貌单元分布较复杂，一个建筑场地可能跨越多个地貌单元，因此地形地貌条件复杂或较复杂；平原场地地形平坦，地貌单元均一，土层厚度大且结构简单，因此地形地貌条件简单。

5．地下水条件

地下水是影响场地稳定性的重要因素。地下水的埋藏条件、类型和地下水水位等直接影响工程及其建设。

综合考虑上述影响因素，场地复杂程度可划分为三个等级（表4-2-3）。

表4-2-3 场地复杂程度等级

场地等级 / 场地条件	一级	二级	三级
建筑抗震稳定性	危险	不利	有利（或地震设防烈度≤6度）
不良地质作用发育情况	强烈发育	一般发育	不发育
地质环境破坏程度	已经或可能强烈破坏	已经或可能受到一般破坏	基本未受破坏
地形地貌条件	复杂	较复杂	简单
地下水条件	有影响工程的多层地下水或岩溶裂隙水存在，其他水文地质条件复杂，需专门研究	基础位于地下水位以下	对工程无影响

三、地基复杂程度

根据地基复杂程度，可划分为三个地基等级。

1．一级地基

符合下列条件之一者即为一级地基（复杂地基）：

（1）岩土种类多，很不均匀，性质变化大，需特殊处理。

（2）严重湿陷、膨胀、盐渍、污染的特殊性岩土以及其他情况复杂、需作专门处理的岩土。

2．二级地基

符合下列条件之一者即为二级地基（中等复杂地基）：

（1）岩土种类较多，不均匀，性质变化较大。

（2）除上述规定之外的特殊性岩土。

3．三级地基

符合下列条件者为三级地基（简单地基）：

（1）岩土种类单一，均匀，性质变化不大。

（2）无特殊性岩土。

场地等级、地基等级具体划分时，应从一级开始，向二级、三级推定，以最先满足为准。

四、岩土工程勘察

综合考虑工程重要性、场地复杂程度和地基复杂程度三项因素，将岩土工程勘察等级划分为甲、乙、丙三个级别。

1. 甲级岩土工程勘察。在工程重要性、场地复杂程度和地基复杂程度等级中，有一项或多项为一级。

2. 乙级岩土工程勘察。除勘察等级为甲级和丙级以外的勘察项目。

3. 丙级岩土工程勘察。工程重要性、场地复杂程度和地基复杂程度等级均为三级。

一般情况下，勘察等级可在勘察工作展开前，通过收集已有资料确定。但随着勘察工作的岩土工程勘察展开以及对自然认识的深入，勘察等级也可能发生改变。

对于岩质地基，场地地质条件复杂程度是控制因素。建造在岩质地基上的一级工程，如果场地和地基条件比较简单，勘察工作难度不大，场地复杂程度等级和地基复杂程度等级均为三级时，岩土工程勘察等级也可定为乙级。

五、勘察阶段

各类工程勘察阶段的划分不尽相同。房屋建筑和构筑物的勘察阶段分为：

1. 可行性研究勘察

在充分收集区域地质、地形地貌、地震、矿产、当地的工程地质、岩土工程和建筑经验等资料的基础上，通过踏勘了解场地的地层、岩性、构造、不良地质作用、水文地质、工程地质条件，根据具体情况布置必要工程地质和勘探工作，对拟建场地的稳定性和适宜性做出评价。当有两个以上的拟建场地时，应进行比选分析。

2. 初步勘察

收集拟建工程的有关文件、工程地质、岩土工程资料和工程场地地形图，根据工程重要性、地基复杂性和地貌特点布置勘探孔，初步查明地质构造、地层结构、岩土工程特性、地下水埋藏条件；查明不良地质作用的成因、分布、规模、发展趋势；在抗震设防烈度等于或大于6度区，初步评价场地和地基的地震效应；对建筑地段的稳定性做出评价；初步判定地下水对建筑材料的腐蚀性；对地基基础类型进行初步分析评价。为确定建筑物的总平面布置和选择基础方案提供依据。

3. 详细勘察

按单体建筑物和建筑群布置勘察工作，提供详细的岩土工程资料和设计、施工所需的岩土参数；对建筑地基做出岩土工程评价，并对地基类型、基础形式、地基处理、基坑支护、工程降水和不良地质作用的防治等提出建议，为施工图设计提供依据。应进行下列工作：

（1）收集附有坐标和地形的建筑总平面图，场区地面的整平标高、建筑物的性质、规模、荷载、结构特点，基础形式、埋深，地基允许变形等资料；

（2）查明不良地质作用的类型、成因、分布范围、发展趋势和危害程度，提出整治方案建议；

（3）查明建筑范围内岩土类型、分布、埋深、工程特征，分析评价地基的稳定性、均匀性和承载力；

（4）对需要进行沉降计算的建筑物，提供地基变形计算参数，预测建筑物的变形特征；

（5）查明河道、沟渠、墓穴、防空洞、孤石等对工程不利的埋藏物；

（6）查明地下水的埋藏条件，提供地下水位及变化幅度，判定水和土对建筑材料的腐蚀性；

（7）在地震设防烈度等于或大于6度的地区，划分场地土类型，确定对抗震有利、不利或危险地段，对饱和砂土、粉土进行液化判别，确定液化指数和液化等级。

4. 施工勘察

遇下列情况之一时，应进行施工勘察：

（1）基槽开挖后，岩土条件与原勘察资料不符时；

（2）地基处理和基坑开挖需进一步提供或确认岩土参数时；

（3）桩基工程施工需进一步查明持力层时；

（4）地基中溶洞、土洞发育，需进一步查明并提出处理建议时；

（5）需进一步查明地下管线或地下障碍物时；

（6）施工中建筑边坡有失稳危险时。

已掌握的工程地质资料和建筑经验较充分时，可简化勘察阶段。

第三节　岩土工程勘察技术

岩土工程勘察的方法或技术手段有工程地质测绘和调查、勘探与取样、原位测试与室内试验、现场检验与监测、勘察资料的室内整理等。

一、地质测绘和调查

工程地质测绘和调查是岩土工程勘察的基础工作，一般在勘察的初期阶段进行。在可行性研究勘察阶段和初步勘察阶段，工程地质测绘和调查能发挥其重要的作用。在详细勘察阶段，可通过工程地质测绘和调查对某些专门地质问题（如滑坡、断裂等）做补充调查。

工程地质测绘和调查实质上是运用地质学、工程地质学的理论和方法，对地面地质体和地质现象进行观察和描述，根据野外调查和测绘结果，在地形图上填绘测区工程地质条件的主要内容，并绘制工程地质图，据此分析区内工程地质条件的特征和规律，借以推断地下地质情况。高质量的工程地质测绘工作可以取得对工程地质条件相当深入的认识，是认识场地工程地质条件最经济、最有效的方法；工程地质测绘和调查是率先进行的勘察工作，具有有效指导勘探、测试等其他勘察方法的作用。在地形地貌及其他地质条件较为复杂的场地，必须进行工程地质测绘，但对地形平坦、地质条件简单且较狭小的场地，则可采用调查代替工程地质测绘。但单靠工程地质测绘和调查，无论在认识的深度和定量评价的要求上都是不够的，还必须实施其他勘察方法，特别是需要通过勘探工作加以验证而使认识深化。

二、勘探与取样技术

勘探工作包括物探、钻探和坑探等方法，主要用来查明地下岩土的性质、分布及地下水等条件，并可利用勘探工程取样和进行原位测试及监测。勘察工作中具体勘察手段的选择应符合勘察的目的、要求及岩土体的特点，力求以合理的工作量达到应有的技术效果。

物探是一种间接的勘探手段，它的优点是较之钻探和坑探轻便、经济而迅速，能够及时解决工程地质测绘中难于推断而又急待了解的地下地质情况；在工程地质测绘过程中常要求物探的适当配合，对查明覆盖层厚度、基岩风化层厚度及基岩起伏变化，效果显著；物探可为钻探和坑探布置提供有效指导，作为其先行或辅助手段。但是，物探使用又受地形条件等的限制，且其成果判释往往具有多解性，因此物探应以测绘为指导，并用勘探工程加以验证。

钻探和坑探也称勘探工程，是查明地下地质情况最直接、最可靠的勘察手段，在岩土工程勘察中必不可少。其中钻探工作使用最为广泛，可根据地层类别和勘察要求选用不同的钻探方法。当钻探方法难以查明地下地质情况时，可采用坑探方法。坑探工程的类型较多，应根据勘察要求选用。勘探工作起着验证测绘和物探工作中所做推断的作用，并为试验工作创造条件。勘探工程布置要以工程地质测绘和物探成果为指导，以避免盲目性和随意性。

勘探工程一般都需要动用机械和动力设备，耗费人力、物力较多，有些勘探工程施工周期又较长，而且受到许多条件的限制。因此，在使用这些方法时要有经济观念，勘探工程布置要力求做到目的明确、经济合理，加强观测编录工作，尽可能用较少的工作量取得较多的成果。

工程地质测绘、物探、勘探三者关系密切，配合必须得当。工程地质测绘是物探和勘探的基础，必须领先进行。那种轻测绘、重勘探的观念是错误的，抛开测绘而去布置物探、勘探的做法更是盲目的，往往会造成浪费。

三、原位测试与室内试验

原位测试与室内试验的主要目的是为岩土工程问题分析评价提供所需的技术参数，包括岩土的物性指标、强度参数、固结变形特性参数、渗透性参数和应力、应变时间关系参数等。各项试验工作在岩土工程勘察中占有重要的地位。原位测试与室内试验相比，各有优缺点。

原位测试的优点是：

①试样不脱离原来的环境，基本上在原位应力条件下进行试验；

②所测定的岩土体尺寸大，能反映宏观结构对岩土性质的影响，代表性好；

③试验周期较短，效率高；

④尤其对难以采样的岩土层仍能通过试验评定其工程性质。

原位测试的缺点是：

①试验时的应力路径难以控制；

②边界条件也较复杂；

③有些试验耗费人力、物力较多，不可能大量进行。

室内试验的优点是：

①试验条件比较容易控制（边界条件明确，应力应变条件可以控制等）；

②可以大量取样。

其主要的缺点是：

①试样尺寸小，不能反映宏观结构和非均质性对岩土性质的影响，代表性差；

②试样不可能真正保持原状，而且有些岩土也很难取得原状试样。

可见两者的优缺点是互补的，应相辅相成，配合使用，以便经济有效地取得所需的技术参数。

原位测试一般都借助于勘探工程进行，是详细勘察阶段主要采用的勘察方法。

试验工作要以工程地质测绘和勘探工作为基础，在为设计提供指标时，更需综合考虑测绘和勘探的成果。

四、现场检验与监测技术

现场检验与监测是构成岩土工程系统的一个重要环节，大量工作在施工和运营期间进行。但是这项工作一般需在高级勘察阶段开始实施，因此又被列为一种勘察方法。它的主要目的在于保证工程质量和安全，提高工程效益。现场检验包括施工阶段对先前岩土工程勘察成果的验证核查，以及岩土工程施工监理和质量控制。现场监测则主要包含施工作用和各类荷载对岩土反应性状的监测、施工和运营中的结构物监测和对环境影响的监测等方面。检验与监测所获取的资料，可以反求出某些工程技术参数，并以此为依据及时修正设计，使之在技术和经济方面优化。此项工作主要是在施工期间内进行，但对有特殊要求的工程以及一些对工程有重要影响的不良地质作用，应在建筑物竣工运营期间继续进行。

五、勘察资料室内整理

勘察资料室内整理内容包括岩土物理力学性质指标的整理、图件的编制、反演分析、岩土工程分析评价及编写报告书等。各种勘察方法所取得的资料仅是原始数据、单项成果，还缺乏相互印证和综合分析，只有通过对图件编制和报告编写，对存在的岩土工程问题做出定性和定量评价，才能为工程的设计和施工提供资料和地质依据。

图件的编制是利用已收集的和现场勘察的资料，经整理分析后，绘制成工程地质图。常用的工程地质图有综合工程地质图、工程地质分区图、工程地质剖面图、钻孔柱状图及探槽或探井展视图等。

岩土物理力学性质指标的整理，就是对大量岩土物理力学性质指标数据加以整理，取得有代表性的数据，用于岩土工程的设计计算中。

反演分析是以岩土工程实体作为分析对象，通过系统的原型观测，检验岩土体在工程施工和使用期间的表现是否与预期的设计效果相符，借以反求岩土体的特性指标，或验证设计、计算方法的准确性、代表性，或查验工程效果及事故的技术原因。反演分析、室内试验、原位测试是求取岩土特性参数的三种主要方法。

岩土工程勘察报告书是岩土工程勘察成果的文字说明。该报告书的内容应根据任务要求、勘察阶段、工程地质条件、工程规模和性质等具体情况确定。岩土工程勘察的最终成果是提出勘察报告书和必要的附件。

第四节　岩土工程勘察技术规定

一、总则

1. 为规范本公司岩土工程勘察技术工作，制定本规定。

2. 岩土工程勘察应遵守国家、行业和地方标准规范；在上海地区从事一般项目的勘察活动，可以地方标准规范为主，但须遵循国家标准中的有关强制性条文；特殊项目（如核电、航空、船舶等）的勘察，应遵循相关标准规范。

3. 规定是重申规范中的要点、可能引起歧见的条款及工作中容易忽视的环节。

4. 规定主要针对上海地区的工程，外省市工程应汲取当地工程经验并应符合当地有关规范要求。承担境外项目，应按当地有关规范或合同约定的技术标准开展工作。

5. 公司原勘察技术规定与本规定不一致处，以本规定为准。

二、勘察前期工作

1. 承担勘察项目后，应做好以下资料的收集、验证等工作

（1）收集拟建建（构）筑物平面布置图及建（构）筑物性质的相关内容；平面图应明确拟建（构）建筑物边界线、地下室边界线、场地规划红线。

（2）收集的拟建建（构）筑物平面图须得到有效的确认，若是实际图纸，可以委托方签字确认；若是电子文件，可以工作联系单确认。

（3）对任务委托书中拟建建（构）筑物结构类型、层数或高度、基础型式、基础埋深、基底荷载、容许沉降量、可能采用的施工工艺、勘察技术要求等未明确的内容，工程负责人应与设计人员联系予以明确，并以工作联系单形式做好记录。

（4）收集拟建场地附近的工程地质资料和类似工程经验；

（5）收集市设水准点的位置及高程；须采用坐标定孔的工程，尚须收集控制点坐标；必要时宜了解拟建建筑物 ±0.00 标高；

（6）查阅历史河流图、地形图；若有暗浜分布，应了解其大致的分布范围。如拟建场地有吹填土分布，应调查了解吹填时间和物质来源；应调查了解其他不良地质现象，如拟建场地有防空洞分布时，应调查了解其平面位置和埋深；如有建筑物旧基础，也应做必要了解。

（7）对 I 类工程（含市政重大工程、深基坑工程等）、场地环境条件复杂工程，宜了解场地及邻近范围的地下煤气、电、水等管线的年代、种类、规格、埋深、走向等情况，邻近建（构）筑物的基础形式和埋深等，并在拟建建（构）筑物平面图上予以标注，同时说明其资料来源。

（8）承担外省市项目，需收集工程所在地现行有关规范、规程和工程经验等。

2. 勘察纲要编制

（1）应依据任务委托书和设计要求编写勘察纲要，根据工程性质、技术要求、地质条件、规范（规程、规定、标准）等布置合理的勘察工作量。

（2）对临近地铁车站、区间、高架等工程和地铁换乘站工程，勘察孔深度应参考类似工程经验，与设计单位沟通确定，并留有一定余地。

（3）勘察纲要的内容应包括拟建建（构）筑物性质、勘察技术要求、本次勘察目的及需要解决的主要问题、搜集的相关资料、基础工程预分析、勘察工作量布置（勘察点平面布置、深度、原位测试和室内试验数量）、试验要求、拟定的勘察报告章节内容、工作计划、附件和说明等。

（4）对 I 类工程或需要的工程，应会同审核或审定人对图纸文件进行会审，并做好记录。

（5）根据收集资料，当土层中有粉性土或砂性土分布时，应布置标贯试验；

（6）对拟建场地分布有大面积素填土或吹填土且厚度大于 2m 时，应布置足够代表性的原位测试试验（轻便触探 N10、静力触探等），并取一定数量的土样进行相关的室内土工试验。

（7）若设计或建设方确定了勘探工作量（包括孔数、孔深、土试项目等），且不符合有关规范时，工程负责人应向设计、建设方说明规范的相关条款，并提出修改建议；如其仍坚持原有意见，可在纲要中予以说明；如有违反强制性条文的，须向公司专业总工 / 总工和相关主管部门汇报。

（8）对通过招投标中标的工程，可删除投标书中非勘察技术方面内容，加上封面、图件等（含责任人签名）作为勘察纲要，并须增加钻探任务书；如有专家优化意见，则应予以调整、补充，并经审核、审定。

三、钻探及主要原位测试技术操作要点

（一）测放孔

1. 拟建场地有固定参照物并经校核其位置与地形图上位置正确无误时，可依据该参照物丈量定孔；场地空旷，无固定参照物时，应以全站仪、GPS 或经纬仪定孔；若拟建场地已布设角（边）桩、轴线时，可依据角（边）桩、轴线定孔。

2. 定孔过程应有记录。

3. 孔位确定后，应有明显孔位标识。

4. 上钻孔定位宜选在能见度好、风浪小的平潮时进行；根据其离岸距离的远近，选用经纬仪前方交会定位、全站型电子速测仪或 GPS 卫星定位，孔位误差应小于 2m。

（二）孔口高程测量

1. 勘察孔的孔口标高，应由测量人员根据市设水准点进行引测。

2. 建场地地处郊区且附近没有市设水准点时，可根据业主提供的水准点引测，但须有业主的书面依据和平面位置标识；如业主也未提供，可假设水准点进行引测，但须在现场进行标识，假设的高程宜与地形图中标高接近。对 I 类工程仍需根据市设水准点进行引测。

3. 孔口标高测量应进行引测线路的闭合计算，闭合差应小于 ±40mm（L 为测量线路总长度 km）。

4. 在同一站点测量勘探点高程时，应不超过 30 点闭合一次。

5. 对位置有移动的勘探孔，应在撤场前进行位置校核，同时测量标高。

6. 在探摸明浜或河床断面时，应在河岸设置固定点并测量其高程，然后换算成河底泥面标高。

7. 对查明暗浜分布而增加的小螺纹孔应补测标高。

8. 测量记录应有复核人检查，并在责任人栏内签名。

9. 上钻探孔口高程的测量应根据水面高程、水深、验潮资料进行确定，并综合钻具、钻杆长度计算钻孔深度。在有潮汐水域钻探或在水深流急的水域钻探时，应及时校正水面标高，并进行多次水深测量确定孔口标高，可用下入水中的套管长度做校核。

（三）钻探

1. 每回次钻进不宜大于 2m，水冲钻进时宜手扶钻杆，感觉土层的软硬变化，并及时记录。

2. 正确划分填土厚度、探明其性质及分布情况；对明浜应布置有代表性的河床断面；发现有暗浜时，小螺纹孔布置应能反映浜底形态特点，探查暗浜边界的小螺纹孔间距不得大于 3m，小螺纹孔地钻进回次不得大于 0.5m，钻进深度进入原状土不小于 0.5m。对于市政道路工程由于线路长，孔距大，小螺纹孔的布置应在收集、调查的基础上有针对性的布置。

3. 青浦、松江等地区分布的浅层泥炭质土或泥炭土，应单独分层、描述，并采取土样。

4. 勘察揭露的地基土分布状况与勘察纲要收集的资料不一致时，应及时调整勘探工作量（包括孔深、取土及原位测试点的深度和数量）。

5. 相邻勘探孔揭露的地层情况变化较大、可能影响到基础设计或施工方案选择时，应适当加密勘探孔；加孔的位置和数量宜与业主和设计人员协商确定。

6. 对地震设防烈度为 7 度的拟建场地，如勘探中发现在深度 20m 以浅存在饱和粉砂、砂质粉土时，应进行液化判别，用于判别液化的勘探孔（标贯试验孔或静探孔）数量和试验点间距（标贯试验）应满足规范要求。（国家抗震规范报批稿，上海软土地区液化判别一般均为 20 米深度）

7. 取样前，应清除孔底残土。

8. 不得将取土器扔入孔中。

9. 薄层土及对工程设计和施工有较大影响的土层，应加密取土或标贯间距，以确保足够的子样数。

10. 严禁将土样的原始上、下方向颠倒放置，土样须直立装箱保管、运送。土样运输过程中应有防震措施。

11. 遇暴热、强冷天气，必须妥善保管土样，采取防晒、防冻措施。

12. 钻探记录应以铅笔书写，记录必须客观、真实、及时，不得依据回忆做记录。

13. 对土的微结构、包含物等形态、成分的描述应详细，必要时，可进行素描。

14. 钻探孔静止水位必须在钻孔施工完毕后隔日量测。

15. 地下水样可在未加水前钻孔中采取，也可在场地内挖坑，待有积水后再采取。采取水样的盛水容器使用前，应用采样水清洗两次方能取样。

16. 钻探结束，应填平泥浆池(槽)和钻孔,对深基坑工程中进入或穿透承压水层的钻孔,宜用黏土球或水泥浆液封孔。

（四）静力触探试验

1.静探探头三个月标定一次，若发现探头有异常情况时，应随即进行标定，如有损坏，应及时报废。同一勘察场地有 2 台以上静探设备同时施工时，需注意可能出现的误差。

2.第⑥层埋深小于 30m，且孔深大于 30m 时，应采用下护管分次贯入；古河道区软黏性土层厚度较大时，孔深超过 40m 亦应采用下护管分次贯入。冲孔及下护管的深度应比前一次贯入深度浅 0.5 ~ 1.0m。

3.终孔后须及时打印静探曲线并交工程负责人验收。

4.静探的原始曲线上应标注：孔号、孔深、孔口标高、施工日期、视仪者、探头编号、率定系数等内容。

5.当使用测斜探头时，应绘制深度与倾斜角度曲线作为原始资料，修正后导入数据库。当倾斜角度大于 30 度时，应停止贯入，冲孔下护管后，继续贯入。

6.孔压静探试验过程中，不得上提或松动探头，终孔起拔时应记录锥尖和侧壁的零漂值。探头拔出地面时，应立即卸下锥尖，记录孔压计的零漂值。

当在预定深度进行孔压消散试验时，应量测停止贯入后不同时间的孔压值，计时间隔由密而疏合理控制；试验过程不得松动探杆。

（五）标贯试验

1.贯试验前，应孔底清淤（沉渣）后，将贯入器应缓慢放至预定试验深度，不得冲击或压入孔底。

2.采用标贯试验判定液化时，应使用泥浆护壁，泥浆比重宜为 1.05 ~ 1.15。留样应有代表性。

3.贯试验过程中，应防止探杆倾斜、侧向晃动及偏心锤击。并预先丈量、标识好试验尺寸，预打 15cm 后，再按 10cm\10cm\10cm 分记并合计 30cm 的锤击数。

（六）十字板剪切试验

1.十字板剪切试验主要适用于饱和软黏性土。

2.上海地区适宜采用电测十字板。

3.扭力传动装置应采用手柄蜗轮蜗杆箱，应实现手柄转动一圈，探杆转动 1 度。

4.转动手柄，应以每 1°/10s 的速率顺时针旋转，每隔 10s 测记一次，且应在 2 ~ 3min 内测得峰值强度。

5.需作重塑土试验，应松开夹具使探杆顺剪切方向快速旋转 6 圈再进行试验。

（七）钻孔降水头注水试验

1.采用套管将非试验段隔离，并确保套管与孔壁之间不渗水。

2.试验段长度宜为 2.0m。

3.察时间不应小于 4h，对于强透水土层，观察时间可适当缩短。量测稳定水位的时间，对砂土不宜少于 4h，对粉土不宜少于 8h，对黏性土不宜少于 12 小时。

4.试验过程中，宜采用半对数坐标纸绘制水头下降比与时间的关系曲线，当为直线时，表明试验正确，否则说明试验有误，应重新进行。

（八）抽水试验

1. 水试验孔试验段设置滤水管、非试验段应有效隔水，试验段长度不宜小于 2.0m，管底设置不小于 1.0m 的沉淀管；

2. 水井成井后及时洗井，直至出清水。

3. 隙水压力计均需在试验井中进行现场标定，标定后不得取出；

4. 水试验降深宜采用三次降深，最大降深接近工程设计所需的水位降深的标高为宜；

5. 式抽水前应进行试抽，以确定试验降深所需的泵型；

6. 水试验中，应间隔 2 ~ 4 小时采用电测水位计对主井进行水位校核，确保孔隙水压力计工作正常；

7. 水试验停泵后，应立即观测恢复水位，测读时间不少于 8 小时。

8. 水试验完成后，应测定有效孔深，孔底淤砂部位应在过滤段有效长度以下，否则应捞砂洗井后重新试验。

（九）承压水观测

1. 可采用直径 φ800 ~ 100mm 的 PVC 管，底部开至少 1m 长的滤水孔，直径约 5mm，并用滤网包扎。

2. 在滤网边缘放置级配良好的中粗砂。

3. PVC 管连接应避免漏水。

4. 滤水管上部用膨胀球封堵，再用水泥：膨胀土 1：1 的比例充分搅拌后泵送至孔内。

5. 安装完毕及时记录管内的水位，管口用盖密封，并用标记标识。

6. 每天固定时间测量地下水水位，观测时间不少于 5 天。

（十）扁铲侧胀试验

1. 试验前膜片必须率定，率定应重复 3 ~ 4 次，新膜片应作老化处理。

2. 采用静探设备压入扁铲探头，扁铲探头以 1.2 ± 0.3m/min 的速度压入土中，试验间距可取 20 ~ 50cm。

3. 试验中若需暂停，必须打开排气阀。

4. 每个试验孔结束后，应再次率定并记录，取试验前后的平均值为修正值。

5. 验完毕，应及时检查气电管路、探头等各接头处，防止污物进入。

（十一）旁压试验

1. 预钻式旁压试验，试验孔径宜比旁压器外径大 3 ~ 4mm。

2. 试验段的钻孔应圆整、垂直、光滑，孔壁不应受到扰动。对于淤泥质土、粉性土和砂土应采用泥浆护壁。

3. 成孔后应立即试验，不宜一次成孔，多次试验。

4. 应保持孔内水位高于地下水位。

5. 旁压器放入孔内之前，严禁阳光直接照射；

6. 应对注水管、旁压器充水，并进行水位调零。

7. 试验前，应准确量测测管水位至孔口的高度及地下水位深度，将旁压器置于预定深度后再进行一次试验深度的量测和校正。

8. 试验时，旁压器的三个腔应处于同一土层。

9. 加荷等级应根据相关要求确定，每级压力应在 15s 内加完，各级压力下的稳定时间可用 1min 或 2min。

10. 验终止，旁压器消压后，停 2 ~ 3min 方可取出旁压器。

（十二）波速试验

1. 速测试孔成孔应垂直，并采用泥浆护壁，同时孔径满足检波器直径要求；

2. 试前，应对仪器、计算机充电，并对仪器试工作，确保仪器运行正常；

3. 测试前，需向现场勘察人员了解钻孔地层情况，有无砾砂、卵石或软弱夹层等，并做好记录；

4. 成孔后，立即进行波速测试，测试时，确保孔中注满水。

5. 将三分量检波器置入钻孔内，由深至浅每间隔 1m 进行采样；

6. 测试中，应保持不小于 10% 的复测率，若复测数据误差大于 5%，则应再次复测，直至稳定，必要时，应取出检波器，进行检查后再次试验；

7. 在软弱夹层、砾砂、卵石等地层中，应注意加快测试，避免探头卡堵。

8. 测试完成后，及时保存文件，并清洗检波器，对连接电缆接头做好防水保护措施。

（十三）地源热泵热响应测试

1. 试验方法应符合《地源热泵系统工程技术规范》（2009 年版）的规定。

2. 试验前温度传感器应进行率定（恒温水浴或恒温箱）；

3. 测试孔施工完成后至少放置 48 小时以后方可进行热响应测试；

4. 测试设备连接好后，在启动电加热、水泵等试验设备前，需对测试设备及管路进行检查，并由专业人员对电路进行检查；

5. 进出水温度传感器至地埋管间的连接管道，应该用厚度不小于 2cm 的保温材料进行保温；

6. 启动水泵、温度采集系统等试验设备，检查管路连接处是否渗漏，待确认各设备运转正常后，启动电加热设备，开始试验，同步进行数据采集及记录。

7. 电加热功率需根据经验估算后合理启动，试验过程中如温度升高过快（或过慢），应及时停止试验，并对功率进行重新估算，待土体温度恢复至初温时，方可重新进行测试；

8. 试验期间，加热功率应保持恒定，同时不得向加热水箱内加水或放水；

9. 岩土热响应试验连续测试时间不宜少于 48 小时，遇电力故障等造成试验中断，须待土体温度恢复至初始温度时，方可重新进行测试；

10. 保持管内流速在 0.5 ~ 0.7m/s，并保持流速稳定；

11. 测试过程中，做好试验设备及人员的安全防护工作。

四、土工试验

1. 土工试验方法应符合现行国家标准《土工试验方法标准》（GB50123-1999）有关规定。

2. 试验仪器应定期进行检验和标识，并符合规定的技术要求。

3. 重大工程及特殊试验项目，应编制土工试验纲要。

4. 试验报告中的指标应真实、准确，物理力学指标间关系宜匹配。

5. 各项试验的原始资料要求字迹清楚，完整，不得任意涂改，试验者需签名。计算数据要求准确无误，各项指标的计算精度、符号、单位应符合国标规定。

6. 按工程负责人签署的土试布置单安排试验项目，制样时由于土样扰动、缺损等原因不符合试验要求时，应及时告知工程负责人。

7. 正确填写开土记录，按规定描述土质情况，包括土类、颜色、密实程度、干湿程度、状态、夹杂物等，特殊情况重点记录。

8. 液塑限成果与土样有矛盾时，应再次进行试验验证，二次成果数据差别过大应检查原因，如取土不具代表性时，应换土重新进行试验。

9. 塑性指数 $I_p<12$ 的土应补做颗粒分析试验。粒径 0.005mm 含量大于 15% 的土，返做液塑限试验由塑性指数定名。

10. 筛分法中，当小于 0.075mm 颗粒含量超过 10% 时，应同时做比重计法，测定 0.075mm 以下的颗粒含量。

11. 有机质土必须做烧失量试验。

12. 渗透试验应进行三次以上平行读数，渗透系数应取差值不大于 2×10^{-n} 的平均值。对透水性很低的饱和黏性土可通过固结试验测定固结系数，计算渗透系数。

13. 黏性土固结试验最终压力不超过 400kPa 时，可用 1 小时一级的快速法固结试验，用综合固结度校正；超过 400kPa 时，可采用 2 小时一级的快速法，用次固结增量法进行校正。

14. 固结试验第一级压力宜为 50kPa，当 $\rho \leq 1.75 \text{g/cm}^3$ 的黏性土，第一级压力宜为 25kPa。

15. 固结快剪试验采用预压仪固结，黏性土预压时间不少于 4.5 小时，砂性土预压时间不少于 2.5 小时。为防止土样挤流，要分级施加到最大压力。直剪试验强度直线至少通过三个试验点，各试验点与强度直线间的误差宜小于 5kPa，C、φ 值的确定应与土的物理性吻合。

16. 三轴压缩试验宜用直径不小于 108mm 的土样，以便制备 4 个土质结构相同的试样，试验围压宜根据工程实际荷重确定，第一级围压宜接近土的自重压力，最大一级围压与最大的围压实际荷重大致相同。

17. 岩石单轴抗压强度采用圆柱体作为标准试件，试件上、下端面应平行，含水状态根据工程实际选择烘干、天然和饱和状态。试验时，应将试件置于压力机的承压板中央，对正上、下承压板，不得偏心，以 0.5MPa/s ~ 1.0MPa/s 的速率进行加荷直至破坏。

18. 导热系数的测试采用平板热流法，试样直径为 61.8mm，高度为 20mm，试样应置于冷热面正中间，试验时热面温度应高于冷面温度 20℃以上，试验结果采集 3 次以上平行读数进行计算。比热容测试采用热平衡法，试样在恒温箱中应加热一定时间，以使土样吸热充分均匀，其温度应高于水温 20℃以上，试验采用两个试样平行测定。

五、报告编制

除应符合《岩土工程勘察规范》（DGJ08-37-2002）、《岩土工程勘察文件编制深度规定》（DGJ08-72-98）及建设部《建筑工程勘察文件编制深度规定（试行）》的要求外，还应对以下内容做重点叙述或必要说明：

（一）前言

1. 应说明拟建建（构）筑物的性质（包括建（构）筑物高度或层数、结构形式、可能采用的基础形式、埋深、荷载条件、变形要求、是否设地下室等）；对任务委托书中拟建建（构）筑物性质不明确的工程，应说明与设计联系商榷的结果；对设计暂未确定而编写报告必需的内容（如荷载等）可按工程经验进行假定并在报告中予以说明。

2. 应列入与工程相关且现行有效的国家标准、地方规范、行业标准。

3. 应对勘探工作方法、工作量布置的主要原则、勘察方案变更做必要说明。

4. 对勘探工作量由设计或甲方确定且与规范要求有差别的工程，应将有关情况在报告中予以说明。

5. 引用公司内外勘探孔资料时，应验核资料的正确性，并在报告中说明该资料的出处和孔号。对于引用公司外资料应复印归档。

6. 高程引测点编号具体位置、高程及高程系统应进行必要的说明，对采用 GPS 确定高程和坐标应做相关说明；对重要工程、周围无建筑的空旷场地及设计要求时，尚应提供主要勘探点的坐标。

（二）场地工程地质条件

1.土层的定名应根据具体情况综合分析后确定，当土性较均匀时，宜按土试成果定名；土性变化较大时，宜根据土试成果、野外编录和原位测试成果综合定名。

当两种不同类别地层相间成层时，其土层定名应根据其层理、厚度比及韵律变化特征，按《岩土工程勘察规范》（DGJ08-37-2002）第3.2.5条分别定名"夹层""互层""夹薄层""透镜体"等。

部分地段5层土以黏土加薄层粉砂形式出现，土试成果可能定名为淤泥质粉质黏土，但当Ps>1.0Mpa时，土层可不冠以"淤泥质"；8层地基土为正常固结土层至轻度超固结土，一般不冠以"淤泥质"。

2.宜对填土的成分、空间分布规律进行较为详细的描述，对吹填土应说明吹填的年代，对明、暗浜区应说明浜底淤泥分布情况。

3.对大型工程及地层变化较大的工程，除采用"地层特性表"描述地层分布情况外，宜对地层的宏观规律性做必要的叙述；工程地质条件复杂时应进行地质分区并做相应分析和评价。

4.进行场地地基土液化判别时，砂土黏粒含量 ρc 大于3时取实测值，小于3时取3；除提供各孔液化指数、场地液化等级及液化强度比外，尚应明确液化土层深度；应慎判严重液化，必要时可采取其他判别方法复验。对勘探孔数量较少工程，可同时采用钻探和静探孔合并判别。对场地平均液化指数小于1时，可酌情考虑判为不液化。

5.数据统计与分析

（1）每个场地每一主要土层的原状土试样或标贯试验击数不应少于6件（组），当采用连续记录的静力触探或者动力触探为主要勘察手段时，每个场地不应少于3个孔。

（2）对土性较为均匀的土层，数据统计的变异系数不宜大于30%；变异系数大于30%时，应剔除异常子样后重新统计。应对夹层土及互层土土性不均、变异系数大作必要说明。对参加统计的子样数少于5个及最小值为零的情况，不宜提交均方差和变异系数。

（3）提供的土层物理力学参数表中各土层的物理力学指标及原位测试参数应协调。当出现异常时，应分析原因，合理取舍。

（三）地基基础分析与评价

1.天然地基的分析评价

（1）须提供天然地基持力层的建议；应结合野外和原位测试成果准确划分填土层界线，当拟建场地分布的大面积素填土、冲填土，其厚度≥2m，且填筑时间较长（3～5年）时，宜根据原位测试成果，评价其均匀性以及强度和变形特性；应对其作为天然地基持力层的可能性进行分析评价，并做出结论。

（2）提出各拟建物适宜采用的基础埋置深度（标高）的建议值；

（3）提供相应（或假定）基础尺寸的地基承载力设计值和特征值，并对计算条件及下卧层尚未变形验算进行说明。对下列情况应用原位测试结果综合确定地基承载力：

1）素填土和冲填土土层；

2）浅部的粉（砂）性土；

3）土性 C ϕ 值与静探 Ps 值指标不协调（市郊如松江、青浦地区浅部黏性土层）。

（4）对需要进行变形验算的工程，应提供计算所需的变形参数（ E0.1-0.2）并宜验算地基变形，同时需注明计算假定的边界条件。

（5）对青浦及其他郊县地区，当上部存在薄层（10 ~ 40cm）的泥炭质土或泥炭时，应详细描述该土层埋置深度、层厚及场地的变化规律，并评价其对工程的影响。

（6）勘察场地拟建多幢建筑物时，应根据地基土性状与特征划分区段或单元，分别进行分析与评价。当持力层层面埋深变化较大时，应列表分别建议各区段的基础砌置深度；如某一单元所处土层变化较大时，应对地基可能产生的不均匀沉降进行评价，提醒设计应采取必要的措施。

（7）应对明浜、暗浜等不良地质现象提出合适的地基处理方法，当填土深度小于 3m 且范围较小时，可建议采用换填法，否则应建议采用其他有效的处理方法。

（8）工程需要时，对可能采用的地基加固处理方案进行技术经济分析、比较并提出建议。

2．桩基工程的分析评价

（1）须提供桩基持力层的比选和建议，持力层的确定应满足下列条件：

1）一般宜选择压缩性中等的黏性土、粉性土、中密或密实的砂土；不宜选择淤泥质土层或可液化土层；

2）当存在相对软弱下卧层时，桩端以下持力层厚度宜超过 6 ~ 10 倍桩径，且不宜小于 3-5m（小截面桩型可选小值）。

3）单桩竖向承载力应满足设计布桩的要求；

4）沉降和沉降差应满足规范和设计的要求；

5）对预制桩沉桩是可行的。

（2）对可能采用的桩型、规格及相应的桩端入土深度（标高）进行分析评价；

（3）提供桩基设计、施工所需的岩土参数及单桩承载力估算值，并符合下列要求：

1）桩侧极限摩阻力标准值 fs 和桩端极限端阻力标准值 fp 应根据土试成果和静探等原位测试成果综合确定；

2）应分别提供单桩承载力的极限值、设计值和特征值；当计算的单桩极限承载力大于桩身结构强度时，应注明宜按桩身结构强度考虑；

3）有液化层存在时，应分别提供深度 0 ~ 6m、6 ~ 10m 和大于 10m 的液化强度比 Fle 及相应的液化影响折减系数。

（4）对青浦、嘉定或芦潮港等地区的浅部硬层及粉（砂）性土，应按上海市标准规范《岩土工程勘察规范》第 13.3.7 条 4 款规定，并结合当地已有经验提供 fs、fp 建议值。

（5）当拟建场地有大面积堆载（包括新回填土）或降水等因素时，应考虑桩侧负摩力的影响。

（6）应提供桩基压缩层范围内各土层的压缩模量 Espo ~ po+△p（对黏性土宜按土试成果确定，对粉性土、砂土宜按原位测试成果确定）；对需要进行变形验算的工程，应按规范推荐的方法进行变形验算，同时需注明计算假定的边界条件。

（7）地下室自重小于地下水浮力时，应考虑设置抗浮桩并做相应的分析评价；

（8）沉（成）桩可行性评价应包括以下内容：

1）对预制桩，应根据地层条件分析沉桩的难易程度，桩端进入中密以上的砂质粉土或砂土时，一般不宜超过 6 ~ 8d。

2）对钻孔灌注桩，应分析浅部松砂易坍塌、黏性土易缩孔、7 层密实砂土中钻进速度慢等因素对成桩质量的不利影响。

3）建议采用合适的沉桩设备或成桩工艺，并建议进行试沉（成）桩以获取适宜的施工参数。

4）场地内存在原有建筑基础或其他障碍物时，应建议将其清除。

5）场地内存在厚度较大的软弱填土或浜淤泥时，应建议采取适当处理措施防止对沉（成）桩施工产生不利影响。

（9）沉（成）桩对环境的影响应包括以下内容：

1）预制桩锤击沉桩产生的多次反复振动，对邻近既有建（构）筑物及公用设施等损害的可能性；

2）饱和黏性土地基宜考虑大量、密集的挤土桩或部分挤土桩对邻近既有建（构）筑物及地下公用设施等（的）损害的可能性；

3）灌注桩成孔时产生的泥浆对环境的影响。

4）对单桩承载力和沉降控制要求较高的工程，可建议采用灌注桩后注浆工艺。

（10）根据工程和周边环境条件，挤土桩或部分挤土桩应针对性选择下列一种或几种措施以减少沉桩影响：

1）合理安排沉桩顺序；

2）控制沉桩速率；

3）设置竖向排水通道；

4）在桩位或桩区外预钻取土；

5）设置防挤沟等。同时还应布置监测工作。

（11）宜提出进行桩静载荷试验以确定单桩承载力的建议。并指出沉桩后到进行静载荷试验的间歇时间应符合规范要求。打（压）入式沉桩后到进行静载荷试验的间歇时间，应理解为建筑物沉桩全部结束后起算。当桩侧土以饱和黏性土为主时，其沉桩后土体强度恢复（约 80%）一般需要 40 ～ 60 天。

（12）勘察场地拟建多幢建筑物且土层不均匀时，应根据地基土性状与特征划分区段或单元，分别进行分析与评价。如某一单元处土层变化较大时，应对桩基可能产生的不均匀沉降进行评价，提醒设计应采取必要的措施。

（13）对铁路、公路、桥涵等工程，提供的单桩承载力计算参数和方法应按有关行业标准进行。

3. 沉降控制复合桩的分析评价

（1）提供选用承台持力层、埋置深度（标高）的建议；提供相应基础尺寸的地基承载力设计值；

（2）进行桩基持力层的比选，并提供相应桩基设计参数及单桩竖向极限承载力标准值；

（3）一般宜选择压缩性相对较低但不十分坚硬的土层作为桩基持力层。对浅部有厚度较大的 2 ～ 3 层分布且不液化的地区，宜比选其做桩基持力层的可能性。

（4）提供变形验算所需的压缩模量；当工程需要时，可按假定基础及荷载条件，提供基础承台面积、桩数与沉降量关系曲线。

（5）对沉桩可行性进行分析评价并提出施工注意事项：

1）分析杂填土对沉桩的影响，对大块混凝土等宜提出采取清障措施；

2）分析浅部粉（砂）性土（2 ～ 3 层等）对沉桩的不利影响，宜根据粉（砂）性土层厚度及密实度，建议采取增加桩截面或桩身强度的措施。

（6）对不良地质现象（暗浜、明浜、杂填土等）提出基础处理的建议；当明（暗）浜及填土面积较大且深度大于 3m 时，应慎提复合桩基方案；并应结合建筑物性质，建议桩基方案或其他有效的地基处理方案。

4. 基坑工程的分析评价

（1）按基坑级别及设计要求，分别提出基坑设计、施工所需的土性参数；

1）一级基坑应提供相关土层天然容重、直剪固快、三轴、直剪慢剪指标（对于粉性土或砂土）、K_0、qu、渗透系数 K（现场和室内）、砂土不均匀系数、十字板剪切强度等。工程需要时，可提供回弹模量、基床系数等参数。

2）二级基坑宜提供相关土层天然容重、直剪固快、三轴、直剪慢剪指标（对于粉性土或砂土）、K_0、渗透系数 K（现场和室内）、十字板剪切强度等。

3）三级基坑应提供相关土层天然容重、直剪固快指标、渗透室内试验指标或经验值。

（2）提供的土性参数应说明指标的使用条件。

（3）阐明场地沿基坑周边填土、暗浜、地下障碍物等分布情况，并分析其对工程的影响；阐明场地的周边环境。

（4）阐明场地地下水分布状况；对深基坑工程应提供潜水位、微承压和承压水水位资料（包括勘察阶段实测值及地区年变幅值）；拟建场地附近有地表水体时，应说明地下水与地表水是否有水力联系。

（5）应对基坑开挖时产生流沙、管涌、坑底突涌可能性做出分析评价；评价基坑突涌时，应采用（微）承压水高水位值；

（6）对基坑支护结构形式及降、排水方法提出建议；

（7）对基坑设计、施工注意事项提出建议；

（8）预测评估基坑开挖、降水对周围环境的影响，提出监测和防护措施的建议；

（9）对暗浜分布地段，慎提采用放坡开挖方式；

（10）对上部地基土特别软弱的基坑，宜建议均衡挖土。且不宜采用复合土钉墙作为围护方式。外环线以内基坑工程，不建议采用土钉墙围护方式。

5．市政工程的分析评价内容除符合上述有关规定外，尚宜包括下列内容：

（1）道路工程

1）路基土液塑性试验与定名应按《公路土工试验规程》（JTJ051-93）执行；

2）描述沿线明、暗浜等不良地质现象的分布范围，提出地基处理建议；

3）高填土道路（填土高度大于2.5m）除提供常规物理力学性质指标外，还宜提供三轴UU、固结系数（Cv、Ch）、无侧限qu、承载比CBR、路基填土的最优含水量及最佳干密度等指标；工程需要时，提供地下水位以上路基土的毛细上升高度。

4）高填土道路应重视对路基强度和变形的分析评价，并提出相应地基处理建议。

5）对改建扩建道路，宜调查原有道路状况和路面结构，分析路基产生不均匀的可能性。

（2）桥梁工程

1）桩基持力层评价时，应注意采用连续梁的桥梁段对变形（特别是变形差）控制严格。

2）重视桥梁与路基接坡段不均匀沉降的分析与评价，并提出处理措施建议。

3）当桥墩位于河床中，应根据收集资料阐述使用期内河床冲淤情况，提请设计注意河流冲刷的不利影响。

（3）地铁车站（含中间风井、工作井）

1）应提供地铁车站开挖影响深度范围内土层分布、（微）承压含水层、天然气及地下障碍物的分布情况；地下障碍物难以查明时，应建议进行专项物探调查。

2）提供基坑开挖设计和施工所需要的有关参数（如直剪固快C、φ峰值、渗透系数、静止侧压力系数、三轴CU试验强度指标、基床系数、无限侧抗压强度、十字板抗剪强度、基坑回弹计算参数等）

3）判定基坑突涌的可能性，并提出相应的防治措施。

4）提供地下车站所需的桩基设计参数，并对桩基持力层（或桩端入土深度）进行比选。

（4）隧道工程（含地铁盾构区间、旁通道）：

1）应提供隧道影响深度范围内土层分布、（微）承压含水层、天然气及地下障碍物的分布情况；地下障碍物难以查明时，应建议进行专项物探调查。

2）隧道工程除提供常规物理力学性质指标外，还宜提供相关土层的渗透系数 K（室内和现场）、三轴 UU、无侧限、K_0、现场十字板剪切强度、土的不均匀系数 Cu（d60/d10）和 d70 等指标。施工需用触变泥浆时，应提供地下水 pH 酸碱度、氯离子及碳酸根离子含量。

3）分析评价隧道施工过程中产生流沙、管涌、承压水突涌等不良现象的可能性，提出防治措施建议。

4）对于穿越河道的隧道，需要根据收集资料评价河道河床深度、冲刷深度对隧道工程的影响。

5）当旁通道采用冻结暗法施工时，应提出土热物理参数另行委托的建议；并提示冻胀及后期融陷对工程的不利影响。

（5）沉井

1）应提供沉井下沉时各土层与井壁之间的摩阻力参数；

2）对沉井过程中产生流沙、井底软弱土层隆起、在软土中突沉／倾斜或井底承压水突涌的可能性及可能涉及的地下障碍物等状况进行分析评价，并提出防治建议。

（6）管道工程：

1）根据管道的敷设方式如明挖、顶管、盾构，进行针对性评价；

2）描述沿线不良地质现象（明浜、暗浜等）的分布范围，并提出地基处理建议；

3）应分析评价管道施工中产生的流沙及管涌、地基不均匀沉降对工程的不利影响；

4）金属管道需提供土层视电阻率。

（7）堤岸工程应对影响堤岸稳定性的因素（包括冲刷潜蚀）进行分析评价。

6．结论与建议

（1）结论部分：

1）场地的稳定性、适宜性；

2）场地地层分布概况。

3）地下水的类型、地下水水位、地下水的腐蚀性；

4）场地类别、抗震设防烈度、液化判别结果及等级、抗震地段；

5）工程需要时，尚应提供土层的剪切波速、动剪切模量、阻尼比、地基刚度系数及场地卓越周期等动力参数。

6）有无不良地质现象。

（2）建议部分：

1）对天然地基应建议天然地基持力层，基础砌置深度（标高）、地基承载力设计值和特征值；当涉及明、暗浜或填土厚度较大时应提出地基处理的建议。

2）对桩基及沉降控制复合桩基应建议合适的基础持力层、基础砌置深度（标高），提出进行试成（沉）桩、单桩静载荷试验等相关建议。

3）对基坑工程应建议合适的围护降水方案，当可能产生基坑突涌时，应建议设计采用区域（微）承压水高水位值进行核算，并提出相应的深井降水降压措施。

4）对盾构隧道工程设计、施工遇到的一些不良地质现象（如沼气等）宜提出相应防范措施的建议。

（3）液化地基的处理建议；

（4）设计、施工中应注意其他事项的建议；

（5）对涉及污染土勘察，应按国家标准和地方规范进行，也可提出专项勘察的建议；

（6）深大基坑且水文地质条件复杂时，可提出专门水文地质勘查的建议；

（7）穿越河道的隧道、或跨越河流桥梁且水域设置墩台时，可建议进行专题研究。

7. 相关说明

（1）需提供勘察中间报告的工程，应有以正式报告为准的说明；

（2）当地层起伏大可能需加孔时，应有及时通知我院补勘的说明；

（3）其他须说明的内容。

（四）图件

1. 平面图：应反映拟建场地周边主要道路及已有建筑，当位于空旷场地时，应绘制交通位置图。

2. 剖面图：勘探孔一般均应连剖面，对未连剖面的勘探孔应提供单孔柱状图或静探曲线。剖面线连线方向应遵循从上至下、从左至右的原则。对地铁、道路等线路工程，剖面图的孔间距一般为投影距离。

3. 图例标识应正确、完整。

4. 原位测试成果图表。

5. 钻孔柱状图。

6. 工程需要时，在勘察成果文件中提供工程地质特性分区图。

第五章　工程地质测绘和调查

第一节　工程地质测绘和调查的范围、比例尺、精度

一、工程地质测绘及调查的范围

工程地质测绘不像一般的区域地质或区域水文地质测绘那样，严格按比例尺大小由地理坐标确定测绘范围，而是根据拟建建筑物的需要在与该项工程活动有关的范围内进行。原则上要求工程地质测绘和调查的范围应以能解决工程实际问题为前提，测绘范围应包括场地及其邻近的地段。对于大、中比例尺的工程地质测绘，多以建筑物为中心，其区域往往为一方形或矩形。如果是线形建筑（如公路、铁路路基和坝基等），则其范围应为一带状，其宽度应包含建筑物的所有影响范围。

适宜的测绘范围，既能较好地查明场地的工程地质条件，又不至于浪费勘察工作量。对于确定测绘范围来说，最为重要的还要看划定的测区范围是否能够满足查清测区内对工程可能产生重要影响的地质结构条件的要求。如某一工程正处于山区山洪泥流的堆积区，此时如仅以建筑物为核心划定测绘调查范围则很有可能搞不清山洪泥石流的发育规律。因此，在这种条件下，即使补给区再远也要将其纳入测绘范围。根据实践经验，由以下三方面确定测绘范围，即以拟建建筑物的类型和规模、设计阶段以及工程地质条件的复杂程度和研究程度来确定。

建筑物的类型、规模不同，与自然地质环境相互作用的程度和强度也就不同，确定测绘范围时首先应考虑到这一点。例如，大型水利枢纽工程的兴建，由于水位和水文地质条件急剧改变，往往引起大范围自然地理和地质条件的变化，这一变化甚至会导致生态环境的破坏和影响水利工程本身的效益及稳定性。此类建筑物的测绘范围必然很大，应包括水库上、下游的一定范围，甚至上游的分水岭地段和下游的河口地段都需要进行调查。房屋建筑和构筑物一般仅在小范围内与自然地质环境发生作用，通常不需要进行大面积的工程地质测绘。

工程地质测绘范围是随着设计阶段（即岩土工程勘察阶段）的提高而缩小的。在工程处于初期设计阶段时，为了选择建筑场地一般都有若干个比较方案，它们相互之间有一定

的距离。为了进行技术经济论证和方案比较，应把这些方案所涉及的场地包括在同一测绘范围内，测绘范围显然是比较大的。但当建筑场地选定之后，尤其是在设计的后期阶段，各建筑物的具体位置和尺寸均已确定，就只需在建筑地段的较小范围内进行大比例尺的工程地质测绘。

工程地质条件愈复杂，研究程度愈低，工程地质测绘范围就愈大。工程地质条件复杂程度包含两种情况：一种情况是在场地内工程地质条件非常复杂。例如，构造变动强烈，有活动断裂分布；不良地质作用强烈发育；地质环境遭到严重破坏；地形地貌条件十分复杂。另一种情况是场地内工程地质条件比较简单，但场地附近有危及建筑物安全的不良地质作用存在。如山区的城镇和厂矿企业往往兴建于地形比较平坦开阔的洪积扇上，对场地本身来说工程地质条件并不复杂，但一旦泥石流暴发则有可能摧毁建筑物。此时工程地质测绘范围应将泥石流形成区包括在内。又如位于河流、湖泊、水库岸边的房屋建筑，场地附近若有大型滑坡存在，当其突然失稳滑落所激起的涌浪可能会导致灭顶之灾。显然，工程地质测绘时，应详细调查该滑坡的情况。这两种情况都必须适当扩大工程地质测绘的范围。

布置测区的测绘范围时，必须充分考虑测区主要构造线的影响，如对于隧道工程，其测绘和调查范围应当随地质构造线（如断层、破碎带、软弱岩层界面等）的不同而采取不同的布置，在包括隧道建筑区的前提下，测区应保证沿构造线有一定范围的延伸，如果不这样做，就可能对测区内许多重要地质问题了解不清，从而给工程安全带来隐患。

此外，在拟建场地或其邻近地段内如果已有其他地质研究成果，应充分运用它们，在经过分析、验证后做一些必要的专门问题研究，此时工程地质测绘的范围和相应的工作量应酌情减小。

二、工程地质测绘和调查的比例尺

工程地质测绘和调查应紧密结合工程建设规划、设计要求进行，工程地质测绘比例尺的选择主要取决于建筑物类型、设计阶段和工程建筑所在地区工程地质条件的复杂程度以及研究程度。建筑物设计的初期阶段属选址性质的，一般往往有若干个比较场地，测绘范围较大，而对工程地质条件研究的详细程度并不高，所以采用的比例尺较小。但是，随着设计阶段的提高，建筑场地的位置越来越具体，范围越来越缩小，而对地质条件的详细程度的要求越来越高，所以，所采用的测绘比例尺就需要逐步加大。当进入到设计后期阶段时，为了解决与施工、运行有关的专门工程地质问题，所选用的测绘比例尺可以很大。在同一设计阶段内，比例尺的选择则取决于场地工程地质条件的复杂程度以及建筑物的类型、规模及其重要性。工程地质条件复杂、建筑物规模巨大而又重要者，就需采用较大的测绘比例尺。总之，各设计阶段所采用的测绘比例尺都限定于一定的范围之内。

工程地质测绘的比例尺一般分为以下三种：

（1）小比例尺 1：50000～1：5000，一般用于可行性研究勘察阶段，目的是了解区域性的工程地质条件和为更详细的工程地质勘测工作制定方向。

（2）中比例尺 1 ∶ 10000 ~ 1 ∶ 2000，一般用于初步勘察阶段，主要用于新兴城市的总体规划、大型工矿企业的布置、水工建筑物选址、铁路及公路工程的选线阶段。

（3）大比例尺 1 ∶ 2000 ~ 1 ∶ 500，一般用于详细勘察阶段，目的在于为最后确定建筑物结构或基础的形式以及选择合理的施工方式服务。

需要说明的是，上述比例尺的规定不是一成不变的，在具体确定测绘比例尺时，一般应综合考虑以下三个方面的因素：岩土工程勘察阶段、建筑物的规模及类型、工程地质条件的复杂程度及区域研究程度。对勘察阶段高、建筑规模大、工程地质条件复杂的测区内，若存在对拟建工程有重要影响的地质单元（如滑坡、断层、软弱夹层、洞穴等）时，应适当加大测绘比例尺，反之则可以适当减小测绘比例。

三、工程地质测绘和调查的精度

工程地质测绘和调查的精度包括野外观察、调查、描述各种工程地质条件的详细程度和各种地质条件，如岩层、地貌单元、自然地质现象、工程地质现象等在地形底图上表示的详细程度与精确程度。显然，这些精度必须与图的比例尺相适应。

野外观察、调查、描述各种地质条件的详细程度在传统意义用单位测试面积上观测点数目和观测路线长度来控制。不论其比例尺多大，都以图上每 $1cm^2$ 内一个点来控制平均观测点数目。当然其布置不是均布的，而应是复杂地段多些，简单地段少些，且都应布置在关键点上。例如各种单元的界线点、泉点、自然地质现象或工程地质现象点等。测绘比例尺增大、观测点数目增多而天然露头不足，则必须以人工露头来补充，所以测绘时须进行剥土、探槽、试坑等小型勘探工程。地质观测点的数量以能控制重要的地质界线并能说明工程地质条件为原则，以利于岩土工程评价。为此，要求将地质观测点布置在地质构造线、地层接触线、岩性分界线、不同地貌单元及微地貌单元的分界线、地下水露头以及各种不良地质作用分布的地段。观测点的密度应根据测绘区的地质和地貌条件、成图比例尺及工程特点等确定。一般控制在图上的距离为 2 ~ 5cm。例如在 1 ∶ 5000 的图上，地质观测点实际距离应控制在 100 ~ 250m 之间。此控制距离可根据测绘区内工程地质条件复杂程度的差异并结合对具体工程的影响而适当加密或放宽。在该距离内应做沿途观察，将点、线观察结合起来，以克服只孤立地做点上观察而忽视沿途观察的偏向。当测绘区的地层岩性、地质构造和地貌条件较简单时，可适当布置"岩性控制点"，以备检验。

地质观测点布置是否合理，是否具有代表性对于成图的质量及岩土工程评价具有至关重要的影响。《岩土工程勘察规范》（GB 50021—2001）中对地质观测点的布置、密度和定位要求如下：

（1）在地质构造线、地层接触线、岩性分界线、标准层位和每个地质单元体应有地质观测点。

（2）地质观测点的密度应根据场地的地貌、地质条件、成图比例尺和工程要求等确定，并应具有代表性。

（3）地质观测点应充分利用天然和已有的人工露头，当露头少时，应根据具体情况布置一定数量的探坑或探槽。

（4）地质观测点的定位应根据精度要求选用适当方法；地质构造线、地层接触线、岩性分界线、软弱夹层、地下水露头和不良地质作用等特殊地质观测点，宜用仪器定位。为了保证各种地质现象在图上表示的准确程度，《岩土工程勘察规范》（GB 50021—2001）要求地质界线和地质观测点的测绘精度在图上应小于3mm；水利、水电、铁路等系统要求小于2mm。

此外，地质观测点的定位标测，对成图的质量影响很大。所以，应根据不同比例尺的精度要求和工程地质条件的复杂程度而采用不同的方法。

目测法适合于小比例尺的工程地质测绘，通常在可行性研究勘察阶段采用，该法系根据地形、地物以目估或步测距离标测；半仪器法适合于中等比例尺的工程地质测绘，多在初步勘察阶段采用，它是借助于罗盘仪、气压计等简单的仪器测定方位和高度，使用步测或测绳量测距离；仪器法则适合于大比例尺的工程地质测绘，常用于详细勘察阶段，它是借助于经纬仪、水准仪等较精密的仪器测定地质观测点的位置和高程。另外，对于有特殊意义的地质观测点，如地质构造线、不同时代地层接触线、不同岩性分界线、软弱夹层、地下水露头以及有不良地质作用等，均宜采用仪器法。

此外，充分利用天然露头（各种地层、地质单元在地表的天然出露）和人工露头（如采石场、路堑、水井等）不仅可以更加准确了解测区的地质情况，而且可以降低勘察工作的成本。卫星定位系统（GPS）在满足精度条件下均可应用。

为了达到上述规定的精度要求，通常野外测绘填图中采用比提交成图比例尺大一级的地形图作为填图的底图。例如，进行比例尺为1：10000的工程地质测绘时，常采用1：5000的地形图作为野外作业填图底图，外业填图完成后再缩成1：10000的成图作为正式成果。

第二节　工程地质测绘和调查的内容

一、地形地貌

查明地形、地貌特征及其与地层、构造、不良地质作用的关系，划分地貌单元。地形、地貌与岩性、地质构造、第四纪地质、新构造运动、水文地质以及各种不良地质作用的关系密切。研究地貌可借以判断岩性、地质构造及新构造运动的性质和规模，弄清第四纪沉积物的成因类型和结构，了解各种不良地质作用的分布和发展演化历史、河流发育史等。需要指出的是，由于第四纪地质与地貌的关系密切，因此在平原区、山麓地带、山间盆地以及有松散沉积物覆盖的丘陵区进行工程地质测绘时，应着重于地貌研究，并以地貌作为工程地质分区的基础。

工程地质测绘中地貌研究的内容包括：①地貌形态特征、分布和成因；②划分地貌单元，分析地貌单元形成与岩性、地质构造及不良地质作用等的关系；③各种地貌形态和地貌单元的发展演化历史。上述各项研究内容大多是在小、中比例尺测绘中进行。在大比例尺工程地质测绘中，则应侧重于微地貌与工程建筑物布置以及岩土工程设计、施工关系等方面的研究。

洪积地貌和冲积地貌这两种地貌形态与岩土工程实践关系密切，下面分别讨论它们的工程地质研究内容。

在山前地段和山间盆地边缘广泛发育洪积扇地貌。大型洪积扇面积可达几十甚至上百平方千米，自山边至平原明显划分为上部、中部和下部三个区段，每一区段的地质结构和水文地质条件不同，因此建筑适宜性和可能产生的岩土工程问题也各异。洪积扇的上部由碎石土（砾石、卵石和漂石）组成，强度高而压缩性小，是房屋建筑和构筑物的良好地基，但由于渗透性强，对水工建筑物则会产生严重渗漏；中部以砂土为主，且夹有粉土和黏性土的透镜体，开挖基坑时需注意细砂的渗透变形问题；中部与下部过渡地段由于岩性变细，地下水埋深浅，往往有溢出泉和沼泽分布，形成泥炭层，强度低而压缩性大，作为一般房屋地基的条件较差；下部主要分布黏性土和粉土，且有河流相的砂土透镜体，地形平缓，地下水埋深较浅，若土体形成时代较早，是房屋建筑较理想的地基。

平原地区的冲积地貌，应区分出河床、河漫滩、牛轭湖和阶地等各种地貌形态。不同地貌形态的冲积物分布和工程性质不同，其建筑适宜性也各异。河床相沉积物主要为沙砾土，将其作为房屋地基是良好的，但作为水工建筑物地基时将会产生渗漏和渗透变形问题。河漫滩相一般为黏性土，有时有粉土和粉、细砂夹层，土层厚度较大，也较稳定，一般适宜做各种建筑物的地基，但须注意粉土和粉、细砂层的渗透变形问题。牛轭湖相是由含有大量有机质的黏性土和粉、细砂组成的，并常有泥炭层分布，土层的工程性质较差，也较复杂。对阶地的研究，应划分出阶地的级数，各级阶地的高程、相对高差、形态特征以及土层的物质组成、厚度和性状等；并进一步研究其建筑适宜性和可能产生的岩土工程问题。例如，成都市位于岷江支流府河的阶地上，一级阶地表层粉土厚为 $0.7 \sim 0.4m$，其下为 Q4 早期的沙砾石层，厚为 $28 \sim 100m$，地下水埋深为 $1 \sim 3m$，是高层建筑良好的天然地基，但基坑开挖和地下设施必须采取降水和防水措施；二级阶地表层黏性土厚为 $5 \sim 9m$，下为沙砾石层，地下水埋深为 $5 \sim 8m$，黏性土可作一般房屋建筑的地基；三级阶地地面起伏不平，上部为厚达 10 余米的成都黏土和网纹状红黏土，下部为粉质黏土充填的砾石层。成都黏土为膨胀土，一般低层建筑的基础和墙体易开裂，渠道和道路路堑边坡往往产生滑坡。

二、地层岩性

地层岩性是工程地质条件最基本的要素和研究各种地质现象的基础，所以是工程地质测绘的主要研究内容。

工程地质测绘对地层岩性研究的内容包括：确定地层的时代和填图单位；各类岩土层的分布、岩性、岩相及成因类型；岩土层的正常层序、接触关系、厚度及其变化规律；岩土的工程性质等。

不同比例尺的工程地质测绘中，地层时代的确定可直接利用已有的成果。若无地层时代资料，应寻找标准化石、做孢子花粉分析确定。填图单位应按比例尺大小来确定。小比例尺工程地质测绘的填图单位与一般地质测绘是相同的。但是中、大比例尺小面积测绘时，测绘区出露的地层往往只有一个"组""段"，甚至一个"带"的地层单位，按一般地层学方法划分填图单位不能满足岩土工程评价的需要，应按岩性和工程性质的差异等做进一步划分。例如，砂岩、灰岩中的泥岩、页岩夹层，硬塑黏性土中的淤泥质土，它们的岩性和工程性质迥异，必须单独划分出来。确定填图单位时，应注意标志层的寻找。所谓"标志层"，是指岩性、岩相、层位和厚度都较稳定，且颜色、成分和结构等具特征标志，地面出露又较好的岩土层。

工程地质测绘中对各类岩土层还应着重以下内容的研究：

1. 沉积岩类。软弱岩层和次生夹泥层的分布、厚度、接触关系和性状等；泥质岩类的泥化和崩解特性；碳酸盐岩及其他可溶盐岩类的岩溶现象。

2. 岩浆岩类。侵入岩的边缘接触面，风化壳的分布、厚度及分带情况，软弱矿物富集带等；喷出岩的喷发间断面，凝灰岩分布及其泥化情况，玄武岩中的柱状节理、气孔等。

3. 变质岩类。片麻岩类的风化，其中软弱变质岩带或夹层以及岩脉的特性；软弱矿物及泥质片岩类、千枚岩、板岩的风化、软化和泥化情况等。

4. 第四纪土层。成因类型和沉积相，所处的地貌单元，土层间接触关系以及与下伏基岩的关系；建筑地段特殊土的分布、厚度、延续变化情况、工程特性以及与某些不良地质作用形成的关系，已有建筑物受影响情况及当地建筑经验等。建筑地段不同成因类型和沉积相土层之间的接触关系，可以利用微地貌研究以及配合简便勘探工程来确定。

在采用自然历史分析法研究的基础上，还应根据野外观察和运用现场简易测试方法所取得的物理力学性质指标，初步判定岩土层与建筑物相互作用时的性能。

三、地质构造与地应力

1. 地质构造

地质构造是影响工程建设的区域地壳稳定性、建筑场地稳定性和工程岩土体稳定性极其重要的因素，而且它又控制着地形地貌、水文地质条件和不良地质作用的发育和分布。

所以，地质构造常常是工程地质测绘研究的重要内容。

工程地质测绘对地质构造研究的内容包括：岩层的产状及各种构造型式的分布、形态和规模；软弱结构面（带）的产状及其性质，包括断层的位置、类型、产状、断距、破碎带宽度及充填胶结情况；岩土层各种接触面及各类构造岩的工程特性；挽近期构造活动的形迹、特点及与地震活动的关系等。

在工程地质测绘中研究地质构造时，要运用地质历史分析和地质力学的原理和方法，以查明各种构造结构面（带）的历史组合和力学组合规律。既要对褶曲、断裂等大的构造形迹进行研究，又要重视节理、裂隙等小构造的研究。尤其在大比例尺工程地质测绘中，小构造研究具有重要的实际意义。因为小构造直接控制着岩土体的完整性、强度和透水性，是岩土工程评价的重要依据。

在工程地质研究中，节理、裂隙泛指普遍、大量地发育于岩土体内各种成因的、延展性较差的结构面，其空间展布数米至二三十米，无明显宽度。构造节理、劈理、原生节理、层间错动面、卸荷裂隙、次生剪切裂隙等均属之。

对节理、裂隙应重点研究以下三个方面：节理、裂隙的产状、延展性、穿切性和张开性；节理、裂隙面的形态、起伏差、粗糙度、充填胶结物的成分和性质等；节理、裂隙的密度或频度。

由于节理、裂隙研究对岩体工程尤为重要，所以在工程地质测绘中必须进行专门的测量统计，以搞清它们的展布规律和特性，尤其要深入研究建筑地段内占主导地位的节理、裂隙及其组合特点，分析它们与工程作用力的关系。

目前，国内在工程地质测绘中，节理、裂隙测量统计结果一般用图解法表示，常用的有玫瑰图、极点图和等密度图三种。近年来，基于节理、裂隙测量统计的岩体结构面网络计算机模拟，在岩体工程勘察、设计中已得到较广泛的应用。

在强震区重大工程场地可行性研究勘察阶段进行工程地质测绘时，应研究挽近期的构造活动，特别是全新世地质时期内有过活动或近期正在活动的"全新活动断裂"，应通过地形地貌、地质、历史地震和地表错动、地形变以及微震测震等标志，查明其活动性质和展布规律，并评价其对工程建设可能产生的影响。有必要时，应根据工程需要和任务要求，配合地震部门进行地震地质和宏观灾害调查。

2. 地应力

地应力对地壳稳定性评价和地下工程设计和施工具有重要意义。地应力在地下分布可分为三个带，即卸荷带、应力集中带、地应力稳定带。一个地区的地应力高低在地质上是有征兆的，即存在有高地应力地区和低地应力地区的地质标志。

在岩土工程勘察工作中，应注意收集地应力的地质标志，分析工作区地应力最大主应力的方向。孙广忠（1993年）根据经验提出了8条地应力最大主应力方向的地质标志：

（1）一个地区现存的地应力最大主应力方向大体上与该地区最强烈的一期构造作用方向一致。

（2）如果一个地区泉水出露方向是有规律的话，泉水逸出的断裂方向与地应力最大主应力方向一致。

（3）岩体内夹泥节理方向大体上与地应力最大主应力方向一致。

（4）探洞或隧洞渗漏水出水节理方向多与地应力最大主应力方向一致。

（5）探洞或隧洞顶渗漏滴水线排列方向与地应力最大主应力方向基本一致。

（6）开挖竖井时，竖井内有时出现井壁岩体沿着岩体内软弱结构面错动，其错动方向平行于地应力最小主应力方向。

（7）高地应力地区打钻孔时，孔壁常常出现围压剥离现象，两壁围压剥离连线方向与地应力最小主应力方向一致。

（8）钻孔内采取定向岩芯进行岩组分析得到的最大主应力方向，多与该地区地应力最大主应力方向一致。

当然，这不是全部的地应力最大主应力方向的地质标志，但是这些资料对研究地应力最大主应力方向来说是十分有意义的。

四、水文地质条件

在工程地质测绘中研究水文地质的主要目的，是为研究与地下水活动有关的岩土工程问题和不良地质作用提供资料。例如，兴建房屋建筑和构筑物时，应研究岩土的渗透性、地下水的埋深和腐蚀性，以判明对基础砌置深度和基坑开挖等的影响。进行尾矿坝与贮灰坝勘察时，应研究坝基、库区和尾矿（灰渣）堆积体的渗透性和地下水浸润曲线，以判明坝体的渗透稳定性、坝基与库区的渗漏及其对环境的影响。在滑坡地段研究地下水的埋藏条件、出露情况、水位、形成条件以及动态变化，以判定其与滑坡形成的关系。因此水文地质条件也是一项重要的研究内容。

在工程地质测绘过程中对水文地质条件的研究，应从地层岩性、地质构造、地貌特征和地下水露头的分布、类型、水量、水质等入手，并结合必要的勘探、测试工作，查明测区内地下水的类型、分布情况和埋藏条件；含水层、透水层和隔水层（相对隔水层）的分布，各含水层的富水性和它们之间的水力联系；地下水的补给、径流、排泄条件及动态变化；地下水与地表水之间的补、排关系；地下水的物理性质和化学成分等。在此基础上分析水文地质条件对岩土工程实践的影响。

泉、井等地下水的天然和人工露头以及地表水体的调查，有利于阐明测区的水文地质条件。故应对测区内各种水点进行普查，并将它们标测于地形底图上。对其中有代表性的以及与岩土工程有密切关系的水点，还应进行详细研究，布置适当的监测工作，以掌握地下水动态和孔隙水压力变化等。泉、井调查内容参阅水文地质学教程的有关内容。

五、不良地质作用

研究不良地质作用的目的，是为了评价建筑场地的稳定性，并预测其对各类岩土工程的不良影响。由于不良地质作用直接影响建筑物的安全、经济和正常使用，所以工程地质测绘时对测区内影响工程建设的各种不良地质作用必须详加研究。

研究不良地质作用要以地层岩性、地质构造、地貌和水文地质条件的研究为基础，并搜集气象、水文等自然地理因素资料。研究内容包括各种不良地质作用（岩溶、滑坡、崩塌、泥石流、冲沟、河流冲刷、岩石风化等）的分布、形态、规模、类型和发育程度，分析它们的形成机制和发展演化趋势，并预测其对工程建设的影响。

六、人类工程活动

测区内或测区附近人类的某些工程——经济活动，往往影响建筑场地的稳定性。例如人工洞穴、地下采空、大挖大填、抽（排）水和水库蓄水引起的地面沉降、地表塌陷、诱发地震、渠道渗漏引起的斜坡失稳等，都会对场地稳定性带来不利影响，对它们的调查应予以重视。此外，场地内如有古文化遗迹和古文物，应妥为保护发掘，并向有关部门报告。

七、已有建筑物

测区内或测区附近已有建筑物与地质环境关系的调查研究，是工程地质测绘中特殊的研究内容。因为某一地质环境内已兴建的任何建筑物对拟建建筑物来说，应看作是一项重要的原型试验，往往可以获取很多在理论和实践两方面都极有价值的资料，甚至较之用勘探、测试手段所取得的资料更为宝贵。应选择不同的地质环境（良好的、不良的）中不同类型、结构的建筑物，调查其有无变形、破坏的标志，并详细分析其原因，以判明建筑物对地质环境的适应性。通过详细的调查分析后，就可以具体地评价建筑场地的工程地质条件，对拟建建筑物可能变形、破坏情况做出正确预测，并采取相应的防治对策和措施。特别需要强调指出的是，在不良地质环境或特殊性岩土的建筑场地，应充分调查、了解当地的建筑经验，包括建筑结构、基础方案、地基处理和场地整治等方面的经验。

第三节 工程地质测绘和调查的方法、成果资料

一、工程地质测绘和调查的方法

1. 查明地形、地貌特征，地貌单元形成过程及其与地层、构造、不良地质现象的关系，划分地貌单元；

2. 查明岩土的性质、成因、年代、厚度和分布。对岩层应查明风化程度，对土层应区分新近堆积土、特殊土的分布及其工程地质条件；在城市应注意调查冲填土、素填土、杂填土等的分布、回填年代和回填方法以及物质来源等；注意调查已被填没的河、塘、滩地等的分布位置、深度、所填物质及填没的年代；还要注意井、墓穴、地下工程、地下管线等的分布位置、深度、范围、结构、构筑年代和材料等；

3. 查明岩层的产状及构造类型，软弱结构面的产状及其性质，包括断层的位置、类型、产状、断距、破碎带的宽度及充填胶结情况，岩、土层接触面及软弱夹层的特性等，第四纪构造活动的形迹、特点与地震活动的关系；

4. 查明地下水的类型、补给来源、排泄条件，井、泉的位置、含水层的岩性特征、埋藏深度、水位变化、污染情况及其与地表水系的关系等；

5. 搜集气象、水文、植被、土的最大冻结深度等资料；调查最高洪水位及其发生时间、淹没范围等；

6. 查明岩溶、土洞、滑坡、泥石流、崩塌、冲沟、断裂、地震灾害和岸边冲刷等不良地质现象的形成、分布、形态、规模、发育程度及其对工程建设的不良影响；

7. 调查人类工程活动对场地稳定性的影响，包括人工洞穴、地下采空、大填大挖、抽水排水以及水库诱发地震等。类似工程和相邻工程的建筑经验和建筑物沉降观测资料，改建、加层建筑物地基基础、沉降观测等资料。

二、成果资料

工程地质测绘和调查的成果资料一般包括工程地质测绘实际材料图、综合工程地质图或工程地质分区图、综合地质柱状图、工程地质剖面图及各种素描图、照片和文字说明。

第四节　遥感影像在工程地质测绘中的应用

遥感图像的地质判释：遥感图像的地质判释是建立在地壳表面各种地质体具有不同的波谱特性这个基础上的，而当我们运用地学原理对遥感图像上所记录的地质信息进行分析研究，从而识别各种地质体属性和地质现象的过程时，则称之为遥感图像的地质判释（解译或判读）。

遥感图像判释标志：所谓遥感图像判释标志是指那些能帮助辨认某一目标的影像特征。

一、遥感图像的判释标志

判释标志的类型：类型很多，尚无统一的提法，目前文献上出现的判释标志类型名称有：形状、大小、色调与色彩、阴影、纹理、影像结构、图案、型式、相关体、位置、布局、空间关系、排列、组合、比例、纹形结构、地貌形态、水系、植被、水文、土壤、环境地质及人工标志、人文现象、人类活动、"透视信息"等。显然，上述罗列的判释标志名称不少是同义不同词的。

判释标志又可分为直接判释标志和间接判释标志。

直接判释标志：凡根据地物或自然现象本身所反映的信息特征可以直接判释目标物的存在和属性者，称为直接判释标志。

间接判释标志：是指通过与之有联系的其他地物在影像上反映出来的特征，间接推断某一地物或自然裂象的存在和属性。例如岩性、构造，可通过地貌形态水系格局、植被分布、土地利用等影像特征间接地表现出来。

直接判释标志和间接判释标志是一个相对的概念。

以下介绍一些常用判释标志：包括形状、大小、色调与色彩、阴影、纹理、图案、相关体、位置、排列组合、地貌、水系、植被、人类活动等。

（一）形状

形状特征是指物体的外貌而言。任何地物都具有一定的形状。

形状与比例有密切的关系。遥感图像上所看到的主要是地物的顶部形状或平面形状，是从空中俯视地物，是水平航空摄影，不同于习惯的侧视和斜视。运用俯视能力，对于提高遥感图像判释效果是相当重要的，例如：飞机、火山机构、苜蓿叶形立交桥等俯视比侧视要看的更清楚些。

航片是中心投影，物体在相片的边缘部分会产生变形，高差越大变形也就越大。判释人员应了解这种形状变形的规律和原因，以免受假象影响而得出错误的结论。

除水平航空摄影外，倾斜航空摄影有时也很有用。

（二）大小

大小特征是识别物体的重要标志之一。某一目标在相片上的尺寸，通常可以用该地区的其他已知的目标尺寸加以比较确定。在同一比例的航片上，大小不同的物体，其含义可能很不相同，根据航片上地物影像的大小，往往可以区别物体的属性。

同一地物在航片上影像的大小，取决于航片比例，当摄影比例大小变化时，同一地物的尺寸大小也随着变化，比例变小物体也变小。在进行图像判释时，应有比例大小的概念。否则，容易将地物辨认错。例如飞机场和足球场大小不一样，当然两者的形状，位置及设施也不尽相同。

（三）色调与色彩

色调是地物亮度在黑白相片上的表现，也就是黑白深浅的程度。

色调是重要的判释标志，实际上，影像之间如果没有色调差别，相片上的地物形状是显示不出来的。

色调的深浅是用灰阶（灰标、灰度）来表示，为了便于判释时统一描述尺度，一般分为10级描述，从白到黑分为白、灰白、淡灰、浅灰、灰、暗灰、深灰、淡黑、浅黑、黑10级。

10级灰阶在实际运用中较难准确描出，因此，也有把灰阶分为7级（白、灰白、浅灰、灰、深灰、灰黑、黑）和5级（灰白、浅灰、灰、深灰、黑）的。有时还经常用更概括述语描述影像的色调特征，如浅色调、深色调、色调较浅、色调较深、亮色调、暗色调、色调均匀、色调不均匀、斑状色调、色调紊乱、色调边界清晰，色调边界模糊等。

黑白遥感图像上色调的深浅实际上与相应地物地面实测结果常常出现不符现象，其原因在于地质体受多种因素的影响。包括湿度、风化作用、植被、光照条件（太阳高度角、季节、摄影时间的变化等）。由此可见，地物在遥感图像上的色调标志并非一成不变的。

色调虽然经常变化，但仍然有规律可循。总的看来，在可见光黑白相片上，凡本色为深色的地物，其影像的色调较深；本色为浅色的地物，其影像的色调也较浅。此外在同一张相片上（同一光照条件下）色调的相对深浅是可以比较的。

下面以第四系松散沉积物中含水量的变化所引起的色调差异作简要阐述。

1. 色调的变化规律：灰白色色调表示排水良好、沉积物干燥、颗粒粗，如裸露的沙或卵石等；深色调表示内部排水不良、地下水位高、细颗粒土及有机物含量高。

2. 色调的均匀性：色调的均匀性反映了组成物质的均匀性和含水量的均匀性，如干旱地区的山前洪积物、冲积物，具有典型的均匀性；不均匀的色调，通常表明近距离内沉积的物质组成部分或含水量有变化；斑状的色调，表示在短距离范围内沉积物的成分或水分有显著的变化，最常见的斑状色调出现在冰碛平原、冰水沉积平原、冻土等地区；条带状色调出现在沉积物颗粒、成分、水分具线状差异地区，冻土地区经常见到此现象；不规则色调多出现在干旱地区盐渍土分布地段。

3. 色调边界的清晰度：突变的、清楚的色调边界表示含水量变化快，这和无保持水分能力的粗颗粒土有关；渐变的、模糊的色调表示系细粒结构的沉积物，在高低地之间，含水量是逐渐变化的，因而色调也是渐变的。

上述色调变化规则是指在可见光黑白相片上的反映，其他图像不适用。

（四）阴影

阴影可帮助判释人员识别地物的侧面形状。当物体很小，或与周围环境分别不出色调反差时，阴影便显得特别有用，借助阴影可以量测地物的高度，判定相片的方位等。

阴影尽管有上述用处，但总的说来是不利于工程地质判释的。所以，航空摄影往往是当地中午前后两小时内完成，以避免过多的阴影。

阴影可分为本影与落影两种。

1. 本影：地物未被太阳光直接照射到的阴暗部分所形成的阴影称为本影。

本影有助于获得立体感，例如，有些航空地质摄影是在太阳角很低时候进行的，正是为了增强微小的地表起伏感。

2. 落影：在太阳照射下，地质投落在地面上的影子称为落影。落影的形状、长短与地物本身的形状、阳光照射方向、太阳高度角、地形起伏有关。落影可以帮助识别物体的大致轮廓以及识别楼房层数，桥梁的孔数、结构和类型等。借助落影还可量测地物的高度，特别是当太阳高度为 45° 时，航空相片上地物的落影长度恰好等于物体的高度。

阴影的高度和方向，随摄影日期、时间地区的纬度面呈有规律地变化。当物体高度不变时，阴影的长度主要与太阳高度角有关，太阳高度角在一天中地方时 12 点时最大，阴影最短。但太阳高度角在一天中是不断变化的，即使时间相同，不同纬度的太阳高度角也不相等。因此，要求得太阳高度角就必须知道不同日期、时间太阳的直射位置，天文上以赤纬表示。赤纬是太阳在黄道上的不同位置对于赤道的不同角距，此角距即某地的赤纬，太阳高度角可以从公开出版的星历表中查出，或从某些出版的图表中很容易估算出足够精度的太阳高度角。

（五）纹理

纹理又称"影像结构"。指相片影像色调变化的频率。它是由成群细小具有大致相同色调、形状的地物多次重复所构成、给视觉造成粗糙或平滑的印象。这些物体往往很小，单独识别不易看出。纹理是判释细小地物、特别是岩性、植被的重要标志。例如，根据纹理的差别可判断海滩上砂粒的粗细度，还可区别河床上的卵、砾石和砂子，以及区别砾岩和砂岩。在大比例航空相片上，根据树冠顶部树叶的影像纹理，可判别树种。在小比例相片上，根据树冠顶部形成的纹理，可区分针叶林和阔叶林。天鹅绒状平滑的纹理一般是幼龄林。粗糙状的纹理，一般是成材的老龄林等。

物体的纹理大小是随着影像的比例而变化。图像比例愈小，纹理作为判释标志的科学性愈加明显。

（六）图案

图案是由许多地物重复出现组合而成的，可以辨认个体，它既可包括相同，也可包括不同地物在形状、大小、色调、阴影等方面的综合表现。小系格局、土地利用型式、地质体等均可形成特有的纹形图案。

图案一般可用点状、斑状、块状、线状、条状、环状、格状、纹状、链状、垅状、栅状等描述。

（七）相关体

相关体又称"相关位置""布局"。指多个地物之间的空间位置。许多地物之间往往存在着依存关系，以致一种物体的存在势必指示或证实另一种物体的存在和属性。相关体对逻辑推理判释方法更有重要意义。例如，石灰岩地区灰岩附近往往有采石场而不是崩塌；植被与岩性的依存关系；断裂与其两侧的伴生物造；火山机构与熔岩流等。

（八）位置

物体的环境位置对人工或天然物体的判释往往是有帮助的，地物和自然现象都具有一定的位置。例如河滩与阶地都位于河谷两侧；冲洪积扇位于沟口；滑坡、崩塌分布在斜坡地段；冰蚀山区的雪线附近发现湖泊，说明是冰斗湖，而河流两侧的湖泊，往往是牛轭湖等等。

（九）排列、组合

同类物体往往以一定的排列和组合出现，有时单一的物体不会被人们所发现，而成群排列和组合的物体，往往目标更明显些。

人工设施经常考虑排列与组合以适应客观环境和需要。例如平原地区的长块状耕地和山区的梯田排列和组合有显著的不同；居民点中的新楼房和旧民房的排列和组合也不同一样。

排列、组合对地质判释也很有用，例如，通过各种水系的排列、组合形式，可以推断岩性和构造现象；根据雁列及共轭出现的线形构造，可以确定为扭性断裂。

（十）地貌

地貌是遥感图像工程地质判释经常应用的一种综合性判释标志，但也是不十分稳定和可靠的判释标志。

不同地貌是不同岩性在不同内外动力和引力作用下的结果。地貌是判释岩性的最好标志，不同的岩石具有不同的抗蚀能力。抗蚀性强的岩性形成陡坡和陡崖；抗蚀能力弱的岩层形成低缓地貌。不同气候条件下，同一岩层可以形成不同的地貌。如我国南方地区的石灰岩多构成典型的岩溶地貌，而北方地区的石灰岩，在岩层产状水平时，多表现为嶂谷和桌状山；倾斜岩层时，则表现为具有尖棱岩层的单面上，一般岩溶不发育。由此可见，地貌形态除与岩性、气候有关外，也与构造、产状以及地下水、地质发育历史等有关。

（十一）水系

水系往往能很好地反映岩性、构造等地质现象，它是遥感图像上最令人注目和感兴趣的标志之一。凡是在遥感图像上研究地貌、岩性和构造之前，首先应从研究水系入手，它是地质判释的重要间接判释标志。岩性的不同、地质构造的差异、活动断裂及隐伏构造等，都影响了水系的格局，而水系的演变则保存了一些地面上不易发现的地质构造历史演变过程的形迹。

根据水系判释地貌、岩性和地质构造主要是通过对水系的密度、均匀性、方向性及变异、冲沟形状、水系的类型（水系图形）、河流袭夺等的分析来实现的。

（十二）植被

植物影像作为植物判释是一种直接判释标志，但对地质判释而言，有时可作为间接判释标志。总的看来，植被茂密地区，对地质判释是不利的。

植被与岩性、地质构造、地下水的关系简介如下：

1. 植被与岩性的关系

植被的类型、密度、长势等，常受岩性的影响。结晶岩地区的松林，具有黛绿色的茂密枝叶；在我国热带、亚热带地区的花岗岩和砂岩地区多生长马尾松、油松、云南松、高山松、杉树等。棕、竹多生长在钙质土的灰岩地区；茶树、油茶树喜欢在红壤和酸性土地区生长；冷杉和云杉在西南多分布在海拔高的地区，在东北地区多分布于山坡上或沟底；桦树一般生长在黏性土地区。基性岩、超基性岩、蛇纹岩地区，因含铬、镍、铁、镁等元素，不利于植被生长，致使植被生长欠佳；在含氮、磷、钾较多的土壤，植被生长良好。

2. 植被与地质构造、地下水的关系

地质判释中，最有价值的植被标志是排列成行。岩层造成的植被排列，往往呈疏密相间的条带分布，植被多沿断裂带成线状分布，盐生植物群落的出现有时与埋藏的盐丘构造有关。

石灰岩与页岩的接触面上，通常植被相当茂密；石灰岩地区岩溶裂隙水出露处多生长树木或成簇的灌木；在干旱地区，植被的分布与地下水的埋藏深度及含盐量关系极为密切，沙漠或砾漠中的植被往往是沿古河道、流水沟槽两侧或泛滥区内生长，如新疆地区的叶尔羌河河床两岸及旧河道都生长较多胡杨林。干旱地区的沟间干燥地带，植被极少，主要是耐旱的骆驼草、琐琐、沙蒿等。

（十三）人类活动

人类活动的痕迹可作为地质判释的间接标志，但人为活动又是对地面的一种干扰与破坏，大面积的开垦、造林、大规模的工程建设等，均给地质判释带来困难。但工程建设可暴露岩层露头，有利于地质判释。

在遥感图像上，人类活动痕迹是明显的，因为它们通常是由规则的点、线、面轮廓组成，与周围地物的原始面貌不协调。人类活动的痕迹可作为地质间接判释标志的实例较多，例如根据矿渣的堆弃，表明了矿藏与采空区的存在；有时通过煤室的分布规律，可以分析出地质构造。人类活动痕迹对评价工程地质条件也是有帮助的，如我国西北地区的窑洞，洪积扇上的耕地、居民点，旁山小路中断或外移常表征一些地质现象。

二、判释标志的运用方法

判释过程主要就是运用判释标志的过程，建立判释标志，引用它作为辨认某一地质体或自然现象的影像特征，并在运用中不断检验和补充这些标志，是判释效果好坏的症结所在。

遥感图像目视判释过程中，如何利用判释标志、来辨认地质或自然现象的存在和属性呢？通常可以归纳为以下几种方法：

1. 直判法：直判法是指通过遥感图像的判释标志，能够直接确定某一地物或自然现象的存在和属性的一种直观判释方法。

2. 对比法：是指将判释区遥感图像上所反映的某些地物和自然现象，与另一已知的遥感图像样片相比较，进而确定某些地物和自然现象的属性。

3. 邻比法：在同一张遥感图像或相邻较近的遥感图像上，进行邻近比较，进而区分出两种不同目标的方法，称为邻比法。

4. 逻辑推理法：逻辑推理法是借助各种地物或自然现象之间的内在联系所表现的现象，用逻辑推理的方法，间接判断某一地物或自然现象的存在和属性。这种方法也包括所谓的"逻辑收敛法""证据收敛法"等，举例说明（渡口或涉水处）。

5. 历史对比法：利用同一地物不同时间重复成像的遥感图像加以对比分析，从而了解该地物或自然现象的变化情况，称为历史对比法。

上述几种方法在具体运用中不可能完全隔开，而是交错在一起，只能说是在某一判释过程中，某一方法占主导地位而已。

三、影响判释效果的因素

影响判释效果的因素有以下几种：

（一）工作地区的环境特点

1. 地形切割程度

地形切割中等剧烈，判释效果好；地形切割微弱判释效果差些，但对不良地质判释恰恰相反。年青地貌比老年地貌更有利于岩层和构造的判释。新构造强烈地区有利于第四系地层和活动构造的判释。

2.区域地质构造特点

区域地质构造复杂对岩层判释不利，对构造本身也增加了判释难度；构造单一，如水平岩层，背斜、向斜地区，对岩层和构造判释均十分有利。

3.基岩特征和接触关系

岩浆岩和沉积较变质岩容易判释；相邻岩石的特征、色调、软硬差别大时，界线易区分，反之，不易区分；角度不整合时其界线易区分，一般平行不整含界线难区分。又如灰岩与白云岩接触难区分，与砂页岩接触时易区分。

4.气候与植被的影响

干旱地区判释效果好；湿热地区判释效果差。大片植被覆盖，判释效果差，但覆盖较少情况下，有可能成为地质判释的间接标志。

5.人类活动的痕迹

大规模的人工边坡开挖，有利于岩层产状的判释和量测；古阶地往往被耕种所破坏，给判释带来了困难；采石场干扰了崩塌的辨认；掏砂洞的出现，说明该处第四系地层中含有砂砾石等等。

（二）工作地区既有资料情况

1.地质地理资料

既有地质资料越丰富，判释效果越好。在区域地质报告中，有大量地质构造和地层岩性的地貌形态描述，可作为地质判释参考。

有些地方志、地貌、旅游书籍和杂志等，有许多关于自然地理方面的记载与描述，像地震、水灾、山崩、泥石流活动的描述，河流、道路的变迁记述，庙等、寺塔、古迹、村落的演变记载，甚至山川及村庄的命名都能启发我们判释的思路。如红石沟、烂泥滩、三百洞、响水洞等等。

2.遥感图像资料情况

遥感图像资料情况包括遥感图像的片种，比例和洗印质量等。

（三）判释手段

立体镜观察像对较单张相片观察效果好；观察微地物要用放大倍率大的立体镜；进行不同内容的判释，应选用相应比例的图像。如了解区域地质构造和地层分布概况，宜用卫星图像；中型构造及地层划分用1：5万航片；小型构造、岩性划分及不良地质的判释，宜采用大比例航片；动态研究用不同时期遥感图像分析最为理想；各种遥感片种，各种比例图像结合可提高判释效果；有些地质判释要用倾斜航片效果好些，还可进行各种数字图像处理技术等等。

（四）照明条件

理想照明度是 100 ~ 300 勒克司，应防止光线从相片上直接反射到判释者的眼睛里，光照应从左上方照到相片上。

（五）判释人员的经验

包括四方面：一是判释人员的地学方面知识；二是摄影测量基本知识；三是遥感基本知识和判释技巧；四是对工作地区的熟悉程度。

四、判释标志的可变性及判释难易程度的分类

（一）判释标志的可变性

判释标志随着地区的差异和自然景观的变化而变化，绝对稳定的判释标志是不存在的。有的即使是同一地区的判释标志，在相对的稳定的情况下，也在变化，如某一岩层的产状发生变化时，其判释特片也随之发生变化。又如盐渍土地区，在旱季摄影时，黑白航片上显示灰白至白色色调，在潮湿季节摄影时，则呈现不同程度的深色调。

有些判释标志具有普遍意义，有的则带有地区性。判释标志的变化还与摄影时的光照条件、摄影的角度以及选用的感光材料、洗印条件等有关，如通信电杆上的磁瓶，在大比例航片上难以辨认，但当照射在磁瓶上的光线反射到航摄仪镜头上时，在航片上呈现出白色色调，根据白色色调，可确定为磁瓶。判释标志的可变性、地区性，决定了判释标志的局限性。

在遥感图像判释过程中，既要认识判释标志的稳定性，又要意识到其可变性。应在应用中随时总结工作区的判释标志，归纳出一些具有普遍意义和相对稳定的判释标志，以便随后判释工作中有效应用该区的判释标志。

（二）工作地区判释难易程度的分类

工作地区判释难易程度直接影响判释工作的进展。为了对工作地区的判释工作量进行粗略估计，有必要把工作地区判释的难易程度进行分类，根据分类等级，以便更好地安排工作计划和人力调配。按工作地区自然景观特点，可把判释难易程度分为以下几种等级。

好：没有树木或树木极少，基岩出露程度良好，判释特征明显而稳定。在航片上各类岩石的分界线、地质构造线、岩层产状及不良地质界线，一般容易勾绘出来。

中等：工作地区树木和第四系沉积物覆盖范围不超过50%，基岩出露程度较好，判释特征尚明显。在航片上各类岩石的分界线、地质构造线、岩层产状及不良地质界线等，一般能绘出来。

不好：工作地区50%以上面积有连续的树木和第四系沉积物覆盖，具有不连续的基岩露头。查明基岩的分布情况比较困难，但能确定主要地貌特征。在航片上只能极其粗略

地查明地质构造及岩性情况，不良地质现象判释较困难。

很差：工作地区覆盖度达 70% 以上，绝大部分地区被森林、湖泊、冰雪所覆盖，或被城市、居民点、耕地、第四系沉积物所占据。根据航片上观察，只能查明一些地貌要素。

五、遥感技术在测绘工作中应用的意义

遥感技术的研究和应用已经具有多年的历史，不仅是科技进步的表现，同时也是促进我国各类资源发展的重要因素。同时，遥感技术和其他不同类型的学科相连接和渗透，成为相对比较重要的技术手段。遥感模式识别逐渐成为一种新的问题和挑战。经过不断的发展，遥感技术在地质勘查工作中的作用和成就都在不断提升。同时，遥感技术和电子科学以及计算机科学等相互交叉，逐渐成为边缘学科的一种。在国家的经济建设、社会发展等方面都得到了高效地应用。

六、遥感技术在地质测绘中的应用

遥感技术属于高新科技的范畴，成为完善对地观测系统的主体部分，不仅时效性和宏观性相对较强，而且信息量也比较多。可以利用 GPS 技术对地质的形变和灾害现象进行检测和控制，同时还能够从卫星遥感图像上体现出具体的地质情况，可见，在具体的实践中预见性相对较强。另外，还可以为地质灾害的调查工作提供相对比较全面和准确的数据信息和第一手资料。在推进国家经济建设和可持续发展的过程中发挥了重要的作用。目前，在地质测绘工作中，采用遥感技术已经成为一种相对比较普遍的趋势，也成为高新技术应用的必然趋势。

1. 遥感技术应用在地质测绘工作中，可以推动科学技术以及地质矿产资源的高效发展。另外，遥感技术还可以真实地对地质条件和地形地貌等进行具体和准确的反应。所有的结果都从传递的遥感信息中获得。在实际的发展中打破了传统测绘工程的数据，无论是在地质勘查还是在遥感测绘的分辨率上都增强了技术性。在实际的工作中，也不会受到比例尺的限制，遥感技术和地质条件的高效结合，促进了地质测绘工作的高效发展。

2. 采用遥感测绘技术可以在相对比较恶劣的地质环境中得以应用，比如一些岩浆岩或者是火山岩多发的地区，地质图形和具体的地质结构之间会存在着较大的差异，其中复合式岩体比较多见，这些地质情况都可以通过遥感图得到真实地反映。可见，对于这类地质类型，需要保证地质测绘的真实性和准确性，这样才能够对相关的地质信息进行明确，进而为土地管理工作的重要决策提供依据。因此，采用遥感技术是必然可行的，这种技术的专业性和勘测的进度都比较高，可以打破所有限制因素的障碍，促进地质测绘工作的高效发展。

第五节　全球定位系统（GPS）在工程地质测绘中的应用

一、关于 GPS 技术的概述

GPS 技术的工作原理相当简单，首先固定信号接收装置在某一个具体位置，经过太空中的卫星系统发射卫星信号，然后传递到感应信号接收器的位置，并将该信息发送至计算机，最后在计算机中分析整理接收的数据，得出信号接收器所指位置的坐标信息，并在坐标系中标注出所在位置。GPS 技术实际上是通过坐标系统确定定位位置，该技术系统可以分为低地固定坐标系统以及空间固定坐标系统，两个系统之间可以相互转换，以提高 GPS 坐标的精度。另外，因为定位测量方式存在差别，又划分为相对和绝对两类，相对定位的原理即空间几何状态，将三颗卫星的距离设定一个特殊值，结合已知的特定点位，并利用相关的空间几何运算方式，最终得出测绘地点的坐标信息；绝对定位是在测绘地点海拔高度和经纬位置的基础上，借助特定的坐标信息，得出测绘地点的坐标点的位置信息。

二、关于 GPS 测绘技术优缺点析

（一）GPS 测绘技术的优点

首先，我国山区的特殊环境给工程测绘带来很大压力，利用 GPS 测绘技术只需通过卫星系统搜索的信号，就能完成测绘过程；其次，GPS 测绘技术省去了大量的测绘设备，避免了大型测绘设备使用及搬运的麻烦；再次，传统测绘需要人工制图，出图慢并且修改麻烦，而 GPS 技术结合电脑，出图快、修改方便，大大提高了测绘工程的工作效率。

（二）GPS 测绘技术的缺点

目前 GPS 技术在测绘工程方面的应用还不够成熟，还有很多地方需要提高改进。例如：GPS 测绘技术的关键在于接收卫星的信号，但现阶段接收的信号质量受天气变化影响的程度很大，直接影响到测绘结果。另外，GPS 测绘技术的应用发展还不完善，与其配套的相关设备存在不足。因此，必须加强对 GPS 测绘技术的研发，完善现阶段应用过程中发现的不足，使其能够更好地服务工程测绘工作。

三、GPS 技术在工程测绘中的应用

（一）确定测量参数

保证建筑质量的前提是确保建筑工程的测量精度，首先，GPS 技术可以提高测绘精度和质量，提高建筑设计的质量；其次，GPS 测绘技术可以掌控建筑工程的施工进度，测试施工细节及结果是否达到设计要求；最后，利用GPS 技术设计调整，合理布置接收机，提高观测网的精度，然后根据卫星时间确定最佳观测时间，以满足不同施工要求的测绘工作。

（二）观测选址

提高控制网精度的关键在于科学合理地挑选观测点，GPS 观测可以优化选点位置，因此合理地设计安排测绘选点相当重要。首先，必须要选择视野开阔的地方，避免周围环境的影响，避免电磁源对 GPS 工作中的干扰；其次，选点的位置应避免对设备安装和保存造成影响，提高原点利用率，为减少后期测量的成本以及把控整体测量的质量，必须利用GPS 进行合理选址。

（三）测量外业实施

采用 GPS 技术来实现建筑工程测绘的外业实施时，必须严格按照测量技术设计书的要求进行操作，根据指定的测量地点以及时间段安排完成测量工作。关于建筑工程的控制测量，利用静态相对定位法观测，并根据控制等级调整设定卫星高度角、采样间隔及测量时间。另外，在利用 GPS 技术进行观测时，应当避免因个人用品的使用影响工作，在外业实施时还必须时刻监视测量设备的工作状态，保障观测质量不出状况。

（四）工程测量数据处理

完成外业实施以后，测量人员需要根据规定做好数据备份工作，保证测量工作成果的有效留存。处理数据之前，必须做好数据备份等预处理工作，避免数据丢失等意外发生，并采用科学的处理方法对数据误差进行核算处理，保证观测数据真实有效。另外，数据处理必须使用相应的数据处理软件来完成，以确保所得结果科学可靠。

GPS 测绘技术优势明显，在很多领域中作用突出。一方面 GPS 测绘技术的应用提高了测绘工程的工作效率、精确度和可靠性；另一方面在极大程度上减轻了工作量，把工作人员从繁重的测量任务中解放出来。GPS 技术与传统的测绘技术相比，大幅度提高了自动化程度，解决了工作效率及成本等问题，受到工程测绘技术人员的一致好评。下阶段 GPS 测绘技术的发展，必须着重完善其性能，加强配套设施的研发，使 GPS 测绘技术能够在工程测绘当中得到更加广泛的运用。

第六章　工程勘探与取样

第一节　钻探工程

一、钻探的工艺和操作技术

钻探是利用钻探设备在地下形成一直径小、深度大的圆柱体钻孔，并将钻孔中的岩土取至地面进行鉴别、描述和划分地层。

钻孔的结构，可用五个要素（三个面和二个测度）来说明：钻孔的顶面称为孔口、底面称为孔底、侧表面称为孔壁，圆柱体的高度称为孔深、直径称为孔径（也称口径）。采用变径钻探时，靠近孔口的最大直径称为开孔孔径，靠近孔底的最小直径称为终孔孔径。

钻探的操作过程是利用机械动力或人力（人力仅限于浅部土层钻探）使钻具回转或冲击，破碎孔底岩土，并将岩土带至地面，如此不断加深钻孔，直到预计深度为止。

钻探的基本操作工艺可包括破碎孔底岩土、提取孔内岩土和保护孔壁三个方面。

1. 破碎孔底岩土

钻探首先要利用钻头破碎岩土，才能钻进一定深度。钻进效率的高低取决于岩土的性质、钻头的类型和材料以及操作方法。破碎岩土的方法可分为回转法、冲击法、振动法和冲洗法。

2. 提取孔内岩土

孔底岩土破碎后，被破碎的土和岩芯、岩粉等仍留在钻孔中，为了鉴定岩土和继续加深钻孔，必须及时取出岩芯、清除岩土碎屑。提取孔内岩土的方法有下列几种：

（1）利用提土器，即螺纹钻头，将附在钻头及其上部的土与钻头一同提出孔外；

（2）利用循环液清除输出岩粉；

（3）利用抽筒（捞砂筒）将岩粉、岩屑或砂提取出钻孔；

（4）利用岩芯管取芯器或取土器将岩芯或土样取出。

3. 保护孔壁

由于钻孔的形成在地下留一孔穴，破坏了原来地层的平衡条件。在松散的砂层或不稳固的地层中（如杂填土、有大裂隙或发生膨胀的岩层），易发生孔壁坍塌；而在高灵敏性的饱和软弱黏土中又易发生缩孔。因此，为了防止孔壁坍塌或发生缩孔、隔离含水层以及防止冲洗液漏失等，必须保护孔壁。常用的护壁方法有泥浆护壁和套管护壁。

（1）泥浆护壁：由于泥浆具有胶体化学性质，在孔壁上形成泥皮，可以保护孔壁；同时由于泥浆的密度大，对孔壁的压力远大于水体的静水压力，也起到防止孔壁坍塌或缩孔的作用。泥浆护壁方法较为经济。

（2）套管护壁：在钻探的同时下护孔套管。防止孔口、孔壁坍塌的效果好，但操作麻烦、成本高。

二、钻探方法的分类和选用原则

根据钻探过程中破碎孔底岩土的方式不同，钻探方法可分为回转类钻探、冲击类钻探、振动钻探和冲洗钻探四类。

1. 回转类钻探：通过钻杆将旋转力矩传递至孔底钻头，同时施加一定的轴向压力实现钻进。产生旋转力矩的动力源可以是人力或机械，轴向压力则依靠钻机的加压系统以及钻具自重。根据钻头的类型和功能，回转类钻探可分为螺旋钻探、无岩芯钻探和岩芯钻探。

（1）螺旋钻探：钻进时将螺纹钻头（俗称提土器）旋入土层之中，提钻时带出扰动土样，供肉眼鉴别及分类试验。钻杆和钻头为空心杆，配合钻头的底活塞，可通水通气，防止提钻时孔底产生负压，造成缩孔等孔底扰动破坏。该方法主要适用于黏性土。

（2）无岩芯钻探：钻头类型有鱼尾钻头、三翼钻头、牙轮钻头等，钻进时对整个孔底切削研磨，使孔底岩土全部被破碎，故称全面钻进。用循环液清除输出岩粉，可不提钻连续钻进，效率高，但只能根据岩粉及钻进感觉判断地层变化。该方法适用于多种土类和岩石。

（3）岩芯钻探：钻头形状为圆环形，在钻头的刃口底部镶嵌或烧焊硬质合金或金刚石等。岩芯钻头按材料分为合金钻头、钢粒钻头和金刚石钻头，在结构上有单层管和双层管之分。钻进时对孔底做环形切削研磨，破碎孔底环状部分岩土，并用循环液清除输出岩粉，环形中心保留圆柱形岩芯，提取后可供鉴别、试验。其中金刚石钻头地钻进效率较高，高速回转对岩芯破坏扰动小，可获得更高的岩芯采取率。该方法适用于多种土类和岩石。

2. 冲击类钻探：利用钻具自重或重锤，冲击破碎孔底岩土，实现钻进。根据冲击方式和钻头的类型，冲击类钻探可分为冲击钻探和锤击钻探。

（1）冲击钻探：利用钻具自重冲击破碎孔底岩土实现钻进，破碎后的岩粉、岩屑由循环液冲出地面，也可采用带活门的抽筒提出地面。冲击钻头有"一"字形、"十"字形等多种，可通过钻杆或钢丝绳操纵冲击。该方法适用于密实的土类，对卵石、碎石、漂石、块石尤为适宜。冲击钻探只能根据岩粉、岩屑和感觉判断地层变化，对孔壁、孔底扰动都比较大，故一般是配合回转类钻探，当遇到回转类钻探难以奏效的粗颗粒土时才应用。

（2）锤击钻探：利用重锤将管状钻头（砸石器）击入孔底土层中，提钻后掏出土样可供鉴别。这种钻探方法效率较低，一般也是配合回转类钻探，遇到特殊土层时使用。该方法适用于多种土类，在合适的土类条件下采用钢丝绳连接的孔底锤击钻头钻进，则是一种效率高、质量好的钻探方法。例如在湿陷性黄土中采用薄壁钻头锤击钻进就是一种较好的钻探方法。

3. 振动钻探：通过钻杆将振动器激发的高速振动传递至孔底管状钻头周围的土中，使土的抗剪强度急剧降低，同时在一定轴向压力下使钻头贯入土中。该方法能取得较有代表性的鉴别土样，且钻进效率高，适用于黏性土、粉土、砂土及粒径较小的碎石土。但振动钻探对孔底扰动较大，往往影响高质量土样的采取。

4. 冲洗钻探：通过高压射水破坏孔底土层实现钻进，土层被破碎后由水流冲出地面。这是一种简单快速成本低廉的钻探方法，主要用于砂土、粉土和不太坚硬的黏性土。但冲出地面的粉屑往往是各土层物质的混合物，代表性较差，给土层的判断划分带来一定的困难。

除了上述各类主要钻探方法外，对浅部土层还可采用下列钻探方法：

（1）小口径麻花钻（或提土钻）钻进；

（2）小口径勺形钻钻进；

（3）洛阳铲钻进。

选择钻探方法应考虑的原则是：

1）能够有效地钻至所需的深度，并能以一定的精度对钻穿的地层鉴定岩土类别和特性，确定其埋藏深度、变层界线和厚度；

2）能够采取符合质量要求的试样或进行原位测试，避免或减轻对取样段的扰动；

3）能够查明钻进深度范围内地下水的赋存情况。

因此，在编制纲要时，不仅要规定孔位、孔深，而且要规定钻探方法，现场钻探应按指定的方法操作，勘察成果报告中也应包括钻探方法的说明。

三、钻探的技术要求

1. 钻孔规格

钻探口径和钻具规格应符合现行国家标准的规定。成孔口径应满足取样、测试和钻进工艺的要求。采取原状土样的钻孔，口径不得小于91mm，仅需鉴别地层的钻孔，口径不宜小于36mm；在湿陷性黄土中，钻孔口径不宜小于150mm。

2. 钻探规定

（1）钻进深度和岩土分层深度的量测精度，不应低于 ±5cm。

（2）应严格控制非连续取芯钻进的回次进尺，使分层精度符合要求。在土层中采用螺纹钻头钻进时，应分回次提取扰动土样。回次进尺不宜超过 1.0m，在主要持力层中或重点研究部位，回次进尺不宜超过 0.5m，并应满足鉴别厚度小至 2cm 的薄层的要求。在水下粉土、砂土层中钻进，当土样不易带上地面时，可用对分式取样器或标准贯入器间断取样，其间距不得大于 1.0m。取样段之间则用无岩芯钻进方式通过，亦可采用无泵反循环方式用单层岩芯管回转钻进并连续取芯。在岩层中钻进时，回次进尺不得超过岩芯管长度，在软质岩层中不得超过 2.0m。

（3）对要求鉴别地层和取样的钻孔，均应采用回转方式钻进，取得岩土样品。遇到卵石、碎石、漂石、块石等类地层不适用于回转钻进时，可改用振动回转方式钻进。

（4）对鉴别地层天然湿度的钻孔，在地下水位以上应进行干钻；当必须加水或使用循环液时，应采用双层岩芯管钻进。

（5）在湿陷性黄土中应采用螺纹钻头钻进，亦可采用薄壁钻头锤击钻进。操作应符合"分段钻进、逐次缩减、坚持清孔"的原则。

（6）岩芯钻探的岩石采取率，对完整和较完整岩体不应低于 80%，较破碎和破碎岩体不应低于 65%。对需重点查明的部位（滑动带、软弱夹层等）应采用双层岩芯管连续取芯。

（7）当需确定岩石质量指标 RQD 时，应采用 75mm 口径（N 型）双层岩芯管和金刚石钻头。

（8）深度超过 100m 的钻孔以及有特殊要求的钻孔包括定向钻进、跨孔法测量波速，应测斜、防斜，保持钻孔的垂直度或预计的倾斜度与倾斜方向。对垂直孔，每 50m 测量一次垂直度，每深 100m 允许偏差为 ±2°。定向钻进的钻孔应分段进行孔斜测量（每 25m 测量一次倾角和方位角），倾角和方位角的量测精度应分别为 ±0.1° 和 ±3.0°。钻孔斜度及方位偏差超过规定时，应及时采取纠斜措施。

（9）对可能坍塌的地层应采取钻孔护壁措施。在浅部填土及其他松散土层中可采用套管护壁。在地下水位以下的饱和软黏性土层、粉土层和砂层中宜采用泥浆护壁。在破碎岩层中可视需要采用优质泥浆、水泥浆或化学浆液护壁。冲洗液漏失严重时，应采取充填、封闭等堵漏措施。

（10）钻进中应保持孔内水头压力等于或稍大于孔周地下水压，提钻时应能通过钻头向孔底通气通水，防止孔底土层由于负压、管涌而受到扰动破坏。

3. 地下水位量测

（1）初见水位和稳定水位可在钻孔、探井或测压管内直接量测，稳定水位的间隔时间按地层的渗透性确定，对砂土和碎石土不得少于 0.5h，对粉土和黏性土不得少于 8h，并宜在勘察结束后统一量测稳定水位。水位量测可使用测水钟或电测水位计。量测读数至厘米，精度不得低于 ±2cm。

（2）钻探深度范围内有多个含水层，且要求分层量测水位时，在钻穿第一个含水层并量测稳定水位后，应采用套管隔水，抽干钻孔内存水，变径继续钻进，再对下一个含水层进行水位量测。

稳定水位是指钻探时的水位经过一定时间恢复到天然状态后的水位。采用泥浆钻进时，为了避免孔内泥浆的影响，需将测水管打入含水层20cm方能较准确地测得地下水位。地下水位量测精度规定为±2cm是指量测工具、观测等造成的总误差的限值，因此量测工具应定期用钢尺校正。

4. 钻孔的记录和编录

（1）野外记录应由经过专业训练的人员承担。记录应真实及时，按钻进回次逐段填写，严禁事后追记。现场记录不得誊录转抄，误写之处可以画去，在旁边作更正，不得在原处涂抹修改。

（2）钻探现场可采用肉眼鉴别和手触方法，有条件或勘察工作有明确要求时，可采用微型贯入仪等定量化、标准化的方法。

（3）钻探成果可用钻孔野外柱状图或分层记录表示。岩土芯样可根据工程要求保存一定期限或长期保存，亦可拍摄岩芯、土芯彩照纳入勘察成果资料。

钻探野外记录是一项重要的基础工作，也是一项有相当难度的技术工作，因此应配备有足够专业知识和经验的人员来承担。野外描述一般以目测、手触鉴别为主，其结果往往因人而异。为实现岩土描述的标准化，如有条件可补充一些标准化、定量化的鉴别方法，将有助于提高钻探记录的客观性和可比性，这类方法包括：使用标准粒度模块区分砂土类别，用孟塞尔色标比色法表示颜色，用微型贯入仪测定土的状态，用点荷载仪判别岩石风化程度和强度等。

第二节　坑探工程

坑探工程也叫掘进工程、井巷工程，它在岩土工程勘探中占有一定的地位。与一般的钻探工程相比较，其特点是：勘察人员能直接观察到地质结构，准确可靠，且便于素描；可不受限制地从中采取原状岩土样和用作大型原位测试。尤其对研究断层破碎带、软弱泥化夹层和滑动面（带）等的空间分布特点及其工程性质等，更具有重要意义。

坑探坑道可分为两类：

①地表勘探坑道。包括探槽、浅井和水平坑道，水平坑道又分沿脉、穿脉、石门和平硐。

②地下勘探坑道。包括倾斜坑道和垂直坑道，倾斜坑道又分斜井、上山、下山，垂直坑道又分竖井、天井、盲井。

坑探工程施工坑探工程的掘进方法，按岩层稳定状况，分为一般掘进法和特殊掘进法；按掘进动力和工具，分为手工掘进和机械掘进。按掘进工艺程序可分为凿岩、爆破、装岩、运输、提升、通风、排水、支护等。

一、坑口类型及位置选择的原则

坑探工程坑口类型及位置的选择，一般应遵循以下几项原则。

1. 安全性原则

在坑探工程施工中，坑口安全十分重要，切不可掉以轻心，地质坑探工程坑口安全与否，不但影响坑口本身能否顺利掘进，而且影响整个坑探工程的始终，因此保证地质坑探工程坑口安全是施工过程中尤为重要的工作，所以，从预防事故、保障安全的角度出发，对坑探工程坑口的要求是：

（1）在满足地质目的要求的前提下，坑口的位置尽可能地选择在比较坚固和稳定的岩土层中，保证坑口及有关探矿工程构筑物不受地表岩体滑坡、塌陷的危害。

（2）坑口标高一般应在现场历年最高洪水水位线 1m 以上，以防洪水淹没坑口，否则，应在坑口周围修筑防洪排涝设施。

（3）坑口的位置应避免开口在含水层、受断层破坏和不稳固的岩层中，特别是岩溶发育的岩层和流沙层中，平硐、竖井、斜井应测设井巷通过地段的地形地质剖面图，查明地质构造情况，以便于更好地确定坑口的位置和坑口支护类型。

（4）除竖井外，平硐、斜井的坑口应以选择在山坡为宜，施工应尽可能早进硐，不开或少施工明硐。

（5）《地质勘探安全操作规程》规定，井巷进风含尘量不得超过 0.5mg/m³，为保证井巷进风质量，坑口最好处于常年风向的上风侧，坑口的开口也最好避免不要与当地的常年风向一致，以利于掘进时井巷的通风、排烟。

2. 施工投入工作量最小的原则

以最小的工程量投入获取最大的地质成果是地质工程设计与施工管理的一条经济性原则，对于坑探工程来说，在不影响地质效果的前提下，坑口及井巷位置选择应考虑使地表坑口开挖和以后坑内施工的工程量投入越少越好，从而减少整体工程的资金投入，降低勘探总体费用。

坑探工程一般主要由坑口、穿脉巷道、沿脉巷道等组成，其中穿脉和沿脉巷道的工程量取决于矿体的厚度、延伸或地质构造等客观地质因素，坑口在坑探工程中起联络和通道作用，是坑探工程的咽喉，坑口段工程量的大小对整个坑探工程极为重要，坑口段井巷工程工作量的增减，工期的增加或延长，将影响探矿工程总体工作量、工期，因此，在布置坑口位置时，应尽可能使坑口段井巷工程工作量最小，从而达到坑探工程整体工程量投入少、节省资金投入与降低勘探成本的目的。

3. 方便施工的原则

坑口位置布设应尽可能考虑后续施工的方便，为施工创造有利条件，并减少坑探工程的其他有关辅助工作量，为此要求：

（1）坑口位置必须有足够的场地，以便铺设运输线路，布置地表坑口工地建筑物和修建卸渣场地等，所有上述设施都应尽可能不占或少占农田、草场等资源。同时，坑口位置布设应尽量使坑口至坑内的供电、供风、供水线路为最短，平整坑口与工地建筑场地的工作量为最小。

（2）坑口位置布置应考虑便于修建坑口道路，便于设备器材的搬迁运输，以及有利于地表水和井下涌水的排出。

4．一平、二竖、三斜原则

在坑探工程中，平硐由于具有施工方便、成本低、安全性较好的优点，在坑探工程中多被优先选用，相对的，竖井和斜井由于掘进施工工艺比较复杂，技术要求较高，设备、资金投入较大等因素，而较少地采用。但在某些情况下，如地势较平缓，无法布置平硐或平硐工作量投入太大，以致整体工程费用投入超过竖井（或斜井）的时候，也需要采用竖井（或斜井）施工，所以"一平、二竖、三斜原则"要灵活掌握和选用。

二、坑探工程的作用

坑探工程的作用主要包括：

①供地质人员进入坑道内直接观察研究地质构造和矿体产状。

②直接采集岩石样品，为探明高级储量，以及为后续的矿山设计、采矿、选矿和安全防护措施提供依据。

③对某些有色和稀有贵金属矿床必须用坑探来验证物探、化探和钻探资料。

④部分坑道用于探采结合。坑探工程除用于金属、贵金属、有色金属等普查勘探外，还用于隧道、采石、小矿山采掘和砂矿探采等领域。

三、坑探工程应用

坑探工程应用在地质工作各个阶段：

①在区域地质调查阶段，以施工探槽、浅井为主，用于揭露基岩、追索矿体露头，圈定矿区范围，为地质填图提供直观资料。

②在矿产普查阶段，以地下工程为主，掘进较短的水平坑道和倾斜坑道（称短浅坑道），查明地质构造，采取岩、矿样和进行地质素描等，以提高地质工作程度，做出矿床评价。

③在勘探阶段，常需掘进较深的水平、倾斜和垂直坑道（称中深坑道），以探明矿床的类型、矿体产状、形态、规模、矿物组分及其变化情况等，以求得高级矿产储量。

四、坑探工程安全生产管理

1. 明确安全生产责任，提高施工单位准入门槛

对于坑探工程施工，相关部门应该严格根据国家的相关规定进行责任方及施工方的明确划分，对于没有施工资质的勘察单位应该将施工转包给具备施工资质的勘察单位。但是不管是哪一种承包模式，工程施工的安全管理责任主体都是勘察单位。具备施工资质的勘察单位不能将坑探工程进行分包，这样非常容易导致权责混乱，从而造成工程安全管理上的松散，因此，为确保坑探工程施工安全，勘察单位可以从加强施工队伍建设、增加安全系数较高的施工设备及增加专业技术人员数量等几方面出发。

2. 加强安全生产管理工作的监管，及时消除安全隐患

在开展地质勘查坑探工程过程中，要认真地对整个工程进行仔细地分析与研究，并且在施工计划中加入相应的安全生产管理工作制度。让安全生产管理工作贯穿于每一个施工环节中。同时，要加强安全生产管理工作的监督，在施工合同中，要把安全生产责任主体进行明确。以合同规定来对勘查施工单位进行约束，认真地分析每一个工作环节中，容易出现安全问题的地方，并且要进行及时的调整，避免安全事故地发生。对于一些技术要求高，危险性高的施工项目，要有专业的技术工作人员进行参与并负责，要提高对每一个施工环节进行规划，并且制定出相应的安全生产管理制度。当在施工过程中发现安全隐患时，要及时地进行汇报，并进行建档，在专业人员的配合下，做出及时地调整，避免安全隐患的扩大。在安全隐患安全消除之后方可开展后续的施工，有效地避免了安全事故的发生。

3. 提供安全生产管理专项经费，获取管理工作主动权

尽管我国对于坑探工程安全管理，已经制定了比较详细的权责分配与生产相关细则，但是在实际生产中，相关的技术工作者及施工队伍一般由矿权力方进行把握，也就是说，实质上，其管理是受经济权利主导的。在坑探工程中，由于勘探单位不掌握经济控制权，因此，其制定的勘察监管方案难以得到矿权方及施工部门的重视。鉴于以上，必须从经济上对矿权方的权利进行一定的控制，在进行合同签订时，必须对工程项目各方的经济控制权进行进一步明确，同时，明确安全管理条例，在安全管理的细则中进行各项管理费用的详细规定，在相关的款项没有实际到达勘查单位账户之前，不能进行擅自动工，否则必须承担相应的后果。所以，勘察单位掌握矿权方与施工单位一定的经济控制权利，使其有效掌握施工安全管理主动权是一种非常有效的方式。

第三节　取样技术

一、钻孔取样

（一）钻孔取样的一般要求

除了在探井（洞、槽）中直接刻取岩土样品外，绝大多数情况下岩土样的采取是在钻孔中进行的，钻孔取样除了取样方法和取样工具的要求外，还对钻孔过程及取样过程有一定的要求，详细的要求可查看中华人民共和国行业标准《原状土取样技术标准》（JGJ 89-92）。首先，对采取原状土样的钻孔，其孔径必须要比取土器外径大一个等级；其次，在地下水位以上应采用干法钻进，不得注水或使用冲洗液。而在地下水位以下钻进时应采用通气通水的螺旋钻头、提土器或岩芯钻头。在鉴别地层方面无严格要求时，也可以采用侧喷式冲洗钻头成孔，但不得采用底喷式冲洗钻头。当土质较硬时，可采用二重管回转取土器，取土钻进合并进行；再次，在饱和黏性土、粉土、砂土中钻进时，宜采用泥浆护壁。采用套管时，应先钻进再跟进套管，套管下设深度与取样位置之间应保留三倍管径以上的距离，不得向未钻过孔的土层中强行击入套管；此外，钻进宜采用回转方式，在采取原状土样的钻孔中，不宜采用振动或冲击方式钻进；最后，要求取土器下放之前应清孔。采用敞口式取样器时，残留浮土厚度不得超过 5cm。

当采用贯入式取土器取样时，还应满足下列要求：

1. 取土器应平稳下放，不得冲击孔底。取土器下放后，应核对孔深和钻具长度，发现残留浮土厚度超过要求时，应提起取土器重新清孔。

2. 采取工级原状土试样，应采用快速、连续的静压方式贯入取土器，贯入速度不小于 0.1m/s。当利用钻机的给进系统施压时，应保证具有连续贯入的足够行程。采取 Ⅱ 级原状土试样可使用间断静压方式或重锤少击方式。

3. 在压入固定活塞取土器时，应将活塞杆牢固地与钻架连接起来，避免活塞向下移动。在贯入过程中监视活塞杆的位移变化时，可在活塞杆上设定相对于地面固定点的标志，测记其高差。活塞杆位移量不得超过总贯入深度的 1%。

4. 贯入取样管的深度宜控制在总长的 90% 左右。贯入深度应在贯入结束后仔细量测并记录。

5. 提升取土器之前，为切断土样与孔底土的联系，可以回转 2~3 圈或者稍加静置之后再提升。

6. 提升取土器应做到均匀平稳，避免磕碰。

当采用回转式取土器取样时，还应满足下列要求：

1. 采用单动、双动二（三）重管采取原状土试样，必须保证平稳回转钻进，使用的钻杆应事先校直。为避免钻具抖动，造成土层的扰动，可在取土器上加节重杆。

2. 冲洗液宜采用泥浆。钻进参数宜根据各场地地层特点通过试钻确定或根据已有经验确定。

3. 取样开始时应将泵压、泵量减至能维持钻进的最低限度，然后随着进尺的增加，逐渐增加至正常值。

4. 回转取土器应具有可改变内管超前长度的替换管靴。内管口至少应与外管齐平，随着土质变软，可使内管超前增加至 50~150mm。对软硬交替的土层，宜采用具有自动调节功能的改进型单动二（三）重管取土器。

5. 在硬塑以上的硬质黏性土、密实砾砂、碎石土和软岩中，可使用双动三重管取样器采取原状土试样。对于非胶结的砂、卵石层，取样时可在底靴加置逆爪。

6. 在有充分经验的地区和可靠操作的保证下，采用无泵反循环钻进工艺，用普通单层岩芯管采取的砂样可作为Ⅱ级原状土试样。

（二）钻孔原状土样的采取方法

土样的采取方法指将取土器压入土层中的方式及过程。采取方法应根据不同地层、不同设备条件来选择。常见的取样方法有如下几种：

1. 连续压入法

连续压入法也称组合滑轮压入法，即采用一组组合滑轮装置将取土器一次快速的压入土中。一般应用在人力钻或机动钻在浅层软土中的采样情况下。由于取土器进入土层过程是快速、均匀的，历时较短，因此能够使得土样较好的保持其原状结构，土样的边缘扰动很小甚至几乎看不到扰动的痕迹。由于连续压入法具有上述优越性，在软土层中应尽量用此法取样。

2. 断续压入法

即取土器进入土层的过程不是连续的，而是要通过两次或多次间歇性压入才能完成的，其效果不如连续压入法，因此仅在连续压入法无法压入的地层中采用。断续压入时，要防止将钻杆上提而造成土样被拔断或冲洗液侵入对土样造成破坏。

3. 击入法

此法在较硬或坚硬土层中采样时采用。它采用吊锤打击钻杆或取土器进行土样的采取。在钻孔上面用吊锤打击钻杆而使土器切入土层的方法称为上击式；在孔下用吊锤或加重杆直接打击取土器而进行取土的方法称为下击式。

当取样深度小于临界深度 L 时，钻杆不会产生明显的纵向弯曲，采用上击式取土是有效的。但当取样深度大于 L 时，钻杆柱产生了纵向弯曲，最大弯曲点接触孔壁，使传至取土器的冲击力大大减弱，在这种情况下上击式取土效果差。另外，钻杆本身也是一个弹性体，当重锤下击时，极易产生回弹振动，因而容易造成土样扰动。由于存在上述缺点，上击法只用于浅层硬土中。

下击式取土由于重锤或加重杆在孔下直接打击取土器，避免了上击式取土所存在的一些问题。因此，它具有效率高、对土样扰动小、结构简单、操作方便等优点。下击式取土法采用在孔下取土器钻杆上套——穿心重杆的方法，用人力或机械提动重杆使之往复打击取土器而进行取土。在提动重杆或重锤时，应使提动高度不超过允许的滑动距离，以免将取土器从土中拔出而拔断土样。

4. 回转压入法

机械回转钻进时，可用回转压入式取土器（双层取土器）采取深层坚硬土样或砂样。取土时，外管旋转刻取土层，内管承受轴心压力而压入取土。由于外管与内管为滚动式接触，因此内管只承受轴向压力而不回转，外管刻取的土屑随冲洗液循环而携出孔外。如果泵量过小，则土屑不能全部排出孔口而可能妨碍外管钻进，甚至进入内外管之间造成堵卡，使内管随外管转动而扰动土样。回转压入取土过程中应尽量不要提动钻具，以免提动内管而拔断土样，即使在不进尺的情况下提动钻具，也应控制提动距离，使之不超过内管与外管的可滑动范围。

二、土壤取样技术

土壤样品的采集是土壤测试的一个重要环节，采集有代表性的样品，是如实反映客观情况的先决条件。因此，应选择有代表性的地段和有代表性的土壤采样，并根据不同分析项目采用相关的采样和处理方法。为保证土壤样品的代表性，必须采取以下技术措施控制采样误差。

1. 采样单元

采样前要详细了解采样地区的土壤类型、肥力等级和地形等因素，将测土配方施肥区域划分为若干个采样单元，每个采样单元的土壤要尽可能均匀一致。

平均采样单元为100亩（平原区、大田作物每100～500亩采一个混合样，丘陵区、园艺作物每30～80亩采一个混合样）。为便于田间示范追踪和施肥分区需要，采样集中在典型农户，采样单元相对在中心部位，以一个面积为1～10亩的典型地块为主。

2. 采样时间

粮食作物及蔬菜在收获后或播种前采集（上茬作物已经基本完成生育进程，下茬作物还没有施肥），一般在秋后。进行氮肥追肥推荐时，应在追肥前或作物生长的关键时期。

3. 采样周期

同一采样单元，无机氮每季或每年采集1次，土壤有效磷钾2～4年，微量元素3～5年，采集1次。

4．采样点数量

要保证足够的采样点，使之能代表采样单元的土壤特性。采样点的多少，取决于采样单元的大小、土壤肥力的一致性等，一般以 7～20 个点为宜。

5．采样路线

采样时应沿着一定的线路，按照"随机""等量"和"多点混合"的原则进行采样。一般采用 S 形布点采样，能够较好地克服耕作、施肥等所造成的误差。在地形较小、地力较均匀、采样单元面积较小的情况下，也可采用梅花形布点取样，要避开路边、田埂、沟边、肥堆等特殊部位。

6．采样点定位

采样点采用 GPS 或县级土壤图定位，记录经纬度，精确到 0.01″。

7．采样深度

采样深度一般为 0～20 厘米，土壤硝态氮或无机氮的测定，采样深度应根据不同作物、不同生育期的主要根系分布深度来确定。

8．采样方法

每个采样点的取土深度及采样量应均匀一致，土样上层与下层的比例要相同。取样器应垂直于地面入土，深度相同。用取土铲取样应先铲出一个耕层断面，再平行于断面下铲取土；微量元素则需要用不锈钢取土器采样。

9．样品重量

一个混合土样以取土 1 公斤左右为宜（用于推荐施肥的 0.5 公斤，用于试验的 2 公斤），如果样品数量太多，可用四分法将多余的土壤弃去。方法是将采集的土壤样品放在盘子里或塑料布上，弄碎、混匀，铺成四方形，画对角线将土样分成四份，把对角的两份分别合并成一份，保留一份，弃去一份。如果所得的样品依然很多，可再用四分法处理，直至所需数量为止。

10．样品标记

采集的样品放入统一的样品袋，用铅笔写好标签，内外各具一张。

三、地下水取样技术

（一）主要采样方法

1．已有管路监测井

不用洗井，直接取样。

2．普通检测井（标准环境监测井）

微洗井方式，气囊泵采样。

3. 水文调查井

① 大功率抽水泵洗井采样。

② 贝勒管洗井取样。

（二）已有管路监测井采样方法

对于已设立的现有国家或地方地下水监测井地下水样品采集工作涉及了采样器管材、采样设备连接、样品采集过程等诸多方面。

1. 采样器管材及采样井的确认

套管和提水泵材料：应该是 PTFE（聚四氟乙烯）、碳钢、低碳钢、镀锌钢材和不锈钢。

提水泵类型：采用正压泵（例如潜水泵）。

出水口条件：不能在沉淀罐、水塔等设施之后采样；提水泵排水管上需带有阀门，且距离井位不能超过 30m。

2. 导水管路连接

如果泵的排水管上安装有带阀门的支管，且排水口距离该支管的距离超过 2m，则可将一管径相匹配的内衬 PTFE 的 PE（聚乙烯）软管（软管的中部接有一段玻璃管，以下简称采样软管）连接到该支管上，在采样软管的另一端连接一长度约为 350mm、内径约为 5mm 的不锈钢管。

如果泵的排水管上安装有带阀门的支管，但排水口与支管相距不足 2m，则应在排水口连接一段延伸管，使排水口与采样支管的距离延伸至 2m 以上。

如果泵的排水管上没有支管，但泵的排水口距离井口较近（例如农灌井），则应在泵口上连接一支管上带阀门的三通管件（不锈钢或 PTFE 材质），连接管路采用内衬 PTFE 的 PE 软管。

3. 井孔排水清洗

采样前必须排出井孔中的积水（清洗）。清洗完成的条件是：所排出的水不少于三倍井孔积水体积且水质指示参数达到稳定。

4. 采样基本条件

如套管和提水泵材料为 PVC 和 HDPE（高密度聚乙烯），采集有机物分析样品时，应冲洗半小时以上。

如果出水口不具备阀门，则在出水口处需加分流管采样。

观察采样软管中部的玻璃管，不得有气泡存在，否则通过调节采样支路阀门消除气泡。

调整采样支路阀门使采样支管出水流率为 0.2 ~ 0.5L/min。

排水达到水质稳定条件后，取下流动池（如果使用），准备采样。

现场工作人员注意事项：不得吸烟；手部不得涂化妆品；采样人员应在下风处操作，车辆亦应停放在下风处。

5. VOC 样品的采集

旋下 40mlVOA 瓶螺旋盖，滴入 4 滴 1：1 盐酸溶液。盐酸溶液可在实验室内预先加入。

将不锈钢管出水端口伸入 VOA 瓶底部，使水样沿瓶壁缓缓流入瓶中，同时不断提升不锈钢管，直至在瓶口形成一弯月面，迅速旋紧螺旋盖。不可产生过多溢流，否则该瓶样品作废。不锈钢管外壁不要对样品污染。

将 VOA 瓶倒置，轻轻敲打，观察瓶内有无气泡。若发现气泡，则该瓶水样作废，换一个新 VOA 瓶，重新采样。

采样合格的 VOA 瓶贴上标签，并以透明胶带覆盖标签。用电气胶带固定瓶盖。将 VOA 瓶平放或倒置在内装冰块的冷藏箱中，且必须是与冰块平衡的水相。必要时可使用电冷藏箱。

6. SVOC 分析样品的采集

旋开 1000mL 样品瓶的螺旋盖，将不锈钢管出水端口伸入瓶底，使水样沿瓶壁缓缓流入瓶中，同时不断提升不锈钢管，直至在瓶口形成一弯月面，迅速旋紧螺旋盖。SVOC 样需采集 1000mL，取双样。以下各步操作同重复 "VOC 分析样品的采集"。

（三）普通检测井（标准环境监测井）采样方法

对于普通检测井（标准环境检测井）使用微扰洗井，气囊泵采样，优点有：

（1）有效降低井水浊度，迅速取得透明澄清样品；

（2）缩短取样和测量时间，一般情况下只需要 13 分钟即可完成一口井的洗井、在线参数监测和取样工作；

（3）取样过程中有效控制地下水位泄降值 ≤10cm，符合 EPA 的严格要求，保证了地下水环境的平衡，水的化学性质变化微小，样品更具代表性；

（4）水样避免暴露于环境空气，真实准确的再现地下的水环境质量，在线测试的 6 项理化指标，数据的稳定性、准确性大大好于普通采样，数据逻辑关系清晰。

1. 洗井

（1）汲水位置为井筛中间部位（当水位高于井筛顶部时）、井内水位中点（当水位低于井筛顶部时）

（2）应缓缓将抽水泵下降放置定位，并尽量避免扰动井管水，以免造成汲出水之浊度增加，因而增加洗井时间。

（3）设定汲水速率从最小流量开始，慢慢调整汲水流量控制于 0.1L/min（汲水速率通常视监测井附近地质、水文条件而定），每隔 1～2 分钟测量水位一次，直到水位达到平衡为止。

（4）井中水位泄降未超过 1/8 倍井筛长，且测量之水质参数达到稳定后，即可以抽水泵进行采样。

（5）记录抽水开始时间，同时测量并记录汲出水的 pH 值、导电度及现场测量时间。

采集挥发性有机物样品加测溶氧、氧化还原电位。同时观察汲出水有无颜色、异样气味及杂质等，并作记录。

（6）洗井过程中需继续测量汲出水的水质参数，同时观察汲出井水颜色、异样气味，及有无杂质存在，并于洗井期间现场测量至少五次以上，直到最后连续三次符合各项参数之稳定标准。

若已达稳定，则可结束洗井。洗井时，汲出水确认有污染可能时（特别是污染场址汲出水），则不可任意弃置或与其他液体混合，须将挤出的水置于容器内，并等水样检测结果后，决定处理方式。

2．采样

（1）洗井完成或水质参数稳定后，在不对井内做任何扰动或改变位置的情形下，维持原来洗井低流速，直接以样品瓶接取水样。

（2）检测项目中有挥发性有机物时，抽水泵采样其速率应控制在 0.1L/min 以下，并确认管线中无气泡存在以避免挥发性有机物逸散。

第四节　工程物探

一、地球物理勘探

地球物理勘探，简称物探，是以地下岩体的物理性质的差异为基础，通过探测地表或地下地球物理场，分析其变化规律，来确定被探测地质体在地下赋存的空间范围（大小、形状、埋深等）和物理性质，达到寻找矿产资源或解决水文、工程、环境问题为目的的一类探测方法。

物理性质：岩体的物理性质主要有密度、磁性、电性、弹性、放射性等。主要物性参数密度、磁场强度、磁化率、电阻率、极化率、介电常数、弹性波速、放射性伽马强度等。

地球物理场：物理场可理解为某种可以感知或被仪器测量的物理量的分布。地球物理场是指由地球、太空、人类活动等因素形成的、分布于地球内部和外部近地表的各种物理场。可分为天然地球物理场和人工激发地球物理场两大类。

天然场：天然存在和形成的地球物理场主要有地球的重力场、地磁场、电磁场、大地电流场、大地热流场、核物理场（放射性射线场）等。

人工场：由人工激振产生弹性波在地下传播的弹性波场、向地下供电在地下产生的局部电场、向地下发射电磁波激发出的电磁等，发球人工激发的地球物理场。人工场源的优点是场源参数书籍、便于控制、分辨率高、探测效果好，但成本较大。

地球物理场还可分为正常场和异常场。

正常场：是指场的强度、方向等量符合全球或区域范围总体趋势、正常水平的场的分布。

异常场：是由探测对象所引起的局部地球物理场，往往叠加于正常场之上，以正常场为背景的场的局部差异和变化。例如富存在地下的磁铁矿体或磁性岩体产生的异常磁场，叠加在正常磁场之中；铬铁矿的密度比围岩的密度大，盐丘岩体的密度比围岩的密度小，分别引起重力场局部增强或减弱的异常现象。

二、物探方法

（一）重力勘探

重力勘探是研究地下岩层与其相邻层之间、各类地质体与围岩之间的密度差而引起的重力场的变化（即"重力异常"）来勘探矿产、划分地层、研究地质构造的一种物探方法。重力异常是由密度不均匀引起的重力场的变化，并叠加在地球的正常重力场上。

（二）磁法勘探

磁法勘探是研究由地下岩层与其相邻层之间、各类地质体与围岩之间的磁性差异而引起的地磁场强度的变化（即"磁异常"）来勘探矿产、划分地层、研究地质构造的一种物探方法。磁异常是由磁性矿石或岩石在地磁场作用下产生的磁性叠加在正常场上形成的，与地质构造及某些矿产的分布有着密切的关系。

磁法勘探按观测磁场的方式可以分为地面磁测和航空磁测两类基本方法。

（三）电法勘探

电法勘探是以岩石、矿物等介质的电学性质为基础，研究天然的或人工形成的电场、电磁场的分布规律，勘探矿产、划分地层、研究地质构造、解决水文工程地质问题的一类物探方法，也是物探方法中分类最多的一大类探测方法。按照电场性质不同，可分为直流电法和交流电法两类。

直流电法勘探主要包括电剖面法、电测深法、充电法、激发极化法及自然电场法等。

交流电法勘探，即电磁法勘探，按场源的形式可分为人工场源（或称主动场源）和天然场源两大类。人工场源类电磁法主要有无线电波透射法、甚低频法、瞬变电磁法、可控源间频大地测深法、地质雷达法等。天然场源类电磁法包括天然音频大地电磁法、大地电磁法等。

（四）地震勘探

地震勘探是一种使用人工方法激发地震波，观测其在岩体内的传播情况，以研究、探测岩体地质结构和分布的物探方法。确定分界面的埋藏深度、岩石的组成成分和物理力学性质。

根据所利用弹性波的类型不同，地震勘探的工作方法可分为：反射波法、折射波法、透射波法和瑞雷波法。

（五）放射性勘探

地壳内的天然放射元素蜕变时会放射出 α、β、γ 射线，这些射线穿过介质便会产生游离、荧光等特殊的物理现象。放射性勘探，就是借助研究这些现象来寻找放射性元素矿床和解决有关地质问题、环境问题的一种物探方法。

（六）地球物理测井

地球物理测井，简称为测井，就是通过研究钻孔中岩石的物理性质，诸如电性、电化学活动性、放射性、磁性、密度、弹性以及隙度、渗透性等来解决钻孔中有关地质问题的一类物方法。

测井方法包括电测井、磁测井及电磁测井、声波测井、地震测井、放射性测井、钻孔全孔壁数字成像、钻孔电视，以及井径测量、井斜测量、井温测量以及井中流体测量。

三、物探方法的特点

1. 探测地质体与围岩之间的具有较为明显的物性差异；

2. 采用相应的仪器设备观测和测量地球物理场的信息，并用数据处理技术进行处理，对异常进行识别和解释；

3. 成本低，效率高；

4. 多解性

物探解释结果是根据物探仪器观测到的地球物理数据求解场源体的反演过程，反演具有多解性；同时物探理论是建立在一定的数学模型基础之上，具有确定的条件（物性，地质、地形等），但实际上难以完全满足，也影响了物探解释的精度。

为了获得更加准确的物探成果，应注意以下几点：

1. 选择适合的方法。应根据探测目的层与相邻地层的物性特征、地质条件、地形条件等因素综合分析，有针对性地选择物探方法。

2. 尽可能采用多种物探方法配合，相互对比、相互补充、相互验证、去伪存真。

3. 物探剖面尽可能通过钻孔、探井等已知点，对物探解释提供参数和验证。

4. 注重与地质调查和地质理论相结合，进行综合分析判断。

四、物探方法的应用范围

（一）应用范围

1. 区域地质调查及矿产勘查

划分地层、探测地质构造，寻找矿体及与成矿有关的地层或构造。

主要方法：重力、磁法、电法，地震（石油、煤田）、放射性（铀矿）、测井。

2. 水文地质勘查及找水

划分地层、探测地质构造，寻找储水地层或构造，确定含水层的埋深、厚度、含水量，划分咸淡水界面等。

主要方法：电法（电阻率、激电、电磁法），测井、地震、放射性。

3. 工程地质勘查、环境地质勘查

探测覆盖层、基岩风化带厚度及其分布；隐伏构造、岩溶裂隙发育带等。

主要方法：电法（电阻率、激电、电磁法），测井、地震、放射性。

4. 工程测试与检测

土壤电阻率测试、岩体质量检测、岩土力学参数测试、混凝土质量检测、放射性检测、桩基检测、地下管线探测等。

主要方法：电法（电阻率、探地雷达），地震波及声波测试（测井）、放射性测试。

（二）应用条件

1. 探测目的层与相邻地层或目的体与围岩之间的具有明显的物性差异；

2. 探测目的层或目的体相对于埋深具有一定的规模；

3. 探测目的层与相邻地层的岩性、物性及产状较为稳定；

4. 满足各方法的地形条件要求；

5. 不能有较强的干扰源存在。

五、物探在工程勘探中的应用

（一）覆盖层探测

1. 探测内容

（1）覆盖层厚度探测。

（2）覆盖层分层。

（3）覆盖层物性参数测试。

2. 探测方法的选择

覆盖层厚度探测与分层常采用的物探方法主要有浅层地震勘探（折射波法、反射波法、瑞雷波法）、电法勘探（电测深法、高密度电法）、电磁法勘探（大地电磁测深入、瞬变电磁测深、探地雷达）、水声勘探、综合测井、弹性波 CT 等。覆盖层岩（土）体物性参数测试常采用的物探方法主要有地球物理测井、地震波 CT、速度检层等。

覆盖层厚度探测与分层应结合测区物性条件，地质条件和地形特征等综合因素，合理选用一种或几种物探方法，所选择的物探方法应能满足其基本应用条件，以达到较好的地质效果。

（1）覆盖层厚度探测物探方法的选择。

1）根据覆盖层厚度选择物探方法。覆盖层厚度较薄时（小于 50m），一般可选地震勘探（折射波法、瑞雷波法）、电法勘探（电测深法、高密度电法）和探地雷达等物探方法；覆盖层厚度时（50～100m），一般可选择电测深法、地震反射波法、电磁测深等方法；当覆盖层厚度深厚时（一般大于 100m），一般可选择地震反射法、电磁测深等物探方法。

2）根据测区地形条件选择物探方法。当场地相对平坦、开阔、无明显障碍物时，一般可选择地震勘探（折射波法、反射波法、瑞雷波法）、电法勘探（电测深法、高密度电法）等物探方法；当场地相对狭窄或测区内有居民区、农田、果林、建筑物等障碍物时，一般可选择以点测为主的电测深法、瑞雷波法和电磁测深等物探方法。

3）在水域进行覆盖层厚度探测时，可根据工作条件选择物探方法。在河谷地形、河水面宽度不大于 200m、水流较急的江河流域，一般选择地震折射波法和电测深法等物探方法；在库区、湖泊、河水面宽度大于 200m、水流平缓的水域，一般选择水声勘探、地震折射波法等物探方法。

4）根据物性条件选择物探方法。当覆盖层介质与基岩有的波速、波阻抗差异时，可选择地震勘探，但当覆盖层介质中存在调整层（大于基岩波速）或速度倒转层（小于相邻波速）时，则不适宜采用地震折射波法；当覆盖层介质与基岩有明显的电性差异是，可选择电法勘探或电磁法；当布极条件或接地条件较差时，如在沙漠、戈壁、冻土等地区可选电磁法勘探。

（2）覆盖层分层物探方法的选择。

1）根据覆盖层介质的物性特征选择物探方法。当覆盖层介质呈层状或似层状分布、结构简单、有一定的厚度、各层介质存在明显的波速或波阻抗差异时一般可选择地震折射波法、地震反射波法、瑞雷波法等，其中瑞雷波法具有较好的分层效果；当覆盖层各层介质存在明显的电性差异时，可选择电测深法；当覆盖层各层介质较薄、存在较明显的电磁差异、且探测深度较浅时，可选择探地雷达法。

2）根据覆盖层介质饱水程度选择物探方法。地下水位往往会构成良好的波速、波阻抗议和电性界面，当需要对覆盖层饱水介质与不饱水介质分层或探测地下水位时，一般可选择地震折射波法、地震反射波法和电测深法，但地震折射波法不对地下水位以下的覆盖层介质进行分层；瑞雷波法基本不受覆盖层介质饱水程度的影响，当把地下水位视察为覆盖层介质分层的影响因素时，可采用瑞雷波法。

3）利用钻孔进行覆盖层分层。一般选择综合测井、地震波 CT、速度检层等。

4）探测覆盖层中软夹层和砂夹层时，在有条件的情况下可借助钻孔进行跨孔测试或速度检层测试；在无钻孔条件下，对分布范围较大、且有一定厚度的软夹层和砂夹层，可采用瑞雷波法。

（3）覆盖层物性参数的测试。

1）在地面进行覆盖层物性参数的测试。一般采用地震折射波法、反射法、瑞雷波法进行覆盖层各层介质的纵波速度和剪切波速度测试；采用电测深法进行覆盖层各层介质的电阻率测试。

2）在地表、断面或人工坑槽处进行覆盖层物性参数的测试。一般可采用地震波法和电测深法对所出露地层进行纵波速度、剪切波速度、电阻率等参数的测试。

3）在钻孔内进行覆盖层物性参数的测试。一般采用地球物理测井、速度检层等方法测定钻孔中覆盖层的密度、电阻率、波速等参数，确定各层厚度及深度，配合地面物探了解物性层与地质层的对应关系，提供地面物探定性及定量解释所需的有关资料。

（二）隐伏断层探测

1．探测内容

（1）断层位置、产状

（2）破碎带宽度。

（3）断层物性参数（电阻率、波速、密度、孔隙度）测试。

2．探测方法选择

探测陷伏构造的物探方法较多，应根据探测任务（内容）层的埋深、规模、覆盖层性质、断岩与围岩物性差异、地形条件、干扰因素等选择一种或两种地质效果比较确切的物探方法。以一种方法为主，另一种方法为辅。解决唯一地质问题一般不必同时并列使用几种方法。

（1）隐伏构造（断层破碎带）位置、规模和延伸情况探测。

可选用折射波法、反射波法、电剖面法、高密度电法、电测深、瞬变电磁法、大地电磁测深和孔间 CT、瑞雷波法、放射性测量等。其中：

1）当覆盖层厚度小于 30m，尤其是探测火成岩和变质岩中的断层时，选用浅层折射波法，一般都可取得较好的地质效果。

2）探测沉积岩层中具有明显垂直断距的断层时，且选用浅层反射法。

3）当覆盖层厚度小于 30m、沿测线地形比较平缓时，宜选择联合剖面法作普查、高密度电法作详查、电测深作辅助方法。

4）当覆盖层厚度大于 50m 时，宜采用可控源音频大地电磁测深法。

5）探测两钻孔间的断层位置、规模和延伸情况可采用孔间 CT 或电磁波 CT。

6）当断层破碎带具有较好的透气性和渗水性，有放射性气体沿断裂带上升到地面时，可采用放射性测量。

（2）断层物性参数测试。

当钻孔打穿了断层时，可选用地球物理测井方法测试断层的物性参数。

1）测试断层的电阻率可采用电阻率测井。

2）测试断层的波速可采用声速测井，此外折射波法变亦可依据界面速度提供较大断层的波速。

3）测试断层的密度可采用 γ-γ 测井。

4）测试断层的孔隙度可采用声速井和 γ-γ 测井。

3．工作布置

（1）测线方向宜垂直断层的走向，或者根据勘探的需要与地质勘探线一致。

（2）在山区布置测线时，宜沿地形等高线或顺山坡布置；河谷区测线宜顺河流方向或垂直河流方向布置。测线应避开干扰源。

（3）在断层走向不明的测区，试验阶段且布置十字形测线。

（三）岩溶探测

1．探测内容

1）地表喀斯特中溶沟、溶槽、溶蚀洼地的岩面起伏、形态和覆盖层厚度以及漏斗、落水洞等的发育位置、规模和形态。

2）地下喀斯特的发育位置、规模、形态与延伸以及岩溶水的赋存情况。

2．探测方法的选择

根据喀斯特的各项物理特性，结合此类地区性的特殊地质条件可进行以下选择。

1）当基岩裸露时，主要使用探地雷达，可选用瞬变电磁法、浅层反射波法探测中、浅部地下喀斯特。

2）当覆盖层较薄时：

①地表喀斯特探测主要使用高密度电法，可选用瞬变电磁法、浅层折射波法。

②中、浅部地下喀斯特探测主要使用高密度电法、浅层反射波法，可选用电剖面法、探地雷达、瞬变电磁法。

③中、深部地下喀斯特探测主要使用音频大地电磁测深和可控源音频大地电磁测深。

3）当地表覆盖层较厚时，主要使用音频大地电磁测深和可控源音频大地电磁测深法探测地下喀斯特及规模较大的地表喀斯特。

4）探测隧洞及钻孔周围 0～20m 范围的喀斯特使用探地雷达，探测钻孔 0～2m 范围内的喀斯特使用声波法。

5）详细探测喀斯特的位置、规模、延伸、充填情况 CT 探测。

6）探测孔壁地层溶蚀情况、暗河或泉水在钻孔中的位置、喀斯特地下水位等使用综合测井。

喀斯特与围绕岩之间存在着明显的物性差异，但其体态不具备层状特征，存在空间上的不均一性和水文地质条件的复杂性，尤其常常伴随复杂的地形地质条件，实际工作中应根据其发育特点，合理选择相适应能力的方法，当地球物理条件较理想时，可有针对性地选择效果较好的单一方法，当地球物理条件不理想时，尽可能使用多种方法进行综合探测，以取得较好的地质效果。

受工作条件、探测精度及其他方法特点的限制，地面探测一般用于工程前期勘测阶段，以普查和了解喀斯特发育规律为主，为整体方案的可行性提供依据；孔内方法和探地雷达等精度较高、探测范围相对较小的方法则主要用于工程在建期间，有针对性地查明重点部位喀斯特发育情况，为施工处理方案的制定提供依据。

3．工作布置

（1）测线、测点按先面后点、先疏后密、先地面后地下、先控制后一般的原则布置。

（2）测线一般垂直于喀斯特发育带，如需追踪其延伸，可平平行布置垂直于延伸方向的多条测线。

（3）测线应与其他勘探线或有已知资料的地段重合，便于解释计算过程中获取参数，减少误差。当使用综合方法进行探测时，各种方法的测线应重合，以获得综合分析解释推断。

（4）测线间距主要根据任务要求和溶洞大小与埋深等因素决定。

（5）当发现或预计有可能存在危害工程的洞隙时，应加密测点。

（四）地下水勘察中的应用

1. 确定覆盖层厚度及基岩起伏形态，确定含水层（砂卵石）的分布、厚度、埋深，选用高密度电法、电测深法、电磁法。

2. 探测地层富水性能，用激发极化法。

3. 古河道、山前洪积扇地下水的调查，选用高密度电法、电阻率测深、电阻率剖面、瞬变电磁法与可控源音频大地电磁测深法。

4. 在砂泥岩地层分布中探测砂岩孔隙、裂隙水，选用电阻率法和激发极化法。

5. 探测基岩构造裂隙水，寻找构造位置，选用电磁法、电法、放射性法、地震法。

6. 探测基岩风化壳厚度及富水性，选用高密度电法、电测深法与激发极化法。

7. 岩溶地下水的探测，选用电阻率测深法、激发极化法、电磁法、探测断裂构造，可选择电法、地震及放射性综合物探方法。

五、地震勘探

地震勘探是指人工激发所引起的弹性波利用地下介质弹性和密度的差异，通过观测和分析人工地震产生的地震波在地下的传播规律，推断地下岩层的性质和形态的地球物理勘探方法。

地震勘探是地球物理勘探中最重要、解决油气勘探问题最有效的一种方法。它是钻探前勘测石油与天然气资源的重要手段，在煤田和工程地质勘查、区域地质研究和地壳研究等方面，也得到广泛应用。

（一）勘探原理

"地震"就是"地动"的意思。天然地震是地球内部发生运动而引起的地壳的震动。地震勘探则是利用人工的方法引起地壳振动（如炸药爆炸、可控震源振动），再用精密仪器按一定的观测方式记录爆炸后地面上各接收点的振动信息，利用对原始记录信息经一系列加工处理后得到的成果资料推断地下地质构造的特点。

在地表以人工方法激发地震波，在向地下传播时，遇有介质性质不同的岩层分界面，地震波将发生反射与折射，在地表或井中用检波器接收这种地震波。收到的地震波信号与震源特性、检波点的位置、地震波经过的地下岩层的性质和结构有关。通过对地震波记录进行处理和解释，可以推断地下岩层的性质和形态。

地震勘探在分层的详细程度和勘查的精度上，都优于其他地球物理勘探方法。地震勘探的深度一般从数十米到数十千米。地震勘探的难题是分辨率的提高，高分辨率有助于对地下精细的构造研究，从而更详细了解地层的构造与分布。

（二）应用范围

爆炸震源是地震勘探中广泛采用的人工震源。目前已发展了一系列地面震源，如重锤、连续震动源、气动震源等，但陆地地震勘探经常采用的重要震源仍为炸药。海上地震勘探除采用炸药震源之外，还广泛采用空气枪、蒸汽枪及电火花引爆气体等方法。

地震勘探是钻探前勘测石油与天然气资源的重要手段。在煤田和工程地质勘查、区域地质研究和地壳研究等方面，地震勘探也得到广泛应用。20世纪80年代以来，对某些类型的金属矿的勘查也有选择地采用了地震勘探方法。

（三）特点

地震勘探也称勘探地震学，该方法的主要特点是：

1. 利用专门仪器并按特定方式观测岩层间的波阻抗差异，进而研究地下地质问题；

2. 通过人工方法激发地震波，研究地震波在地层中传播的规律与特点，以查明地下的地质构造，为寻找油气田或其他勘探目标服务；

3. 地震勘探的投资回报率很高，几乎所有的石油公司都依赖地震勘探资料来确定勘探和开发井位；

4. 三维地震勘探的成果能提供丰富的地质细节，极大地促进了油藏工程的发展。

（四）勘探过程

地震勘探过程由地震数据采集、数据处理和地震资料解释 3 个阶段组成。

1. 数据采集

在野外观测作业中，一般是沿地震测线等间距布置多个检波器来接收地震波信号。安排测线采用与地质构造走向相垂直的方向。依观测仪器的不同，检波器或检波器组的数量少的有 24 个、48 个，多的有 96 个、120 个、240 个甚至 1000 多个。每个检波器组等效于该组中心处的单个检波器。每个检波器组接收的信号通过放大器和记录器，得到一道地震波形记录，称为记录道。

为适应地震勘探各种不同要求，各检波器组之间可有不同排列方式，如中间放炮排列、端点放炮排列等。记录器将放大后的电信号按一定时间间隔离散采样，以数字形式记录在磁带上。磁带上的原始数据可回放而显示为图形。

常规的观测是沿直线测线进行，所得数据反映测线下方二维平面内的地震信息。这种二维的数据形式难以确定侧向反射的存在以及断层走向方向等问题，为精细详查地层情况以及利用地震资料进行储集层描述，有时在地面的一定面积内布置若干条测线，以取得足够密度的三维形式的数据体，这种工作方法称为三维地震勘探。

三维地震勘探的测线分布有不同的形式，但一般都是利用反射点位于震源与接收点之中点的正下方这个事实来设计震源与接收点位置，使中点分布于一定的面积之内。

2. 数据处理

数据处理的任务是加工处理野外观测所得地震原始资料，将地震数据变成地质语言——地震剖面图或构造图。经过分析解释，确定地下岩层的产状和构造关系，找出有利的含油气地区。还可与测井资料、钻井资料综合进行解释（见钻孔地球物理勘探），进行储集层描述，预测油气及划定油水分界。

削弱干扰、提高信噪比和分辨率是地震数据处理的重要目的。根据所需要的反射与不需要的干扰在波形上的不同与差异进行鉴别，可以削弱干扰。震源波形已知时，信号校正处理可以校正波形的变化，以利于反射的追踪与识别。对高次覆盖记录提供的重复信息进行叠加处理以及速度滤波处理，可以削弱许多类型的相干波列和随机干扰。预测反褶积和共深度点叠加，可消除或减弱多次反射波。统计性反褶积处理有助于消除浅层混响，并使反射波频带展宽，使地震子波压缩，有利于分辨率的提高。

地震数据处理的另一重要目的是实现正确的空间归位。各种类型的波动方程地震偏移处理是构造解释的重要工具，有助于提供复杂构造地区的正确地震图像。

地震数据处理需进行大数据量运算，现代的地震数据处理中心由高速电子数字计算机及其相应的外围设备组成。常规地震数据处理程序是复杂的软件系统。

3. 资料解释

包括地震构造解释、地震地层解释及地震烃类解释或地震地质解释。

地震构造解释以水平叠加时间剖面和偏移时间剖面为主要资料，分析剖面上各种波的特征，确定反射标准层层位和对比追踪，解释时间剖面所反映的各种地质构造现象，构制反射地震标准层构造图。

地震地层解释以时间剖面为主要资料，或是进行区域性地层研究，或是进行局部构造的岩性岩相变化分析。划分地震层序是地震地层解释的基础，据此进行地震层序之沉积特征及地质时代的研究，然后进行地震相分析，将地震相转换为沉积相，绘制地震相平面图，划分出含油气的有利相带。

地震烃类解释利用反射振幅、速度及频率等信息，对含油气有利地区进行烃类指标分析。通常需综合运用钻井资料与测井资料进行标定分析与模拟解释，对地震异常作定性与定量分析，进一步识别烃类指示的性质，进行储集层描述，估算油气层厚度及分布范围等。

（五）勘探方法

包括反射法、折射法和地震测井（见钻孔地球物理勘探）。三种方法在陆地和海洋均可应用。

研究很浅或很深的界面、寻找特殊的高速地层时，折射法比反射法有效。但应用折射法必须满足下层波速大于上层波速的特定要求，故折射法的应用范围受到限制。应用反射法只要求岩层波阻抗有所变化，易于得到满足，因而地震勘探中广泛采用的是反射法。

1. 反射法

利用反射波的波形记录的地震勘探方法。地震波在其传播过程中遇到介质性质不同的岩层界面时，一部分能量被反射，一部分能量透过界面而继续传播。

在垂直入射情形下有反射波的强度受反射系数影响，在噪声背景相当强的条件下，通常只有具有较大反射系数的反射界面才能被检测识别。地下每个波阻抗变化的界面，如地层面、不整合面（见不整合）、断层面（见断层）等都可产生反射波。在地表面接收来自不同界面的反射波，可详细查明地下岩层的分层结构及其几何形态。

反射波的到达时间与反射面的深度有关，据此可查明地层埋藏深度及其起伏。随着检波点至震源距离（炮检距）的增大，同一界面的反射波走时按双曲线关系变化，据此可确定反射面以上介质的平均速度。反射波振幅与反射系数有关，据此可推算地下波阻抗的变化，进而对地层岩性做出预测。

反射法勘探采用的最大炮检距一般不超过最深目的层的深度。除记录到反射波信号之外，常可记录到沿地表传播的面波、浅层折射波以及各种杂乱振动波。这些与目的层无关的波对反射波信号形成干扰，称为噪声。使噪声衰减的主要方法是采用组合检波，即用多个检波器的组合代替单个检波器，有时还需用组合震源代替单个震源，此外还需在地震数据处理中采取进一步的措施。反射波在返回地面的过程中遇到界面再度反射，因而在地面可记录到经过多次反射的地震波。如地层中具有较大反射系数的界面，可能产生较强振幅的多次反射波，形成干扰。

反射法观测广泛采用多次覆盖技术。连续地相应改变震源与检波点在排列中所在位置，在水平界面情形下，可使地震波总在同一反射点被反射返回地面，反射点在炮检距中心点的正下方。具有共同中央凹反射点的相应各记录道组成共中心点道集，它是地震数据处理时所采用的基本道集形式，称为 CDP 道集。多次覆盖技术具有很大的灵活性，除 CDP 道集之外，视数据处理或解释之需要，还可采用具有共同检波点的共检波点道集、具有共同炮点的共炮点道集、具有相同炮检距的共炮检距道集等不同的道集形式。采用多次覆盖技术的好处之一就是可以削弱这类多次波干扰，同时尚需采用特殊的地震数据处理方法使多次反射进一步削弱。

反射法可利用纵波反射和横波反射。岩石孔隙含有不同流体成分，岩层的纵波速度便不相同，从而使纵波反射系数发生变化。当所含流体为气体时，岩层的纵波速度显著减小，含气层顶面与底面的反射系数绝对值往往很大，形成局部的振幅异常，这是出现"亮点"的物理基础。横波速度与岩层孔隙所含流体无关，流体性质变化时，横波振幅并不发生相应变化。但当岩石本身性质出现横向变化时，则纵波与横波反射振幅均出现相应变化。因而，联合应用纵波与横波，可对振幅变化的原因做出可靠判断，进而做出可靠的地质解释。

地层的特征是否可被观察到，取决于与地震波波长相比它们的大小。地震波波速一般随深度增加而增大，高频成分随深度增加而迅速衰减，从而频率变低，因此波长一般随深度增加而增大。波长限制了地震分辨能力，深层特征必须比浅层特征大许多，才能产生类似的地震显示。如各反射界面彼此十分靠近，则相邻界面的反射往往合成一个波组，反射信号不易分辨，需采用特殊数据处理方法来提高分辨率。

2. 折射法

利用折射波（又称明特罗普波或首波）的地震勘探方法。地层的地震波速度如大于上面覆盖层的波速，则二者的界面可形成折射面。以临界角入射的波沿界面滑行，沿该折射面滑行的波离开界面又回到原介质或地面，这种波称为折射波。折射波的到达时间与折射面的深度有关，折射波的时距曲线（折射波到达时间与炮检距的关系曲线）接近于直线，其斜率决定于折射层的波速。

震源附近某个范围内接收不到折射波，称为盲区。折射波的炮检距往往是折射面深度的几倍，折射面深度很大时，炮检距可长达几十公里。

3. 地震测井

直接测定地震波速度的方法。震源位于井口附近，检波器沉放于钻孔内，据此测量井深及时间差，计算出地层平均速度及某一深度区间的层速度。由地震测井获得的速度数据可用于反射法或折射法的数据处理与解释。在地震测井的条件下亦可记录反射波，这类工作方法称为垂直地震剖面（VSP）测量，这种工作方法不仅可准确测定速度数据，且可详查钻孔附近地质构造情况。

六、地质雷达

又称探地雷达法，借助发射天线定向发射的高频（10 ~ 1000MHz）短脉冲电磁波在地下传播，检测被地下地质体反射回来的信号或透射通过地质体的信号来探测地质目标的交流电法勘探方法。其工作原理类似于地震勘探法，也是基于研究波在地下的传播时间、传播速度与动力学特征。

（一）工作原理

雷达仪产生的高频窄脉冲电磁波通过天线定向往大地发射，其在大地中的传播速度和衰减率取决于岩石的介电性和导电性，且对岩石类型的变化和裂隙含水情况非常敏感，在传播过程中，一旦遇到岩石导电特性变化，就可能使部分透射波反射。接收机检测反射信号或直接透射信号，将其放大并数字化，存贮在数字磁带记录器上，备数据处理和显示。

地质雷达系统一般在 10 ~ 1000MHz 频率范围内工作。当传导介质的电导率小于 100mS/m 时，传播速度基本上保持常数，信号不会弥散。

地质雷达具有足够的穿透力和分辨能力。电磁波穿透深度主要取决于电磁波的频率、能量大小以及传导介质的导电特性。随着岩石含水量增大，电导率增高，雷达波的衰减率会增大。湿煤中的衰减率就比干煤的大。随着电磁波频率的增高，其穿透深度将减小；但降低频率或增大波长 λ，分辨率又会随之降低。为了能将探测目标与背景区分开，目标的大小应与波长成正比，最好为 λ/4。分辨能力还取决于岩体内隐藏目标的种类和大小及其导电特性。岩体与目标之间的导电特性差异越大，则越易发现目标。

据在许多地质环境中使用的经验表明，中心频率约为 100MHz 的雷达系统兼顾了测距、分辨率和系统轻便性这三个因素，效果较好。

（二）地质雷达仪

地质雷达法用来进行野外观测的专用仪器，一般包括发射天线和发射机，接收天线和接收机，以及内装微处理机或直接用便携式微机的控制部件。发射机将直流电源供给的直流电转换为高频、窄脉冲的交流信号，通过发射天线向被探测介质定向发射固定频率的电磁波。接收天线接收回波信号后输入到接收机，经放大并转换为数字信号后传输到控制部件进行叠加、计算、存贮，由液晶显示器实时显示断面图像，并可打印、拷贝。观测数据可存贮在软盘上，也可通过机内标准接口传输到外接计算机进行更详细的数据处理、彩色显示和绘制彩色断面图。为了同时进行不同深度的探测，提高施工效率，可以用一台发射机或多台接收机同时观测。最新仪器都配置多种频率的发射和接收天线，可根据不同地质任务和施工条件选用或作几种频率观测，取得更多的地质信息。

地质雷达按使用场合不同可分为空中地质雷达（又称机载地质雷达）、地面地质雷达、矿井地质雷达和钻孔地质雷达。其中，机载雷达是装在飞机上的地质雷达的总称，主要有侧视雷达、前视雷达、平面位置显示器雷达等，它具有快速覆盖和全天候工作的优点，主要用于测绘地形、地面岩性识别、判别地质构造特征等。煤炭工业部门常用的是地面地质雷达、矿井地质雷达和钻孔地质雷达。

地面地质雷达在地面进行观测，是地质雷达中使用最多的一种方法。它用发射机和发射天线向地下发射高频电磁波，电磁波在地下土层、岩层中有明显电性差异的界面上反射，在地面用接收机和接收天线接收回波信号，并对其进行计算处理、解释、成图，得到地下地质结构的显示图像和深度资料。地面地质雷达测线、测点布置灵活，可根据需要布设成规则网状、不规则网状或任意单条剖面。既可逐点观测，也可沿剖面连续观测。

矿井地质雷达具有防爆功能。在矿井巷道中进行观测。可以对巷道下方、上方、两侧及前方进行探测。向下方探测时，工作方法与地面观测相同。巷道有支架支护时，向上和向两侧探测的天线要特殊设置。向采掘前方探测是在巷道揭露的煤层或岩石断面上垂直布设发射天线和接收天线，可探测采掘前方的断层、岩溶及其他异常体。矿井中的干扰因素（各种电缆、金属物等）较多，现场观测时要尽可能避开或减少干扰源的影响，以提高信噪比。资料解释要正确区分有效信号和干扰信号，以保证地质解释结果的可靠性。

矿井地质雷达在煤矿区一般用于探测厚煤层采后的剩余厚度，煤层下面的石灰岩层或其他需要探测岩层的深度、喀斯特发育情况，巷道或工作面前方的小断层、老窑水、喀斯特陷落柱、火成岩岩墙、煤层夹矸和其他地质异常体。

钻孔地质雷达把发射及接收装置放入钻孔中进行观测，有单孔测量和跨孔测量两种方式：①单孔测量。把发射和接收装置放于同一钻孔中，两者的间距保持不变，沿钻孔剖面进行测量。电磁波向钻孔壁介质发射，遇有电性差异的界面反射回来被接收，即可发现钻孔未揭露到的周围介质中的断层、破碎带、喀斯特、金属矿体等，并确定其距钻孔的位置、延伸方向；②跨孔测量。把发射装置和接收装置分别放入相邻两个钻孔中（也可采用一孔发射、多孔接收方式），雷达脉冲从发射钻孔传输到接收钻孔，通过对透射波传播速度、振幅等的分析，以及对反射波的分析，可以了解两个钻孔之间介质的地质结构和地质异常体的情况。跨孔地质雷达的工作方法与钻孔无线电波透视法相似。

（三）作用

地质雷达可用来划分地层、查明断层破碎带、滑坡面、岩溶、土洞、地下硐室和地下管线，也可用于水文地质调查。由于地质雷达在电阻率小于 $100\,\Omega\cdot m$ 的覆盖层地区，探测深度小于 3m，严重阻碍了地质雷达的应用。因此，在低电阻率区如何加大探测深度，仍是一个研究课题。20 世纪 80 年代末，还主要用于高电阻率的基岩地区、钻孔和坑道中。

第七章　现场检验和监测

第一节　概　述

　　现场检验与监测是指在工程施工和使用期间进行的一些必要的检验与监测，是岩土工程勘察的一个重要环节。其目的在于保证工程的质量和安全，提高工程效益。常见的有地基基础的检验与监测，不良地质作用和地质灾害的监测，地下水的监测等。对有特殊要求的工程，应根据工程的特点，确定必要的项目，在使用期内继续进行监测。现场检验是指在施工阶段对勘察成果的验证核查和施工质量的监控。因此，检验工作应包括两个方面：第一，验证核查岩土工程勘察成果与评价建议；第二，对岩土工程施工质量的控制与检验。现场监测是指在工程勘察、施工以及运营期间，对工程有影响的不良地质现象、岩土体性状和地下水进行监测。监测主要包含三方面的内容：第一，施工和各类荷载作用下岩土体反映性状的监测；第二，对施工和运营过程中结构物的监测；第三，对环境条件的监测。

　　现场检验和监测应做好记录，并进行整理和分析，提交报告。现场检验和监测的一般规定有：

　　1. 现场检验和监测应在工程施工期间进行。对有特殊要求的工程，应根据工程特点，确定必要的项目，在使用期内继续进行。

　　2. 现场检验和监测的记录、数据和图件，应保持完整，并应按工程要求整理分析。

　　3. 现场检验和监测资料，应及时向有关方面报送。当监测数据接近危及工程的临界值时，必须加密监测，并及时报告。

　　4. 现场检验和监测完成后，应提交成果报告。报告中应附有相关曲线和图纸，并进行分析评价，提出建议。

　　通过现场检验与监测所获得的数据，可以预测一些不良地质现象的发展演化趋势及其对工程建筑物的可能危害，以便采取防治对策和措施；也可以通过"足尺试验"进行反分析，求取岩土体的某些工程参数，以此为依据及时修正勘察成果，优化工程设计，必要时应进行补充勘察；它对岩土工程施工质量进行监控，以保证工程的质量和安全。显然，现场检验与监测在提高工程的经济效益、社会效益和环境效益中，起着十分重要的作用。

第二节　地基基础的检验和监测

一、天然地基的基槽检验和监测

（一）验槽和基底土的处理

天然地基的基坑（基槽）开挖后，应检验开挖揭露的地基条件是否与勘察报告一致。如有异常情况，应提出处理措施或修改设计的建议。当与勘察报告出入较大时，应建议进行施工勘察。

检验应包括下列内容：①岩土分布及其性质；②地下水情况；③对土质地基，可采用轻型圆锥动力触探或其他机具进行检验。

验槽是勘察工作中的一个必不可少的环节。天然地基的基坑（槽）开挖后，由建设、勘察、设计、施工、监理五方主体单位技术负责人共同到施工现场进行验槽。

（二）验槽的要求

1. 核对基槽施工位置、平面尺寸、基础埋深和槽底标高是否满足设计要求；

2. 槽底基础范围内若遇异常情况时，应结合具体地质、地形地貌条件提出处理措施。必要时可在槽底进行轻便钎探。当施工揭露的地基土条件与勘察报告有较大出入时，可有针对性地进行补充勘察。

3. 验槽后应写出检验报告，内容包括：岩土描述、槽底土质平面分布图、基槽处理竣工图、现场测试记录地检验报告。验槽报告是岩土工程的重要技术档案，应做到资料齐全、计时归档。

（三）验槽的方法

验槽方法是以肉眼观察或使用袖珍贯入仪等简易方法为主，以夯、拍或轻便勘探为辅的检验方法。

1. 观察验槽：应重点注意柱基、墙角、承重墙下受力较大的部位。仔细观察基底土的结构、孔隙、湿度、包含物等，并与勘察资料对比，确定是否已挖到设计土层。对可疑之处应局部下挖检查。

2. 夯、拍验槽：是用木锤、蛙式打夯机或其他施工机具对干燥的基底进行夯、拍（对潮湿和软土不宜），从夯、拍声音上判断土中是否存在空洞或墓穴。对可疑迹象应进一步采用轻便勘探仪查明。

3. 轻便勘探验槽：是用钎探、轻便动力触探、手持式螺旋钻、洛阳铲等对地基主要持力层范围内的土层进行勘探，或对上述观察、夯、拍发现的异常情况进行探查。

（1）钎探：采用钢钎（用 Φ22～25 的钢筋做成，钎尖成 60° 锥尖，钎长 1.8～2.0m）用 8～10 磅的锤打入土中，进行钎探，根据每打入土中 30cm 所需的锤击数，判断地基土好坏和是否均匀一致。钎探孔一般在坑底按梅花形或行列式布置，孔距为 1～2m。钎探完毕后，对钎探孔应灌砂处理，并应全面分析钎探记录，进行统计分析。如发现基底土质与原设计不符或有其他异常时，应及时处理。

（2）手持螺旋钻：它是小型的螺旋钻具，钻头呈螺旋形，上接一 T 形把手，由人力旋入土中，钻杆可接长，钻探深度一般为 6m，软土中可达 10m，孔径约 70mm。每钻入土中 300mm 后将钻竖直拔出，根据附在钻头上的土了解土层情况。

坑底如发现有泉眼涌水，应立即堵塞（如用短木棒塞住泉眼）或排水加以处理，不得任其浸泡基坑。

对需要处理的墓穴、松土坑等，应将坑中虚土挖除到坑底和四周都见到老土为止，而后用与老土压缩性相近的材料回填；在处理暗浜等时，先把浜内淤泥杂物清除干净，而后用石块或砂土分层夯填。如浜较深，则底层用块石填平，然后再用卵石或砂土分层夯实。基底土处理妥善后，进行基底抄平，做好垫层，再次抄平，并弹出基础墨线，以便砌筑基础。

（二）基坑的现场监测

当基坑开挖较深，或地基土较软弱时，可根据工程需要布置监测工作。实施监测工作之前，应编制基坑工程监测方案。基坑工程监测方案，应根据场地条件和开挖支护的施工设计确定，并应包括的内容有：①支护结构的变形；②基坑周边的地面变形；③邻近工程和地下设施的变形；④地下水位；⑤渗漏、冒水、冲刷、管涌等情况。

现场监测的内容有：基坑底部回弹监测、建筑物沉降监测、地下水控制措施的效果及影响的监测、基坑支护系统工作状态的监测等。下面仅讨论基坑底部回弹监测问题，其他监测内容将在以后各节中分别阐述。高层建筑在采用箱形基础时，基坑开挖面积大而深，基坑底部土层将会产生卸荷回弹。

回弹后的再压缩量一般约占建筑物竣工时总沉降量的 30～70%，最大达 1 倍以上；地基土越坚硬，则回弹所占比例越大。说明基坑回弹不可忽视，应予监测，并将实际沉降量减去回弹量，才是地基土真正的沉降量。除卸荷回弹外，基坑暴露期间，土中黏土矿物吸水膨胀、基坑开挖接近临界深度导致土体产生剪切位移以及基坑底部存在承压水时，都会引起基坑底部隆起，观测时应予注意。基底回弹监测在基坑开挖后立即进行，在基坑不同位置设置固定测点用水准仪观测，且继续进行建筑物施工过程中以至竣工后的沉降监测，最终绘制基底回弹、沉降与卸荷、加载关系曲线。

二、桩基工程的检验和监测

对于桩基工程，在桩孔开挖至持力层后，应采用试钻或钎探的方法检验桩端持力层是否与岩土勘察报告相一致。如果基底与勘察报告不符，应提出处理措施或修改设计。当与勘察报告差异较大时，应建议进行施工勘察。单桩承载力的检验，应采用载荷试验与动测相结合的方法。对于大直径挖孔桩、人工成孔大口径灌注桩基础，应逐桩检验孔底尺寸和岩土情况，应逐根检查桩底尺寸是否与设计相符合，桩底岩土情况是否符合勘察资料，桩端进入持力层深度是否达到设计要求，桩底沉渣是否清理干净等等。当地下水位较高时，应监测水位的变化情况，当水量较大时应采取相应措施以防塌孔。

三、地基处理效果的检验和监测

地基土的强度和变形不能满足设计和使用要求时，需要对地基土采取地基处理措施。地基处理的方案和方法较多，各自有其适用条件。为保证地基处理方案的适宜性、使用材料和施工质量以及处理效果，按照《建筑地基处理技术规范》规定，应做现场检验与监测。

现场检验的内容包括：

（1）地基处理方案的适用性，必要时应预先进行一定规模的试验性施工；

（2）换填或加固材料的质量；

（3）施工机械性能、影响范围和深度；

（4）对施工速度、进度、顺序、工序搭接的控制；

（5）按规范要求对施工质量的控制；

（6）按计划在不同期间和部位对处理效果的检验；

（7）停工及周围环境变化对施工效果的影响。

现场监测的内容包括：

（1）施工时土体性状的改变，如地面沉降、土体变形监测等；

（2）采用原位试验、取样试验等方法，进行地基处理后地基前后性状比较和处理效果的监测；

（3）施工噪音和环境的监测；

（4）必要时作处理后地基长期效果的监测。

四、基坑工程的监测

（一）一般规定

1. 监测方法的选择应根据基坑等级、精度要求、设计要求、场地条件、地区经验和方法适用性等因素综合确定，监测方法应合理易行。

2. 变形测量点分为基准点、工作基点和变形监测点。其布设应符合下列要求：

（1）每个基坑工程至少应有 3 个稳固可靠的点作为基准点；

（2）工作基点应选在稳定的位置。在通视条件良好或观测项目较少的情况下，可不设工作基点，在基准点上直接测定变形监测点；

（3）施工期间，应采用有效措施，确保基准点和工作基点的正常使用；

（4）监测期间，应定期检查工作基点的稳定性。

3. 监测仪器、设备和监测元件应符合下列要求：

（1）满足观测精度和量程的要求；

（2）具有良好的稳定性和可靠性；

（3）经过校准或标定，且校核记录和标定资料齐全，并在规定的校准有效期内；

4. 对同一监测项目，监测时宜符合下列要求：

（1）采用相同的观测路线和观测方法；

（2）使用同一监测仪器和设备；

（3）固定观测人员；

（4）在基本相同的环境和条件下工作。

5. 监测过程中应加强对监测仪器设备的维护保养、定期检测以及监测元件的检查；应加强对监测仪标的保护，防止损坏。

6. 监测项目初始值应为事前至少连续观测 3 次的稳定值的平均值。

7. 除使用本规范规定的各种基坑工程监测方法外，亦可采用能达到本规范规定精度要求的其他方法。

（二）水平位移监测

1. 测定特定方向上的水平位移时可采用视准线法、小角度法、投点法等；测定监测点任意方向的水平位移时可视监测点的分布情况，采用前方交会法、自由设站法、极坐标法等；当基准点距基坑较远时，可采用 GPS 测量法或三角、三边、边角测量与基准线法相结合的综合测量方法。

2. 水平位移监测基准点应埋设在基坑开挖深度 3 倍范围以外不受施工影响的稳定区域，或利用已有稳定的施工控制点，不应埋设在低洼积水、湿陷、冻胀、胀缩等影响范围内；基准点的埋设应按有关测量规范、规程执行。宜设置有强制对中的观测墩；采用精密的光学对中装置，对中误差不宜大于 0.5mm。

3. 地下管线的水平位移监测精度宜不低于 1.5mm。

4. 其他基坑周边环境（如地下设施、道路等）的水平位移监测精度应符合相关规范、规程等的规定。

（三）竖向位移监测

1. 竖向位移监测可采用几何水准或液体静力水准等方法。

2. 坑底隆起（回弹）宜通过设置回弹监测标，采用几何水准并配合传递高程的辅助设备进行监测，传递高程的金属杆或钢尺等应进行温度、尺长和拉力等项修正。

3. 地下管线的竖向位移监测精度宜不低于 0.5mm。

4. 其他基坑周边环境（如地下设施、道路等）的竖向位移监测精度应符合相关规范、规程的规定。

5. 坑底隆起（回弹）监测精度不宜低于 1mm。

6. 各监测点与水准基准点或工作基点应组成闭合环路或附合水准路线。

（四）深层水平位移监测

1. 围护墙体或坑周土体的深层水平位移的监测宜采用在墙体或土体中预埋测斜管、通过测斜仪观测各深度处水平位移的方法。

2. 测斜仪的系统精度不宜低于 0.25mm/m，分辨率不宜低于 0.02mm/500mm

3. 测斜管应在基坑开挖 1 周前埋设，埋设时应符合下列要求：

（1）埋设前应检查测斜管质量，测斜管连接时应保证上、下管段的导槽相互对准顺畅，接头处应密封处理，并注意保证管口的封盖；

（2）测斜管长度应与围护墙深度一致或不小于所监测土层的深度；当以下部管端作为位移基准点时，应保证测斜管进入稳定土层 2 ~ 3m；测斜管与钻孔之间孔隙应填充密实；

（3）埋设时测斜管应保持竖直无扭转，其中一组导槽方向应与所需测量的方向一致。

4. 测斜仪应下入测斜管底 5 ~ 10min，待探头接近管内温度后再量测，每个监测方向均应进行正、反两次量测。

5. 当以上部管口作为深层水平位移的起算点时，每次监测均应测定管口坐标的变化并修正。

（五）倾斜监测

1. 建筑物倾斜监测应测定监测对象顶部相对于底部的水平位移与高差，分别记录并计算监测对象的倾斜度、倾斜方向和倾斜速率。

2. 应根据不同的现场观测条件和要求，选用投点法、水平角法、前方交会法、正垂线法、差异沉降法等。

3. 建筑物倾斜监测精度应符合《工程测量规范》（GB50026）及《建筑变形测量规程》（JGJ/T8）的有关规定。

（六）裂缝监测

1. 裂缝监测应包括裂缝的位置、走向、长度、宽度及变化程度，需要时还包括深度。裂缝监测数量根据需要确定，主要或变化较大的裂缝应进行监测。

2. 裂缝监测可采用以下方法：

（1）对裂缝宽度监测，可在裂缝两侧贴石膏饼、画平行线或贴埋金属标志等，采用千分尺或游标卡尺等直接量测的方法；也可采用裂缝计、粘贴安装千分表法、摄影量测等方法。

（2）对裂缝深度量测，当裂缝深度较小时宜采用凿出法和单面接触超声波法监测；深度较大裂缝宜采用超声波法监测。

3.应在基坑开挖前记录监测对象已有裂缝的分布位置和数量，测定其走向、长度、宽度和深度等情况，标志应具有可供量测的明晰端面或中心。

4.裂缝宽度监测精度不宜低于0.1mm，长度和深度监测精度不宜低于1mm。

（七）支护结构内力监测

1.基坑开挖过程中支护结构内力变化可通过在结构内部或表面安装应变计或应力计进行量测。

2.对于钢筋混凝土支撑，宜采用钢筋应力计（钢筋计）或混凝土应变计进行量测；对于钢结构支撑，宜采用轴力计进行量测。

3.围护墙、桩及围檩等内力宜在围护墙、桩钢筋制作时，在主筋上焊接钢筋应力计的预埋方法进行量测。

4.支护结构内力监测值应考虑温度变化的影响，对钢筋混凝土支撑尚应考虑混凝土收缩、徐变以及裂缝开展的影响。

5.应力计或应变计的量程宜为最大设计值的1.2倍，分辨率不宜低于0.2%F·S，精度不宜低于0.5%F·S。

6.围护墙、桩及围檩等的内力监测元件宜在相应工序施工时埋设并在开挖前取得稳定初始值。

（八）土压力监测

1.土压力宜采用土压力计量测。

2.土压力计的量程应满足被测压力的要求，其上限可取最大设计压力的1.2倍，精度不宜低于0.5%F·S，分辨率不宜低于0.2%F·S。

3.土压力计埋设可采用埋入式或边界式（接触式）。埋设时应符合下列要求：

（1）受力面与所需监测的压力方向垂直并紧贴被监测对象；

（2）埋设过程中应有土压力膜保护措施；

（3）采用钻孔法埋设时，回填应均匀密实，且回填材料宜与周围岩土体一致。

（4）做好完整的埋设记录。

4.土压力计埋设以后应立即进行检查测试，基坑开挖前至少经过1周时间的监测并取得稳定初始值。

（九）孔隙水压力监测

1.孔隙水压力宜通过埋设钢弦式、应变式等孔隙水压力计，采用频率计或应变计量测。

2.孔隙水压力计应满足以下要求：量程应满足被测压力范围的要求，可取静水压力与超孔隙水压力之和的1.2倍；精度不宜低于0.5%F·S，分辨率不宜低于0.2%F·S。

3.孔隙水压力计埋设可采用压入法、钻孔法等。

4.孔隙水压力计应在事前2~3周埋设，埋设前应符合下列要求：

（1）孔隙水压力计应浸泡饱和，排除透水石中的气泡；

（2）检查率定资料，记录探头编号，测读初始读数。

5. 采用钻孔法埋设孔隙水压力计时，钻孔直径宜为 110 ~ 130mm，不宜使用泥浆护壁成孔，钻孔应圆直、干净；封口材料宜采用直径 10 ~ 20mm 的干燥膨润土球。

6. 孔隙水压力计埋设后应测量初始值，且宜逐日量测 1 周以上并取得稳定初始值。

7. 应在孔隙水压力监测的同时测量孔隙水压力计埋设位置附近的地下水位。

（十）地下水位监测

1. 地下水位监测宜采通过孔内设置水位管，采用水位计等方法进行测量。

2. 地下水位监测精度不宜低于 10mm。

3. 检验降水效果的水位观测井宜布置在降水区内，采用轻型井点管降水时可布置在总管的两侧，采用深井降水时应布置在两孔深井之间，水位孔深度宜在最低设计水位下 2 ~ 3m。

4. 潜水水位管应在基坑施工前埋设，滤管长度应满足测量要求；承压水位监测时被测含水层与其他含水层之间应采取有效的隔水措施。

5. 水位管埋设后，应逐日连续观测水位并取得稳定初始值。

（十一）锚杆拉力监测

1. 锚杆拉力量测宜采用专用的锚杆测力计，钢筋锚杆可采用钢筋应力计或应变计，当使用钢筋束时应分别监测每根钢筋的受力。

2. 锚杆轴力计、钢筋应力计和应变计的量程宜为设计最大拉力值的 1.2 倍，量测精度不宜低于 0.5%F•S，分辨率不宜低于 0.2%F•S。

3. 应力计或应变计应在锚杆锁定前获得稳定初始值。

（十二）坑外土体分层竖向位移监测

1. 坑外土体分层竖向位移可通过埋设分层沉降磁环或深层沉降标，采用分层沉降仪结合水准测量方法进行量测。

2. 分层竖向位移标应在事前埋设。沉降磁环可通过钻孔和分层沉降管进行定位埋设。

3. 土体分层竖向位移的初始值应在分层竖向位移标埋设稳定后进行，稳定时间不应少于 1 周并获得稳定的初始值；监测精度不宜低于 1mm。

4. 每次测量应重复进行 2 次，2 次误差值不大于 1mm。

5. 采用分层沉降仪法监测时，每次监测应测定管口高程，根据管口高程换算出测管内各监测点的高程。

五、建筑物的沉降观测

对于重要的建筑物及建造在软弱地基上的建筑物必须进行沉降观测，下列工程应进行沉降观测：

1. 地基基础设计等级为甲级的建筑物；

2. 不均匀地基或软弱地基上的乙级建筑物；

3. 加层、接建、邻近开挖、堆载等，使地基应力发生显著变化的工程；

4. 因抽水等原因，地下水位发生急剧变化的工程；

5. 其他有关规范规定需要做沉降观测的工程。

观测沉降主要控制地基的沉降量和沉降速率。在软土地基上对于活荷载较小的建筑物，竣工时的沉降速率大约为 0.5 ~ 1.1mm/d，在竣工后半年到一年的时间内，不均匀沉降发展最快。在正常情况下，沉降速率逐渐减慢，如沉降速率减少到 0.05mm/d 以下时，可认为沉降速率趋于稳定，这种沉降称为减速沉降。如出现等速沉降，就有导致地基丧失稳定的危险。

当出现加速沉降时，表明地基已丧失稳定，应及时采取措施，防止发生工程事故。沉降观测使用的观测设备为水准仪，观测时首先要设置好水准基点，其位置必须稳定可靠，妥善保护。埋设地点宜靠近观测对象，但必须在建筑物所产生的压力影响范围以外。在一个观测区内，水准基点不得少于 3 个。埋置深度宜于建筑物基础的埋深相适应。其次是设置好建筑物上的沉降观测点，沉降观测点位置由设计人员确定，一般设置在室外地面以上，外墙（柱）身的转角及重要部位，数量不宜少于 6 点。为取得较完整的资料，要求在灌筑基础时就开始施测。施工期的观测根据施工进度确定，如民用建筑每施工完一层（包括地下室部分）应观测一次，工业建筑按不同荷载阶段分次观测，施工期间的观测次数不应少于 4 次，建筑物竣工后的观测，第一年不应少于 3 ~ 5 次，第二年不少于 2 次，以后每年1 次，直到下沉稳定为止。沉降稳定标准可采用半年沉降量不超过 2mm。遇地下水升降、打桩、地震、洪水淹没现场等情况，应及时观测。对于突然发生严重裂缝或大量沉降等情况时，应增加观测次数。沉降观测后应及时整理好资料，算出各点的沉降量、累计沉降量及沉降速率，以便及时、及早处理出现的地基问题。

第三节　岩土体性状及不良地质作用和地质灾害的监测

一、岩土体性质与状态的监测

岩土体的性质和状态的现场监测，可以归纳为岩土体变形观测和岩土体内部应力的观测两大方面。《规范》规定工程需要时可进行岩土体的监测内容有：①洞室或岩石边坡的收敛量测；②深基坑开挖的回弹量测；③土压力或岩体应力量测等。岩土体性状监测主要应用于像滑坡、崩塌变形监测、洞室围岩变形监测、地面沉降、采空区塌陷监测以及各类建筑工程在施工、运营期间的监测和对环境的监测等等。

（一）岩土体的变形观测

岩土体的变形分为地面位移变形、洞壁位移变形和岩土体内部位移变形几种：

1.地面位移变形

地面位移变形主要采用：

①经纬仪、水准仪或光电测距仪重复观测各测点的方向和水平、铅直距离的变化，以此来判定地面位移矢量随时间变化的情况。测点可根据具体的条件和要求布置成不同形式的观测线、网，一般在条件比较复杂和位移较大的部位应适当加密。

②对规模较大的地面变形还可采用航空摄影或全球卫星定位系统来进行监测。

③也可采用伸缩仪和倾斜计等简易方法进行监测。

④更简易的方法可以采用钢尺或皮尺观测测点的变化，或用贴纸条的方法了解裂缝地张开情况。监测结果应整理成位移随时间变化的关系曲线，以此来分析位移的变化和趋势。

2.洞壁位移变形

洞壁岩体表面两点间的距离改变量的量测是通过收敛量测来实现的，它被用于了解洞壁间的相对变形和边坡上张裂缝的发展变化，据此对工程稳定性趋势做出评价和对破坏的时间做出预报。测量的方法可采用专门的收敛计进行，简易的可用钢卷尺直接量测。收敛计可分为垂直方向、水平方向及倾斜方向的几种，分别用于测量垂直、水平及倾斜方向的变形。

3.岩土体内部位移变形

准确的测定岩土体内部位移变化，目前常用的方法有管式应变计、倾斜计和位移计等，它们皆要借助于钻孔进行监测。管式应变计是在聚氯乙烯管上隔一定距离贴上电阻应变片，随后将其埋植于钻孔中，用于测量由于岩土体内部位移而引起的管子的变形。倾斜计是一种量测钻孔弯曲的装置，它是把传感器固定在钻孔不同的位置上，用以测量预定程度的变形，从而了解不同深度岩土体的变形情况。位移计是一种靠测量金属线伸长来确定岩土体变形的装置，一般采用多层位移计量测，将金属线固定于不同层位的岩土体上，末端固定于深部不动体上，用以测量不同深度岩土体随时间的位移变形。

（二）岩土体内部的应力观测

岩土体的应力监测是借助于压力传感器装置来实现的，一般将压力传感器埋设在结构物与岩土体的接触面上或预埋在岩土体中。目前，国内外采用的压力传感器多为压力盒，有液压式、气压式、钢弦式和电阻应变式等不同形式和规格的产品，以后两种较为常用。由于压力观测是在施工和运营期间进行的，互有干扰，所以务必注意量测装置不被破坏。为了保证量测数据的可靠性，压力盒应有足够的强度和耐久性，加压、减压线形良好，能适应温度和环境变化而保持稳定。埋设时应避免对岩土体的扰动，回填土的性状应与周围土体一致。通过定时观测，便可获得岩土压力随时间的变化资料。

二、不良地质作用和地质灾害的监测

工程建设过程中，由于受到各种内、外因素的影响，如滑坡、崩塌、泥石流、岩溶等，这些不良地质作用及其所带来的地质灾害都会直接影响到工程的安全乃至人民生命财产的安全。因此在现阶段的工程建设中对上述不良地质作用和地质灾害的监测已经是不可缺少的工作。

（一）监测的目的

不良地质作用和地质灾害监测的目的：一是正确判定、评价已有不良地质作用和地质灾害的危害性，监视其对环境、建筑物和对人民财产的影响，对灾害的发生进行预报。二是为防治灾害提供科学依据；三是预测灾害发生发展趋势和检验整治后的效果，为今后的防治、预测提供经验教训。

（二）监测的内容

根据不同的不良地质作用和地质灾害的情况，我国的《规范》做出如下规定：

1. 应进行不良地质作用和地质灾害监测的情况是：

①场地及其附近有不良地质作用或地质灾害，并可能危及工程的安全或正常使用时；

②工程建设和运行，可能加速不良地质作用的发展或引发地质灾害时；

③工程建设和运行，对附近环境可能产生显著不良影响时。

2. 岩溶土洞发育区应着重监测的内容是：

①地面变形；

②地下水位的动态变化；

③场区及其附近的抽水情况；

④地下水位变化对土洞发育和塌陷发生的影响。

3. 滑坡监测应包括下列内容：

①滑坡体的位移；

②滑面位置及错动；

③滑坡裂缝的发生和发展；

④滑坡体内外地下水位、流向、泉水流量和滑带孔隙水压力；

⑤支挡结构及其他工程设施的位移、变形、裂缝的发生和发展。

4. 当需判定崩塌剥离体或危岩的稳定性时，应对张裂缝进行监测。对可能造成较大危害的崩塌，应进行系统监测，并根据监测结果，对可能发生崩塌的时间、规模、塌落方向和途径、影响范围等做出预报。

5. 对现采空区，应进行地表移动和建筑物变形的观测，并应符合：

①观测线宜平行和垂直矿层走向布置，其长度应超过移动盆地的范围；

②观测点的间距可根据开采深度确定，并大致相等；

③观测周期应根据地表变形速度和开采深度确定。

6.因城市或工业区抽水而引起区域性地面沉降，应进行区域性的地面沉降监测，监测要求和方法应按有关标准进行。

（三）监测纲要及报告编制

不良地质作用和地质灾害的监测，应根据场地及其附近的地质条件和工程实际需要编制监测纲要，按纲要进行。纲要内容包括：监测目的和要求、监测项目、测点布置、观测时间间隔和期限、观测仪器、方法和精度、应提交的数据、图件等，并及时提出灾害预报和采取措施的建议。在进行监测工作过程中或完毕后应提供有关观测数据和相关曲线，并编制观测报告。报告内容包括：工程概况、监测目的任务、监测技术要求、监测工作依据、监测内容、监测仪器设备及监测精度要求、监测点的布置、观测过程及其质量控制、监测数据成果和相关曲线、观测成果分析、结论及工作建议等。

第四节　地下水的监测

当建筑场地内有地下水存在时，地下水的水位变化及其腐蚀性（侵蚀性）和渗流破坏等不良地质作用，对工程的稳定性、施工及正常使用都能产生严重的不利影响，必须予以重视。地下水水位在建筑物基础底面以下压缩层范围内上升时，水浸湿和软化岩土，从而使地基土的强度降低，压缩性增大。尤其是对结构不稳定的岩土，这种现象更为严重，能导致建筑物的严重变形与破坏。若地下水在压缩层范围内下降时，则增加地基土的自重应力，引起基础的附加沉降。

在建筑工程施工中遇到地下水时，会增加施工难度。如需处理地下水，或降低地下水位，工期和造价必将受到影响。如基坑开挖时遇含水层，有可能会发生涌水涌沙事故，延长工期，直接影响经济指标。因此，在开挖基坑（槽）时，应预先做好排水工作，这样，可以减少或避免地下水的影响。

周围环境的改变，将会引起地下水位的变化，从而可能产生渗流破坏、基坑突涌、冻胀等不良地质作用，其中以渗流破坏最为常见。渗流破坏系指土（岩）体在地下水渗流的作用下其颗粒发生移动，或颗粒成分及土的结构发生改变的现象。渗流破坏的发生及形式不仅决定于渗透水流动水力的大小，同时与土的颗粒级配、密度及透水性等条件有关，而对其影响最大的是地下水的动水压力。

对于地下水监测，不同于水文地质学中的"长期观测"，因观测是针对地下水的天然水位、水质和水量的时间变化规律的观测，一般仅是提供动态观测资料。而监测则不仅仅是观测，还要根据观测资料提出问题，制定处理方案和措施。

当地下水水位变化影响到建筑工程的稳定时，需对地下水进行监测。

一、对地下水实施监测的情况

1. 地下水位升降影响岩土稳定时；

2. 地下水位上升产生浮托力对地下室或地下构筑物的防潮、放水或稳定性产生较大影响时；

3. 施工降水对拟建工程或相邻工程有较大影响时；

4. 施工或环境条件改变，造成的孔隙水压力、地下水压力变化，对工程设计或施工有较大影响时；

5. 地下水位的下降造成区域性地面下沉时；

6. 地下水位的升降可能使岩土产生软化、湿陷、胀缩时；

7. 需要进行污染物运移对环境影响的评价时。

二、监测工作的布置

应根据监测目的、场地条件、工程要求和水位地质条件决定。地下水监测方法应符合下列规定：

1. 地下水位的监测，可设置专门的地下水位观测孔，或利用水井、泉等进行；

2. 孔隙水压力、地下水压力的监测，可采用孔隙水压力计、测压计进行；

3. 用化学分析法监测水质时，采样次数每年不应少于 4 次，进行相关项目的分析；

4. 动态监测时间不应少于一个水文年；

5. 当孔隙水压力变化影响工程安全时，应在孔隙水压力降至安全值后方可停止监测；

6. 受地下水浮托力的工程，地下水压力监测应进行至工程荷载大于浮托力后方可停止监测。

三、地下水的监测布置及内容

根据岩土体的性状和工程类型，对于地下水压力（水位）和水质的监测，一般顺延地下水流向布置观测线。在水位变化较大的地段、上层滞水或裂隙水变化聚集地带，都应布置观测孔。基坑开挖工程降水的监测孔应垂直基坑长边布置观测线，其深度应达到基础施工的最大降水深度以下 1m 处。

地下水监测的内容包括：地下水位的升降、变化幅度及其与地表水、大气降水的关系；工程降水对地质环境及建筑物的影响；深基础、地下洞室、斜坡、岸边工程施工对软土地基孔隙水压力和地下水压力的观测监控；管涌和流土现象对动水压力的监测；评价地下水建筑工程侵蚀性和腐蚀性而对地下水水质的监测等。

第八章　岩土工程施工

第一节　水井施工技术

一、水井钻进技术

（一）水井定位的概念

水井定位是为实现钻井用水的目的，综合考虑水源、水量、水质、钻探、使用、费用、安全等因素，择优选取水井的位置。它是水井施工项目中的"两大风险"（定井风险与施工风险）之一，事关项目成败的先决条件。水井定位通常要进行资料搜集整理和现场踏勘工作，有时需要重复交替多次查证，最后综合考虑确定水井的准确位置。资料搜集主要是搜集当地已有成井的相关资料，包括水井勘探、设计书、成井报告书、验收交接、使用维护等资料；搜集地质、水文、气象等地球物理特征资料，可以到资料室或档案室查找，也可到地质、水利、气象部门收集相关资料，也可以到现场搜集有用信息资料。

现场踏勘是指到现场进行访测，开展地下水勘查和地面物探工作。到达现场，通过直接观测地层岩性和地形地貌，可以初步判读地质构造和水文补给条件，同时可以了解当地气候资料、水位变化、有无污染、施工条件以及社情民俗等情况。通过在较大范围的勘查，测定相关数据，推知地物地貌、地质构造，确定水域水层寻找水源。利用水源侦查技术方法进行地面物探，测得相关数据，进行分析推定各个位置的地下层含水情况。

地下水勘查技术发展在经历了地面物探阶段后，出现了航空物探勘查技术，其在浅层水资源调查、寻找古河床、区分淡水与海水的界限等方面效果非常好。随着卫星遥感技术的发展，热红外遥感图像技术和微波雷达主动遥感技术先后被应用于水文地质调查和地下水勘查工作，逐渐成为主要的探测手段。当今，RS（遥感）、GPS（全球定位系统）和GIS（地理信息系统）的相互结合直接形成"3S"技术，成为人类观测太空和研究地球的最高新技术方法。可以展望："3S"技术必将推动水文和水资源相关领域工作的开展，当然包括地下水勘查。

（二）地面物探技术方法

地面物探就是在地层表面利用地球物理勘探技术方法进行探水侦查，探测有无地下含水层，以及其深度和厚度，确定富水的区域位置。其技术方法种类大致包括：①电法勘探；②磁法勘探；③重力勘探；④地震勘探；⑤核放射探测技术；⑥地下电磁波技术。在一般水井的水源侦查中，使用最普遍的是电法勘探，我部以前习惯于采用电阻率法和激发极化法，近几年，EH-4电探法正逐渐被接受并为常用方法。

电阻率法：用电源建立电场，研究其电阻率变化，根据不同地质物质导电性的差别和含水构造与围岩之间的电阻率差异，推断地下含水层大体存在位置及含水量的大小概率。在物探找水技术中，电阻率法技术成熟，特别在寻找古河道、风化壳和风化裂隙、断层破碎带、溶洞溶隙、构造裂隙方面有优势。能够根据地质体的地质常识分析判断其物理性质和特异性，根据探测地层其岩性沿横向和纵向的电性变化的不同，结合对地质构造的垂向变化异常反应明显的特点，如沿一条测线多布置几个测深点，则能很好地探明地质构造沿横向不同深度发展变化规律，确定岩溶、断层破碎带、构造裂隙的位置、走向分布、异常带的宽度，获取比较详细的地电断面结构特征，信息丰富，含水异常明显、分辨地层能力比较好，勘探效果明显。而且电阻率测深法成本低、易作业、效率高、干扰小，对勘探结果进行统计处理和分析推断方便容易、简单清晰，是很好的一种物探找水方法。

激发极化法：激发极化法是向大地不间断的通电和断电，测量电极之间在供入电流或切断电流瞬间的电位差，进而测定其与时间变化的情况。通过观察和研究极化率参数，根据不同物质激电效应的差异为基础，发现含水介质产生的激电异常来找水的一类电勘探法。按采用电流的形式可分为时间域和频率域激发极化法，前者使用直流电，后者采用交流电，都对供电电流要求较大。EH-4电探法：利用EH-4连续电导率剖面仪这种专门的仪器进行物探的方法。它是利用电流造成一个人工电磁场，在测量时再将该磁场融入天然电磁场，同时利用两种场源，同时接受电场和磁场的X、Y两个方向的数据，对数据曲线进行分析，利用大地电磁的测量原理，反演电导率在X-Y方向的张量剖面情况，运用二维曲线来判断地质构造和富水情况。这种方法运用简单方便，仪器测得数据相对准确，具有节能稳定、数据实时进行处理、绘制图像清晰明了等优越性，可以有效避免前两种方法布线跑极困难、劳动量大、效率低的不足（尤其深度加大、地面崎岖的情况下）。但由于其精度高，导线易受刮风和高压线的影响，采用土埋导线可以排除。

在通常的水井定位工作中，航空物探勘查技术和遥感勘查技术的结果在资料收集中能够找到，它只是给出一个较大区域的整体情况，对水井定位提供一个前期指导，具体的确定水井的准确位置主要依靠地面物探来进行，因此，地面物探是开采供水井水源侦查实际工作中的重要内容。

（三）水井钻探技术研究进展

在 1521 年前，开采水井主要是人工采用掘井的方式方法。1521～1835 年，人力冲击钻井法应运而生，人们利用了杠杆原理及自由落体的下落冲击作用来钻井。1859～1901 年，机械顿钻（冲击）法逐步代替了人力冲击，机械动力开始发挥作用，效率大大提高，破岩和清岩相间进行。

到 1901 年，旋转钻井发展成为一种成熟的新式钻进技术。依靠机械动力带动钻头旋转，在旋转的同时对井底的岩石进行碾压破碎，同时循环钻井液来清洁破碎的岩石碎屑。动力大，钻速快，破岩和清岩同时进行。

发展到现在，水井地钻进技术和方法形式多样，分类方法也比较多，按照使用的循环介质可以分为泥浆钻进、泡沫钻进、清水钻进和空气钻进四类；按使用钻头常分牙轮和潜孔锤钻进两类；按工作原理可分回转和冲击两类；按循环方式分为正、反循环两类；由于各种技术的优势不同，为提高钻进效率，通常情况下都是采用多种技术方法组合钻进，如泡沫气动潜孔锤正循环冲击回转钻进。

1. 泥浆钻井技术

以泥浆作为冲洗液地钻进方法，通常用牙轮钻头或牙轮组合钻头等，俗称泥浆牙轮钻进法。牙轮钻头工作时，多个牙轮在公转的同时进行自转，扭矩相对减小，切削齿在滚动中交替接触井底岩石，由于其受力面积小，产出压强比较大，容易钻进；切削齿数量较多，因而磨损量相对要减少，适应钻进地层范围较大。这是实际工作中一种最常用的普通钻进方法，操作相对简单，钻进稳定。

2. 泡沫钻井技术

利用高压力空气、水、泡沫剂形成均匀稳定的泡沫流体作为冲洗液地钻进方法。由于其密度低，黏性小，不会封堵破碎、裂隙发育地层中的水系，因此在该地层得到了广泛的应用。泡沫循环速度低，冲刷能力弱，且其有一定的薄膜黏性，适宜在易坍塌地层中应用。由于具有低密度流体钻进的优点，同时也兼备空气雾化钻进的优点，有效降低孔内事故的发生概率，可以在高原、戈壁、沙漠等干旱缺水地区应用，也可以在漏浆严重的情况下应用。

泡沫钻井技术由美国最早使用，发展于 1950 年左右，在地层稳定性不好且干旱缺水的内华达州钻井，开创性地使用了泡沫，泡沫的上返速度远远低于单纯采用空气钻进的上返速度，只需要空气的 1/10～1/20，对于护壁非常有利。此后，美国又在开采油层和永冻层钻进中进一步开展了对泡沫钻进技术的研究应用，在实践中取得了非常可观的效益，并逐渐成为一种主导技术方法。

在 1960 年初，苏联也加入对泡沫钻进技术的科学研究和开发应用。起初，只在油气井的修复钻进中进行试验。到了 70 年代，泡沫流变学理论产生，并在泡沫金刚石岩芯钻进试验中深入研究，而且涉及温度、压力等方面的影响。十多年后形成试验结论：采用泡沫在Ⅷ～Ⅹ级岩层中钻进，钻进效率、机械钻速、回次进尺都大大提高，提高数值分别为 25%、30% 和 22.5%，而且在消耗金刚石钻头上降低了 28%，能量消耗方面降低了近 23%，整体效益核算提高达 34%。于是，世界上许多国家（德、日、英等）迅速地开展应用研究，成为新技术开发的重要内容。

进入 80 年代，美国 Sandia Nation 公司成功研制出 100 多种离子专用泡沫剂，针对不同的地层选择适用的种类，钻井设备也成套成系列，钻进技术也可以自动控制，实现了计算机操作。在雪夫隆公司的计算机控制系统中输入有关参数，例如井径、井深、孔斜率、压力、转速、岩石、温度等等，就能给出整个钻进过程中各个井段的有效控制参数，例如泡沫的压力、流速、气液比等。泡沫钻进技术中流变学研究和应用取得了飞越式的发展，美国处于世界领先地位。我国对泡沫钻进技术的应用研究比较晚，80 年代，最先应用于洗井、钻井的是在石油开采领域，接着煤炭部、地质矿产部开始着手这方面的研究。"七五"期间，国家设立了部级科技攻关项目，专门进行泡沫技术的试验研究，针对"多工艺空气钻探"项目，先后有原地矿部勘探技术研究所和多家地质学院等单位进行了攻关研究，并研制出了 CD-1、CDT-813、ADF-1 等多种类型的泡沫剂，生产并利用泡沫测试装置开展钻进技术工艺的试验，先后在甘肃、四川、河南等省地矿厅进行了实际性探讨应用，极大地推动了此项技术发展。与此同时，山西省和四川省的部分工程队，尝试进行泡沫潜孔锤钻进，做了大量实际工作，取得了卓有成效的进步。

进入 90 年代后期，地矿部立项进行了水泵泡沫增压装置的研究。吉林大学研制出的泡沫增压泵，在实际应用中达到 90% 容积效率的可喜成果。2000 年，国家实行西部大开发，在宁夏地区实际开展试验工作，重点应用水泵增压泡沫灌注系统的试验研究，实现了 5MPa 的增压效果。另外，吉林省科委在泡沫潜孔锤技术运用方面做出了特殊贡献。

3. 空气钻井技术

空气钻进是指以压缩空气或压缩气液混合物作为循环介质地钻进方法。在潜孔锤时，压缩气体为破岩的动力，同时起到循环介质的作用。此种技术的回转速度低，但钻进速度可以提高数倍，扭矩小、钻压小，钻具的磨损相对减少，一般不会发生井斜。由于不需要水液，因此可以在比较干旱缺水、寒冷时节、寒冷地区及永冻层钻进。高压气体的冲击岩体裂缝、冲洗孔底和返渣效果好，适宜完整基岩地层运用，在极硬、中硬地层中使用效果特别明显。由于其使用方便、钻进快速的特点，多次在煤矿和隧道塌方、瓦斯排放井抢险中推广运用。我国地矿部曾在河北保定、北京房山等干旱缺水地区进行生产实验，效果颇好，开始在我国大范围的推广应用，发展较快。

4. 电动钻井技术

以电为动力源作用冲击器进行钻进，主要运用孔底电动冲击器。电磁式孔底冲击器以高能量电池为动力源，利用电磁理论和机电控制技术原理，操作者在地表可以控制其启动、冲击、调整和停止。由于它与冲洗介质、泵量、泵压无关，其主要部件均可密封起来，可以克服液动、风动冲击器的不足，特别适宜在复杂地层运用。电动钻井技术应用前景广阔，新型电磁式孔底冲击器的钻探效率提高显著，其技术手段的合理应用成为一项新的重要研究课题，目前应用的实例较少。中国地质大学李峰飞、蒋国盛等通过实验研究，并在实际项目中将泥浆压力脉冲应用于孔底电动冲击器的遥控中，重点研究利用多种技术手段配合对电动冲击器的控制。泥浆压力脉冲的传输需要时间长，且人工控制泥浆泵可操控性不理想，二者的自动控制技术需要进一步提高。

5. 几种钻井新技术

喷射钻井技术：喷射钻井技术就是通过钻机具将高压钻井液注入井内，利用高压液体射流自身的超高喷射速度和冲击能量的作用，在井孔底部产生一个巨大的冲击力，液体有效渗透岩石缝隙，对于破岩钻进非常有益。由于高压射流能及时充分清除岩屑，保证钻头直接全部作用井底地层，同时高压冲击流有助于井底岩石裂缝的扩张和延深效果，甚至直接破碎，因此，钻进速度快、钻头磨损少，钻头寿命延长，进尺就增大，减少因换钻头起下钻具的次数和时间，工期缩短效益高。

微波钻井技术：微波钻井技术利用超高频电磁波微波作用在岩石上改变其物理特性，使其容易被破碎，进而有助于钻进的较新钻井技术。通过将一定频率和一定波长的超高频电磁波作用于岩体，使其内部带电的偶极子由无规则运动变为一定方向的规则排列，在交流电反复极化作用下，运动摩擦导致温度升高，岩体在水分蒸发、内部分解、膨胀等作用下被破坏。此外，微波加热既不需要对流、辐射、热传递过程，也不用介质传热，较好的利用加热改变岩石的物理性能，进而易于破岩。

激光钻井技术：激光钻井技术就是利用激光热裂、高性能特性，以井下小型激光器提供能量联合机械破岩，以传统方式携屑返渣的前瞻性钻井技术。此项技术涉及多学科的交叉配合和协同作用，有诸多问题需要研究和解决。当前，激光能量供给和激光头的保护已积累了丰富的经验，但仍然有广阔的研究发展空间。激光—气体机械联合钻井和激光激励汽化射流钻井技术为当前研究的两个重要内容，激光钻井技术的促进和推广需要其在生产实践的不断应用试验，研究探索仍有广阔的空间。

（四）钻进技术与选择应用

水井钻进是一项综合人员、技术、设备、地质、需求和效益为一体的系统性工作，其中每一个因素的变化都会影响甚至导致钻进的成败，钻进方法的选择应依据钻进情景来决定，尤其是技术参数的及时调整必须到位；特别是由于其地下隐蔽性较强的特点，决定了其过程的复杂和危险，钻进技术的选择应用尤其显得重要。

1. 影响水井钻进的因素

影响水井钻进的因素很多，在施工中既有可以人为调控或加以利用的积极因素，又有不可控或不可抗拒的消极因素，了解掌握其内在原理，做到兴其利、避其害是水井施工作业者必须要完成的一个基本任务。

2. 制约水井钻进的先决因素

（1）人员情况

人是水井钻进施工任务的主动性关键因素。水井施工任务的顺利安全、高效圆满地完成，必须要有一个英明果断、敢于负责的决策指挥组，要有一个学识深厚、经验丰富的地质和钻探技术组，要有一支技能过硬、作风优良的实践操作队伍，要有一个文体食宿、材料购置的后勤保障组。

（2）地质情况

不同的地质地层有其不同的特性，在岩石性质、矿物结构以及比例构造等方面各不相同，同时其物理特性（如强度、硬度、脆性、研磨性、可塑性）在不同的环境（压力、温度、湿度）下也会发生变化，因此在钻进过程中要考虑其影响，有针对性地选择与之适宜地钻进技术方法。

（3）设备情况

水井钻进施工涉及的设备主要有水文钻机、钻具、泥浆泵、空压机、增压机、装卸及运输车、运水车、勤务保障车。钻机的技术指标及性能稳定情况直接决定了最大水井深度、井径、提升力、技术运用等要素，泥浆泵、空压机等性能直接影响水井钻进方法、成井工艺、钻井液的功效，附属配套设备同样制约施工开展水井施工通常在交通不便的地方展开，施工期一般不会太长，经常需要越野机动，而且要满足抢险救灾、国际维和、反恐维稳特殊条件下的野外任务需求。

二、供水井成井技术

水井钻孔的成井工艺，包括钻孔结束后的冲孔，换浆、安装井管、填砾、止水，洗井和抽水试验等工艺过程。

1. 换浆

主要用于循环泥浆钻进时必须采用换浆。钻孔达到设计孔深后，往孔内注入优质稀泥浆，把孔内含岩屑的浓泥浆全部转换出来，最后注清水反复冲洗。

换浆方法：换浆时应从下而上进行，防止孔内上部泥浆稀释后岩屑沉淀封住井孔。

2. 下井管

下井管的目的：一是保护孔壁防止坍塌，二是阻止泥沙防止淤塞。

井管包括井壁管、过滤管，沉淀管三部分，常用的井管有金属管和非金属管两大类。

井壁管：井壁管是保护含水层孔段的井壁，防止坍塌堵塞井筒、同时又隔离有害杂质的漏入井中，以保证水井的水质。目前常用的井壁管有钢质井壁管，铸铁井壁管，水泥管和塑料管等。

过滤管：过滤管是安装在井内含水层位置，含水层内的水可以通过过滤管的孔隙流入井内，它的作用是防止含水层井壁因大量抽水而坍塌和阻止细小的砂粒涌入井内，根据过滤管的结构常用有如下几种：缠绕过滤管，包网过滤管乔式过滤管。

下管方法：应根据成井深度，井管材质强度，起吊设备能力等来确定。常用的方法是提吊下管法。要求在下管过程中要稳拉、慢放、严禁急刹车，下管遇到阻力时不得猛墩。

抽水试验是取得水文地质资料的重要手段，直接关系到钻孔质量的评定，因此，必须十分重视。抽水试验的目的：获取含水的渗透系数，查明下降漏斗和影响半径，取水进行全分析和细菌分析，鉴定地下水的水质。

3. 抽水试验

（1）抽水试验设备的选择

抽水试验设备的选择，主要根据钻孔水位的深度，水位变化范围，漏水量，钻孔直径以及抽水设备技术性能等因素来确定。抽水试验设备：离心泵、深井泵、潜水泵、射流泵、空气压缩机。

（2）抽水时水量水位测量

水位测量：测量水量的工具有量水堰，按堰口形状不同可分为三角堰、梯形堰、矩形堰三种，其中三角堰用得最多。三角堰结构：测量抽水时的水位通常用电测水位仪，它是由电池、电流表、带刻度用的导线棒组成。

第二节 桩基础施工技术

一、各种桩基础的特点及应用

按成桩方法来说，我们可以把桩基础分为两大类：预制桩和灌注桩。

（一）预制桩

多年来，钢筋混凝土预制桩是建筑工程的传统的主要桩型。20世纪70年代以来，随着我国城市建设的发展，施工环境受到越来越多的限制，预制桩的应用范围逐渐缩小。但是，在市郊的新开发区，预制桩的使用是基本不受限制的。预制桩总体来说，具有以下特点：

（1）预制桩不易穿透较厚的砂土等硬夹层（除非采用预钻孔、射水等辅助沉桩措施），只能进入砂、砾、硬黏土、强风化岩层等坚实持力层不大的深度。

（2）沉桩方法一般采用锤击，由此会产生一定的振动和噪声污染，并且沉桩过程会产生挤土效应，特别是在饱和软黏土地区沉桩可能导致周围建筑物、道路和管线等受到损坏。

（3）一般来说预制桩的施工质量较稳定。

（4）预制桩打入松散的粉土、砂、砾层中，由于桩周和桩端土受到挤密，其侧摩阻力因土的加密和桩侧表面预加法响应力而提高；桩端阻力也相应提高。基土的原始密度越低，承载力的提高幅度越大。当建筑场地有较厚沙砾层时，一般宜将桩打入该持力层，以大幅度来提高承载力。当预制桩打入饱和黏性土时，土结构受到破坏并出现超孔隙水压，桩承载力存在显著的时间效应，即随休止时间而提高。

（6）建筑工程中预制桩的单桩设计承载力一般不超过 3000kN，而在海洋工程中，由于采用大功率打桩设备，桩的尺寸大，其单桩设计承载力可高达 10000kN。

（7）由于桩的灌入能力受多种因素制约，因而常常出现因桩打不到设计标高而截桩，造成浪费。

（8）预制桩由于承受运输、起吊、打击应力，要求配置较多与钢筋，混凝土标号也要相应提高，因此其造价往往高于灌注桩。

预制桩主要有以下几种类型：

普通钢筋混凝土预制桩（R.C 桩），这是一种传统桩型，其截面多为方形（250×250~500×500mm），这种预制桩适宜在工厂预制，高温蒸汽养护。蒸养可大大加速强度增长，但动强度的增长速度较慢，因此，蒸养后达到了设计强度的 R.C 桩，一般仍需放置一个月左右碳化后再使用。

预应力钢筋混凝土桩（P.C 桩），这种预制桩主要是对桩身主筋施加预拉应力，混凝土受预拉应力从而提高起吊时桩身的抗弯能力和冲击沉桩时的抗拉能力，改善抗裂性能，节约钢材。预应力钢筋混凝土桩具有强度高、抗裂性能好，耐久性好，能承受强烈锤击，成本低等优点，所以各国都逐步将普通钢筋混凝土桩改用预应力钢筋混凝土桩。P.C 桩的制作方法主要有离心法和捣注法两种，离心法一般制成环形断面，捣注法多为实心方形断面，也可采取抽芯办法制成外方内圆孔的断面。为了减少沉桩时的排土量和提高沉桩灌入能力，往往将空心预应力管桩桩端制成敞口式。预应力管桩在我国多用采用室内离心成型、高压蒸养法生产，其标号可达 C60 以上，规格有 Φ400、Φ500 两种，管壁分别为90mm、100mm，每节标准长度为 8m、10m.，也可按需确定长度。我国预应力钢筋混凝土桩均为中小断面，大直径管桩尚处于试验阶段，产量也比较低。国外大直径管桩的应用则很广泛。

锥形钢筋混凝土桩。锥形桩在沉桩过程中能起到比等截面桩更多的对土的挤密效应，并可利用其锥面增大桩的侧面摩阻力，从而提高承载力。在桩身体积相同的条件下，其承载力可比等截面桩提高 1 ~ 2 倍，沉降量也降低。这种桩一般长度较小，多用于非饱和填土等软弱土层不太厚、对承载力要求不太高的情况。

螺旋形钢筋混凝土桩。这种桩基通过施加扭矩旋转置入土中，因而可避免冲击沉桩产生的噪声和振动污染。螺旋形可提高桩侧阻力和桩端阻力。当硬持力层较浅且上部土层很软时，可只在桩端部分设螺旋叶片，带螺旋叶片的桩端可用铸铁制成，用销子将其与钢筋混凝土桩管连接，或将铸铁的叶片装在与之混凝土圆柱上。

除此之外还有，结节性钢筋混凝土预制桩，这种桩型主要可以用于防止地震时地基土的液化。钻孔预制桩，采用这种桩型可以降低打桩时引起的振动和噪声污染，避免打桩时产生的挤土效应对周围建筑物的危害，以及克服打桩时硬层难以贯穿等问题。

（二）灌注桩

灌注桩的成桩技术日新月异，就其成桩过程、桩土的相互影响特点大体可分为三种基本类型：非挤土灌注桩、部分挤土灌注桩、挤土灌注桩。每一种基本类型又包含多种成桩方法，现归纳如下：

施工实践表明，我国常用的各种桩型从总体上看，具有以下特点：大直径桩与普通直径桩并存；预制桩与灌注桩并存；非挤土桩、部分挤土桩和挤土桩并存；在非挤土桩中钻孔、冲抓成孔和人工挖孔法并存；在挤土桩中锤击法、振动法和静压法并存；在部分挤土灌注桩的压浆工艺工法中前注浆桩与后注浆桩并存；先进的、现代化的工艺设备与传统的、较陈旧的工艺设备并存；等等。由此可见，各种桩型在我国都有合适的土层地质、环境与需求，也有发展、完善与创新的条件。

二、各种桩基础的施工技术

在选择桩型与工艺时，应对建筑物的特征（建筑结构类型、荷载性质、桩的使用功能、建筑物的安全等级等）、地形、工程地质条件（穿越土层、桩端持力层岩土特性）、水文地质条件（地下水类别、地下水位）、施工机械设备、施工环境、施工经验、各种桩施工法的特征、制桩材料供应条件、造价以及工期等进行综合性研究分析后，并进行技术经济分析比较，最后选择经济合理、安全适用的桩型和成桩工艺。在这里，主要是对钻斗钻成孔灌注桩，振动法沉桩，夯扩桩等一些常用的桩基础施工技术进行分析。

（一）钻斗钻成孔灌注桩

钻斗钻成孔法是 20 世纪 20 年代在美国利用改造钻探机械而用于灌注桩施工的方法，钻斗钻成孔施工法是利用钻杆和钻斗的旋转及重力使土屑进入钻斗，土屑装满钻斗后，提升钻斗出土，这样通过钻斗的旋转，削土，提升和出土，多次反复而成孔。

该方法有以下优点：

①振动小、噪音低；

②最适宜黏性土中干作业钻成孔（此时不需要稳定液）；

③钻机安装简单，桩位对中容易；

④施工场地内移动方便；

⑤钻进速度较快；

⑥工程造价较低；

⑦工地边界到桩中心距离较小。

其不足之处是：

①当卵石粒径超过 100mm 时，钻进困难；

②稳定液管理不适当时，会产生坍孔；

③土层中有强承压水时，施工困难；

④废泥水处理困难；

⑤沉渣处理较困难，需用清渣钻斗。

钻斗钻成孔灌注桩适用范围较广，它适用于填土层、黏土层、粉土层、淤泥层、砂土层以及短螺旋不易钻进的含有部分卵石的地层。采用特殊措施，还可嵌入岩层。

施工程序为：

（1）安装钻机；

（2）钻头着地钻孔，以钻头自重并加液压作为钻进压力；

（3）当钻头内装满土、砂后，将之提升上来，开始灌水；

（4）旋转钻机，将钻头中的土倾卸到翻斗车上；

（5）关闭钻头的活门，将钻头转回钻进点，并将旋转体的上部固定；

（6）降落钻头；

（7）埋置导向，灌入稳定液，护筒直径应比桩径大 100mm 以便钻头在孔内上下升降。按土质情况，定出稳定液的配方，如果在桩长范围内的土层都是黏性土时，则可不必灌水或注稳定液，可直接钻进；

（8）将侧面铰刀安装在钻头内侧，开始钻进；

（9）孔完成后，用清底钻头进行孔底沉渣的第一次处理并测定深度；

（10）测定孔壁；

（11）插入钢筋笼；

（12）插入导管；

（13）第二次处理孔底沉渣；

（14）水下灌注混凝土，边灌边拨导管（直径口为 25cm，每节 2 ~ 4m，水压合格），混凝土全部灌注完毕后，拨出导管；

（15）拨出导向护筒成桩。

施工要点为：

①确保稳定液的质量；

②设置表层护筒至少需高出地面 300mm；

③为防止钻斗内的土砂掉落到孔内而使稳定液性质变坏或沉淀到孔底，斗底活门在钻进过程中应保持关闭状态；

④必须控制钻斗在孔内的升降速度，因为如果升降速度过快，水流将会以较快速度由钻斗外侧与孔壁之间的空隙中流过，导致冲刷孔壁；有时还会在上提钻斗时在其下方产生负压而导致孔壁坍塌，所以应按孔径的大小及土质情况来调整钻斗的升降速度。在桩端持力层中钻进时，上提钻斗时应缓慢；

⑤为防止孔壁坍塌，用稳定液并确保孔内高水位高出地下水位 2m 以上；

⑥根据钻孔阻力大小考虑必要的扭矩，来决定钻头的合适转数；

⑦第一次孔底沉渣处理，在钢筋笼插入孔内前进行，一般采用清底钻头，如果沉淀时间较长，则应采用水泵进行浊水循环；

⑧第二次孔底沉渣处理在混凝土灌注前进行，通常采用泵升法，此法较简单，即利用灌注导管，在其顶部接上专用接头，然后用抽水泵进行反循环排渣。

（二）振动法沉桩

偏心块式振动法沉桩是采用偏心块式电动或液压振动锤进行沉桩的施工方法，该类型桩锤通过电力或液压驱动，使 2 组偏心块作同速相向旋转，其横向偏心力相互抵消，而竖向离心力则叠加，使桩产生竖向的上下振动，造成桩及桩周土体处于强迫振动状态，从而使桩周土体强度显著降低和桩端处土体挤开，桩侧摩阻力和桩端阻力大大减小，于是桩在桩锤与桩体自重以及桩锤激振力作用下，克服惯性阻力而逐渐沉入土中。

该方法有以下优点：

①操作简便，沉桩效率高；

②沉桩时桩的横向位移和变形均较小，不易损坏桩体；

③电动振动锤的噪声与振动比筒式柴油锤小得多，而液压振动锤噪声低，振动小；

④管理方便，施工适应性强；

⑤软弱地基中沉桩迅速。

其不足之处为：

①振动锤构造较复杂，维修较困难；

②电动振动锤耗电量大，需要大型供电设备；

③液压振动锤费用昂贵；

④地基受振动影响大，遇到硬夹层时穿透困难，仍有沉桩挤土公害。

施工要点为：振动法沉桩与锤击法沉桩基本相同，不同的是采用振动沉拔桩锤进行施工。操作时，桩机就位后吊起桩插入桩位土中，使桩顶套入振动箱连接固定桩帽或用液压夹桩器夹紧，启动振动箱进行沉桩到设计深度。沉桩宜连续进行，以免停歇时间过久而难于沉入。一般控制最后 3 次振动（加压），每次 5min 或 10min，测出每 min 的平均贯入度，当不大于设计规定的数值时，即符合要求。摩擦桩则以沉桩深度符合设计要求深度为止。在施工要注意以下几点：

（1）沉桩中如发现桩端持力层上部有厚度超过 1m 的中密以上的细砂、粉砂和粉土等硬夹层时，可能会发生沉入时间过长或穿不过现象，硬性振入较易损坏桩顶、桩身或桩机，此时应会同设计部门共同研究采取措施。

（2）桩帽或夹桩器必须夹紧桩顶，以免滑动，否则会影响沉桩效率，损坏机具或发生安全事故。

（3）桩架应保持竖直、平正，导向架应保持顺直。桩架顶滑轮、振动箱和桩纵轴必须在同一垂直线上。

（4）沉桩中如发现下沉速度突然减小，此时桩端可能遇上硬土层，应停止下沉而将桩提升 0.5~1.0m，重新快速振动冲下，以利于穿透硬夹层而继续下沉。

（5）沉桩中控制振动锤连续作业时间，以免动力源烧损。

（三）夯扩桩

夯扩桩是在锤击沉管灌注桩机械设备与施工方法的基础上加以改进，增加 1 根内夯管，按照一定的施工工艺（无桩尖或钢筋混凝土预制桩尖沉管），采用夯扩的方式（一次夯扩、二次夯扩、多次夯扩与全复打夯扩等）将桩端现浇混凝土扩成大头形，桩身混凝土在桩锤和内夯管的自重作用下压密成型的一种桩型。

该方法的优点在于：

①在桩端处夯出扩大头，单桩承载力较高；

②借助内夯管和柴油锤的重量夯击灌入的混凝土，桩身质量高；

③可按地层土质条件，调节施工参数、桩长和夯扩头直径以提高单桩承载力；

④施工机械轻便，机动灵活、适应性强；

⑤施工速度快、工期短、造价低；

⑥无泥浆排放。

不足之处在于：

①遇中间硬夹层，桩管很难沉入；

②遇承压水层，成桩困难；

③振动较大，噪声较高；

④属挤土桩，设桩时对周边建筑物和地下管线产生挤土效应；

⑤扩大头形状很难保证与确定。

其施工要点分三个部分注意。

首先是混凝土制作与灌注部分，要注意：①混凝土的坍落度扩大头部分以 40~60mm 为宜，桩身部分以 100~140mm（d≤426mm）及 80~100mm（d≥450mm）为宜；②扩大头部分的灌注应严格按夯扩次数和夯扩参数进行。③当桩较长或需配置钢筋笼时，桩身混凝土宜分段灌注，混凝土顶面应高出桩顶 0.3~0.5m。

其次是拔管部分，要注意：①在灌注混凝土之前不得将桩管上拔，以防管内渗水；②以含有承压水的砂层作为桩端持力层时，第 1 次拔管高度不宜过大；③拔外管时应将内夯管和桩锤压在超灌的混凝土面上，将外管缓慢均匀地上拔，同时将内夯管徐徐下压，直至同步终止于施工要求的桩顶标高处，然后将内外管提出地面；④拔管速度要均匀，对一般土层以 1~2m/min 为宜，在软弱土层中和软硬土层交界处以及扩大头与桩身连接处宜适当放慢。最后是打桩顺序，要注意打桩顺序的安排应有利于保护已打入的桩不被压坏或不产生较大的桩位偏差。夯扩桩的打桩顺序可参考钢筋混凝土预制桩的打桩顺序。除此之外，还不能忽视对桩管入土深度的控制和挤土效应的重视。

除以上几种常用的桩基础施工技术之外，因为桩基础的分类和成桩的方法很多，以及不同的场地，不同的地质条件等，还有很多种桩基的施工技艺，鉴于篇幅原因，暂不放入此文内讨论，将在以后的学习和工作中，继续探究和累计经验。

第三节　岩土锚固施工技术

一、锚孔钻造

1. 锚孔测量放样的具体要求是要依照设计的点号来进行拉线量尺，再与水准测量放线，而且还要利用油漆和铁纤维准确标记位置。

2. 钻机的方位要求严格遵循设计方位、孔位以及倾角准确就位，利用测角量具掌控角度，方位误差范围在 ±2° 内，而钻机轨倾角误差范围在 ±1° 内。

3. 在钻进过程中，需要利用无水干钻，严格把握钻进时速，以备钻孔扭曲、变径或偏斜。

4. 在锚孔钻进中，要做好现场施工的详细的记录，例如对钻速、钻压、地下水与地层情况等的记录。

5. 在钻孔孔径中，孔深不小于所设计的数值，超钻 14 ~ 45cm，当达到设计深度都，要立即停钻，稳钻要停留 3 到 5 分钟，预防孔底尖灭，同时还要进行锚孔的清洗。

6. 在钻孔的过程中，对于塌孔处理，如果遇到塌孔现象可以选用两种方法进行处理，首先需要下套管，也就是通常所说的跟管钻进，利用这样的方法虽然工序速度较慢，工序也比较多，但这样的方法十分可靠；另外，通过注浆再钻，如果塌孔现象发生时，拔出钻杆在进行孔内注浆，注浆压力稳定在 0.1 到 0.3Mpa，在注浆的十二小时的工作日到 1 天的工作日后才能进行重新钻孔。

7. 在硬度不均衡的风化岩层中及其容易发生卡钻现象，对于卡钻处理的方式主要是通过钻机来回启动，用高压风吹净孔内碎石再钻进，成拔出钻杆。

8. 当锚孔钻造完成之后，要对现场监理进行严格的检查，这样才能开展下一个锚筋体的工艺。

二、锚筋制安

1. 对锚筋下材的具体要求有允许的误差范围在 45mm 之内，下材要准确整齐，对预留的张拉段钢材约 2m，对于不同的标记采用机械切割下材。

2. 严格控制挤压工艺，要对挤压簧、挤压套配装进行准确定位，要充分均匀的进行挤压顶推进，还要对样本中的 5% 的样本来检测，还要保证单根挤压的强度不少于 200KN。

3. 要保障承载体组装定位精确，限位片、挤压头以及承载板进行牢固拴接。

4. 对于架线环间距的长度应确定在 1m ~ 1.5m 之间，还要求进行牢固绑接，定位准确，而且锚孔中要建一个架线环。

5. 要对注浆穿梭安装进行精确地定位，要进行结实稳固的绑扎。

6. 对锚筋体的安置需要排列均匀，顺直，还要挂牌号等待检查。

7. 在进行锚筋体安装的过程中，要求按方位平顺和设计倾角推进，禁止串动、扭转和抖动，预防在中间卡阻和散束。如果发现阻力比较多的时候，有可能是由于孔内碎石没有吹洗干净，这时需要拔出锚索，用高压风吹干净后，再放进去，让锚索长度达到设计规定的要求。

三、锚孔灌浆

1. 注浆材料必须依照相关规定以及符合设计的要求进行检验。在注浆作业中途或开始停止时间较长的时候再进行作业的时候，最好利用水泥或水稀浆注浆管路及润滑注浆泵。

2. 在实施注浆作业的过程中，需要做好现场施工的详细注浆记录，每次的注浆都要进行强体测试，而且不能少于两组。当浆体强度没有达到 80% 的时候，不可以再锚筋体的端头拉绑碰撞和悬挂重物。

3. 锚孔注浆需要运用孔底返浆法进行注浆，其压力通常定为 2.0 兆帕，直到孔口开始溢浆，禁止抽拔孔口注浆或注浆管，假如看到孔口浆面有所回落后，需要在半小时内对孔底压注补浆 2 ~ 3 次，保障孔口浆体装满。

4. 当锚孔钻造完成之后，要立即对锚孔注浆和筋体进行安装，最好不要超过一个工作日的时间。

5. 注浆液要严格按照比例还进行搅拌，随时搅拌随时能用到，注浆浆体的强度不少于 45Mpa，还要严格按照批次进行备制试件。

四、钢筋制安

1. 当钢筋进场的时候，需要立即做学性能检测试验，要保证其质量达到设计的标准与要求。

2. 加工钢筋的尺寸、形态要达到设计标准，其中有稍许误差都要在相关的标准范围内。

3. 在对钢筋进行安装的过程中，要使得受力钢筋的级别、品种、数量和规格都要达到标准，要精确而且稳定的进行钢筋安装，要保证保护层的厚度，而且要满足相关的规定进行具体要求。

4. 在对混凝土进行灌注之前，要先将锚具垫板、波纹管以及螺旋钢筋依照所设计的要求进行绑定，锚孔的方向一致并且摆放稳固平整。

五、混凝土浇筑

1. 水泥进场时，对其出厂日期、级别、包装、品种等进行仔细检查，对水泥的安全性、强度等性能指标进行严格复查。

2. 在使用混凝土所使用的细、粗骨料规格与质量都要求符合相关规范并按照规定进行抽样检查。

3. 在搅拌混凝土的时候，最好选用饮用水，如果要选用其他水源的时候，要对水源做检测，要达到规定的标准方可使用。

4. 在浇筑施工之前，要配合实验与设计，按照要求的强度进行设计。

5. 混凝土要设立整套的保护措施，要确保施工人员的推、提、拉、运的安全。

6. 在进行锚斜托浇筑的施工过程中，需要选用专业的模具以此来保证工程效果与结构强度。

7. 当浇筑完混凝土之后，需要立即进行保养爱护的措施。

六、锚垫墩及框架梁浇筑

1. 锚垫墩及框架梁采用整体浇筑施工法，按照图纸，注意框架梁嵌入边坡体的深度。现在浇筑时，注意混凝土振捣，为保证混凝土密实，应该在锚孔周围钢筋较密处仔细振捣。注意两相邻框架梁入预留 2~3cm 伸缩缝，每隔 10.5m 设置一道，缝内用沥青木板填充，伸缩缝设在横梁中部。

2. 在锚索框架梁施工有三个施工要点：第一，在进行钢筋安装锚垫板时，有一个重要的工序，即锚斜拖的安装，制作专用的锚板使锚斜拖突出框架梁的表面，与锚索方向垂直；第二，在做砂浆垫层时，在需要做钢绞线砼框架处的板面上要进行平整，凸出的地方要刻槽，遇到局部架空处要用浆砌片石进行填补；第三，需要采用组合钢模板，以保证框架梁体尺寸准确。

七、锁定锚筋的张拉

1. 台座混凝土和锚固体强度所要达到的强度要超过 70% 时，才能进行张拉锁定作业。举例来说，在进行抽检锚固钻孔的时候，要达到设计强度才能在验收试验后进行作业。

2. 对锚筋的张拉设备必须要选用专用设备，还要在进行张拉作业之前，对张拉机设备进行标定，以保证检查通过。

3. 在正式张拉之前，要选用 15% 的设计张拉荷载，张拉一两次之后，让这些部位接触变紧，刚绞线也完全变平直。

4. 依据设计次序来看，锚索张拉分单元地运用了有差异性的分步张拉，计算确定差异荷载要根据锚筋长度与设计荷载来计算。

在不足差异荷载之后，锚索的预应力可以分为五个等级，依照相关规定，分别为设计荷载的 110%、100%、75%、50% 以及 25%。锚索锁定后 2 个工作日之内，如果看到了显著的预应力的破损，就要进行及时的补救和张拉。

第四节　地下连续墙施工技术

地下连续墙是基础工程在地面上采用一种挖槽机械，沿着深开挖工程的周边轴线，在泥浆护壁条件下，开挖出一条狭长的深槽，清槽后，在槽内吊放钢筋笼，然后用导管法灌筑水下混凝土筑成一个单元槽段，如此逐段进行，在地下筑成一道连续的钢筋混凝土墙壁，作为截水、防渗、承重、挡水结构。

一、分类

（一）按成墙方式可分为：1. 桩排式；2. 槽板式；3. 组合式。

（二）按墙的用途可分为：1. 防渗墙；2. 临时挡土墙；3. 永久挡土（承重）；4. 作为基础。

（三）按墙体材料可分为：1. 钢筋混凝土墙；2. 塑性混凝土墙；3. 固化灰浆墙；4. 自硬泥浆墙；5. 预制墙；6. 泥浆槽墙；7. 后张预应力墙；8. 钢制墙。

（四）按开挖情况可分为：1. 地下挡土墙（开挖）；2. 地下防渗墙（不开挖）。

由于受到施工机械的限制，地下连续墙的厚度具有固定的模数，不能像灌注桩一样根据桩径和刚度灵活调整。因此，地下连续墙只有在一定深度的基坑工程或其他特殊条件下才能显示出经济性和特有优势。一般适用于如下条件：

1. 开挖深度超过 10 米的深基坑工程。

2. 围护结构亦作为主体结构的一部分，且对防水、抗渗有较严格要求的工程。

3. 采用逆作法施工，地上和地下同步施工时，一般采用地下连续墙作为围护墙。

4. 邻近存在保护要求较高的建（构）筑物，对基坑本身的变形和防水要求较高的工程。

5. 基坑内空间有限，地下室外墙与红线距离极近，采用其他围护形式无法满足留设施工操作要求的工程。

6. 在超深基坑中，例如 30m ~ 50m 的深基坑工程，采用其他围护体无法满足要求时，常采用地下连续墙作为围护结构。

二、作用

1. 挡土作用。在挖掘地下连续墙沟槽时，接近地表的土极不稳定，容易坍陷，而泥浆也不能起到护壁的作用，因此在单元槽段挖完之前，导墙就起挡土墙作用。

2. 作为测量的基准。它规定了沟槽的位置，表明单元槽段的划分，同时亦作为测量挖槽标高、垂直度和精度的基准。

3. 作为重物的支承。它既是挖槽机械轨道的支承，又是钢筋笼、接头管等搁置的支点，有时还承受其他施工设备的荷载。

4. 存蓄泥浆。导墙可存蓄泥浆，稳定槽内泥浆液面。泥浆液面应始终保持在导墙面以下 20cm，并高于地下水位 1.0m，以稳定槽壁。

5. 防止泥浆漏失；防止雨水等地面水流入槽内。

三、特点

（一）优点

地下连续墙之所以能够得到如此广泛的应用，是因为它具有十大优点：

1. 工效高、工期短、质量可靠、经济效益高。

2. 施工时振动小，噪音低，非常适于在城市施工。

3. 占地少，可以充分利用建筑红线以内有限的地面和空间，充分发挥投资效益。

4. 防渗性能好，由于墙体接头形式和施工方法的改进，使地下连续墙几乎不透水。

5. 可用于逆作法施工。地下连续墙刚度大，易于设置埋设件，很适合于逆做法施工。

6. 可以贴近施工。由于具有上述几项优点，使我们可以紧贴原有建筑物建造地下连续墙。

7. 用地下连续墙作为土坝、尾矿坝和水闸等水工建筑物的垂直防渗结构，是非常安全和经济的。

8. 墙体刚度大，用于基坑开挖时，可承受很大的土压力，极少发生地基沉降或塌方事故，已经成为深基坑支护工程中必不可少的挡土结构。

9. 适用于多种地基条件。地下连续墙对地基的适用范围很广，从软弱的冲积地层到中硬的地层、密实的沙砾层，各种软岩和硬岩等所有的地基都可以建造地下连续墙。

10. 可用作刚性基础。地下连续墙不再单纯作为防渗防水、深基坑围护墙，而且越来越多地用地下连续墙代替桩基础、沉井或沉箱基础，承受更大荷载。工效高、工期短、质量可靠、经济效益高。

（二）缺点

1. 在城市施工时，废泥浆的处理比较麻烦。

2. 地下连续墙如果用作临时的挡土结构，比其他方法所用的费用要高些。

3. 如果施工方法不当或施工地质条件特殊，可能出现相邻墙段不能对齐和漏水的问题。

4. 在一些特殊的地质条件下（如很软的淤泥质土，含漂石的冲积层和超硬岩石等），施工难度很大。

四、操作流程

在槽段开挖前，沿连续墙纵向轴线位置构筑导墙，采用现浇混凝土或钢筋混凝土浇筑。

导墙深度一般为 1.2 ~ 1.5m，其顶面略高于地面 10 ~ 15cm，以防止地表水流入导沟。导墙的厚度一般为 100 ~ 200mm，内墙面应垂直，内壁净距应为连续墙设计厚度加施工余量（一般为 40 ~ 60mm）。墙面与纵轴线距离的允许偏差为 ±10mm，内外导墙间距允许偏盖 ±5mm，导墙顶面应保持水平。

导墙宜筑于密实的黏性土地基上。墙背宜以土壁代模，以防止槽外地表水渗入槽内。如果墙背侧需回填土时，应用黏性土分层夯实，以免漏浆。每个槽段内的导墙应设一溢浆孔。

在挖基槽前先作保护基槽上口的导墙，用泥浆护壁，按设计的墙宽与深分段挖槽，放置钢筋骨架，用导管灌注混凝土置换出护壁泥浆，形成一段钢筋混凝土墙。逐段连续施工成为连续墙。施工主要工艺为导墙、泥浆护壁、成槽施工、水下灌注混凝土、墙段接头处理等。

（一）导墙

导墙通常为就地灌注的钢筋混凝土结构。主要作用是：保证地下连续墙设计的几何尺寸和形状；容蓄部分泥浆，保证成槽施工时液面稳定；承受挖槽机械的荷载，保护槽口土壁不破坏，并作为安装钢筋骨架的基准。导墙深度一般为 1.2 ~ 1.5 米。墙顶高出地面 10 ~ 15 厘米，以防地表水流入而影响泥浆质量。导墙底不能设在松散的土层或地下水位波动的部位。

（二）泥浆护壁

通过泥浆对槽壁施加压力以保护挖成的深槽形状不变，灌注混凝土把泥浆置换出来。泥浆材料通常由膨润土、水、化学处理剂和一些惰性物质组成。泥浆的作用是在槽壁上形成不透水的泥皮，从而使泥浆的静水压力有效地作用在槽壁上，防止地下水的渗水和槽壁的剥落，保持壁面的稳定，同时泥浆还有悬浮土渣和将土渣携带出地面的功能。

在沙砾层中成槽必要时可采用木屑、蛭石等挤塞剂防止漏浆。泥浆使用方法分静止式和循环式两种。泥浆在循环式使用时，应用振动筛、旋流器等净化装置。在指标恶化后要考虑采用化学方法处理或废弃旧浆，换用新浆。

（三）成槽施工

中国使用成槽的专用机械有：旋转切削多头钻、导板抓斗、冲击钻等。施工时应视地质条件和筑墙深度选用。一般土质较软，深度在 15 米左右时，可选用普通导板抓斗；对密实的砂层或含砾土层可选用多头钻或加重型液压导板抓斗；在含有大颗粒卵砾石或岩基中成槽，以选用冲击钻为宜。槽段的单元长度一般为 6 ~ 8 米，通常结合土质情况、钢筋骨架重量及结构尺寸、划分段落等决定。成槽后需静置 4 小时，并使槽内泥浆比重小于 1.3。

（四）水下灌注混凝土

采用导管法按水下混凝土灌注法进行，但在用导管开始灌注混凝土前为防止泥浆混入混凝土，可在导管内吊放一管塞，依靠灌入的混凝土压力将管内泥浆挤出。混凝土要连续灌注并测量混凝土灌注量及上升高度。所溢出的泥浆送回泥浆沉淀池。

（五）墙段接头处理

地下连续墙是由许多墙段拼组而成，为保持墙段之间连续施工，接头采用锁口管工艺，即在灌注槽段混凝土前，在槽段的端部预插一根直径和槽宽相等的钢管，即锁口管，待混凝土初凝后将钢管徐徐拔出，使端部形成半凹榫状接状。也有根据墙体结构受力需要而设置刚性接头的，以使先后两个墙段联成整体。

五、发展

中国的成槽机械发展得很快，与之相适应的成槽工法层出不穷；有不少新的工法已经不再使用膨润土作为泥浆；墙体材料已经由过去以混凝土为主的局面而转向多样化发展；不再单纯地用于防渗或挡土支护，越来越多地作为建筑物的基础。

经过几十年的发展，地下连续墙的技术已经相当成熟，其中日本在此项技术上最为发达，已经累计建成了 1500 万平方米以上，目前地下连续墙的最大开挖深度为 140m，最薄的地下连续墙厚度为 20cm。1958 年，我国水电部门首先在青岛丹子口水库用此技术修建了水坝防渗墙，到 2013 年为止，全国绝大多数省份都先后应用了此项技术，估计已建成地下连续墙 120 万~140 万平方米。地下连续墙已经并且正在代替很多传统的施工方法，而被用于基础工程的很多方面。在它的初期阶段，基本上都是用作防渗墙或临时挡土墙。通过开发使用许多新技术、新设备和新材料，越来越多地用作结构物的一部分或用作主体结构，2003 年到 2013 年前后更被用于大型的深基坑工程中。

第五节　非开挖技术

一、施工准备

1. 顶管工作井施工，井内设集水坑，便于抽排积水。

2. 后靠背设置，工作井基础设定后，根据管道走向设置后靠背。

3. 导轨安装，导轨安装牢固与准确对管子的顶进质量有较大的影响，因此导轨安装依据管径大小、管道坡度、顶进方向确定，顶进方向必须平直，标高、轴线准确。导轨可用轻型钢轨制作。

4.顶进设备采用千斤顶，头部设刃口工具管，起切土作用并保护管道及导向作用。为防止土体坍塌，在工具管内设格栅。

5.其他设备工作坑上方设活动式工作平台，一般采用30号槽钢作梁，上铺方木。下管采用临时吊车吊运下管，出土采用摇头扒杆。

6.注意：顶管工作坑四周必须采用围护措施，采用彩钢瓦围护，雨帆布防护，并设醒目警示标牌。顶进时，过往车辆应减速慢行，且禁止大吨位、重载车辆通行。

二、非开挖技术的特点

现代非开挖地下管线施工技术，是近年来发展起来的一项高新技术，是钻探工程技术结合工程物探、计算机技术、岩土工程技术及新材料等技术的一项重要延伸。非开挖技术在国外已广泛使用，在国内也逐渐普及。与其他技术相比，非开挖技术起步较晚。但是在最近20多年中，非开挖技术无论在理论上，还是在施工工艺方面，都有了突飞猛进的发展。非开挖技术是极为重要的一种铺设管道的工程手段，采用非开挖技术铺设管道具有若干得天独厚的优势。

不开挖地面就能穿越公路、铁路、河流，甚至能在建筑物底下穿过，是一种安全有效的施工技术。

非开挖技术不开挖地面，故而被铺设管道的上部土层未经扰动，管道的管节端不易产生段差变形，其管道寿命亦大于开挖法埋管。

采用房下非开挖技术能节约一大笔征地拆迁费用，减少动迁用房，缩短管线长度，有很大经济和社会效益。

三、非开挖技术的构成分类

非开挖技术可分为三大类：铺设新管线、修复置换旧管线、探测原有管网。

1.铺设新管线施工技术

包括导向钻进铺管法、定向钻进铺管法、气动矛铺管法、夯管锤铺管法、螺旋钻进铺管法、推挤顶进铺管法、微型隧道铺管法、盾构法和顶管法。

2.修复旧管线施工技术

包括原位固化法、原位换管法、滑动内插法、变形再生法、局部修复法。

3.探测地下管网

包括地下管线探测仪（非金属管道探测仪、金属管道探测仪、塑料管道探测仪、电力电信缆线探测仪和井盖探测仪等、供水管网监测仪（流量水压记录仪、漏区诊断仪、漏点定位仪等、电信线路故障定位仪、气体故障检测仪、管中摄影仪、探地雷达、声呐系列。

四、非开挖技术应用

现代非开挖技术发展虽然仅 20 多年的时间，但其施工工艺技术的先进性、优越性所带来的经济效益和社会效益已举世瞩目，同时也激励了非开挖技术的不断更新，其应用领域不断拓展。

1. 穿越江河、机场、铁路、公路、建筑等铺设各种地下管线；

2. 隧道的管棚支护、微型钻孔桩施工等；

3. 水平注浆、水平降水、地下污染层处理；

4. 煤层瓦斯抽排放孔施工；

5. 修复置换旧管线；

6. 探测查找地下管网。

五、主要非开挖技术

（一）导（定向钻进铺管法

定向钻进的基本原理：按预先设定的地下铺管轨迹钻一个小口径先导孔，随后在先导孔出口端的钻杆头部安装扩孔器回拉扩孔，当扩孔至尺寸要求后，在扩孔器的后端连接旋转接头、拉管头和管线，回拉铺设地下管线。

水平定向钻进铺管的施工顺序为：地质勘探、规划和设计钻孔轨迹、配制钻液、钻先导孔、回拉扩孔、回拉铺管、管端处理。

1. 地层勘察、地下建（构筑物及地下管线探测

地层勘察主要了解有关地层和地下水的情况，为选择钻进方法和配制钻液提供依据。其内容包括：土层的标准分类、孔隙度、含水性、透水性以及地下水位、基岩深度和含卵砾石情况等。可采用查资料、开挖和钻探、物探等方法获取。

地下管线探测主要了解有关地下已有管线和其他埋设物的位置，为管线设计和设计钻进轨迹提供依据。一般采用综合物探法，按其定位原理分为：电磁法、直流电法、磁法、地震波法和红外辐射法等，并结合钻探、静力触探、土工实验等技术。

2. 钻进轨迹的规划与设计

导向孔轨迹设计是否合理对管线施工能否成功至关重要。钻孔轨迹的设计主要是根据工程要求、地层条件、地形特征、地下障碍物的具体位置、钻杆的入出土角度、钻杆允许的曲率半径、钻头的变向能力、导向监控能力和被铺设管线的性能等，给出最佳钻孔路线。

3. 配制钻液

钻液具有冷却钻头（冷却和保护其内部传感器、润滑钻具，更重要的是可以悬浮和携带钻屑，使混合后的钻屑成为流动的泥浆顺利地排出孔外，既为回拖管线提供足够的环形

空间，又可减少回拖管线的重量和阻力。残留在孔中的泥浆可以起到护壁的作用。

在不同的地质条件下，需要不同成分的钻液。钻液由水、膨润土和聚合物组成。水是钻液的主要成分，膨润土和聚合物通常称为钻液添加剂。钻液的品质越好与钻屑混合越适当。当遇到不同地层时，及时调整钻液的性能以适应钻孔要求。

4. 钻导向孔

利用造斜或稳斜原理，在地面导航仪引导下，按预先设计的铺管线路，由钻机驱动带楔形钻头的钻杆，从 A 点到 B 点。

钻导向孔的关键技术是钻机、钻具的选择和钻进过程的监测和控制。要根据不同的地质条件以及工程的具体情况，选择合适的钻机、钻具和钻进方法来完成导向孔地钻进。

监测与控制：在钻进导向孔时能否按设计轨迹钻进，钻头的准确定位及变向控制非常重要。钻进过程中对钻头的监测方法主要通过随钻测量技术获取孔底钻头的有关信息。孔底信号传送的方法主要有：电缆法和电磁波法。电磁波法的测量范围较小，一般在 300m 以内水平发射距离，测量深度在 15m 左右。电磁波法测量的原理为：在导向钻头中安装发射器，通过地面接收器，测得钻头的深度、鸭嘴板的面向角、钻孔顶角、钻头温度和电池状况等参数，将测得参数与钻孔轨迹进行对比，以便及时纠正。地面接收器具有显示与发射功能，将接收到的孔底信息无线传送至钻机的接收器并显示，以便操作手能控制钻机按正确的轨迹钻进。目前，电磁波法在中小型钻机上应用较多，缺点是必须随钻跟踪监控。电缆法在长距离穿越中，特别是地形复杂的工程中应用较多。优点是抗干扰能力强，不要随钻跟踪；但其操作复杂，选用的信号线必须强度高（不易拉断、耐磨、绝缘性能好。

5. 回拉扩孔

导向孔钻成孔后，卸下钻头，换上适当尺寸和符合地质状况的特殊类型的回扩钻头，使之能够在拉回钻杆的同时，又可将钻孔扩大到所需尺寸。一般采用逐级扩孔；预埋管径以内采用排土法扩孔，以外采用挤压法成孔，以保证铺管后地面不至于沉降，不留隐患。在回扩过程中和钻进过程一样，自始至终泥浆搅拌系统要向钻头和回扩钻头提供足够的泥浆。

扩孔器类型有桶式、飞旋式、刮刀式等：穿越淤泥黏土等松软地层时，选择桶式扩孔器较适宜，扩孔器通过旋转，将淤泥挤压到孔壁四周，起到很好的固孔作用；当地层较硬时，选择飞旋或刮刀式扩孔器成孔较好。一般要求选择的最大扩孔器尺寸按下表考虑。或按铺设管径的 1.2~1.5 倍，这样能够保持泥浆流动畅通，保证管线能安全、顺利的拖入孔中。

6. 铺管

扩孔完毕，在拖管坑一端的钻杆上，再装扩孔器与管前端通万向接、特制拖头等连接牢固，启动导向钻机回拉钻杆进行拖管，将预埋管线拖入孔内，完成铺管工作。在拖管的同时加入专用防润土进行泥浆护壁。在条件许可的情况下，可将全部管线一次性连接。

7．管端处理

当拖管结束后，采用挖掘机将扩孔器及管前端挖出，拆除扩孔器及万向接，处理造斜段，施工检查井，恢复路面，清场。

8．施工注意事项

（1）定向钻进施工前应掌握施工位置的地质状况，选择适当结构的钻头。

（2）仔细清查钻进轨迹中的地下管线情况，掌握地下管线的埋深、管线类型和管线材料，根据实际情况编制施工方案。

（3）导向孔施工前应对导向仪进行标定或复检，以保证探头精度。

（4）导向孔每 3 米测一次深度，如发现偏差应及时调整，以确保导向孔偏差在设计范围内。

（5）拖拉管线前应作好安全辅助工作，特别是拖拉非金属管线时，避免损伤管材。

（6）管线拖拉完毕后，应按管道试压规程进行试压，验收合格后方可进行管道接驳。

（二）顶管铺管法

顶管法是依靠安装在管道头部的钻掘系统不断地切削土屑，由出土系统将切削的土屑排出，边顶进，边切削，边输送，将管道逐段向前铺设，在顶进的过程中通过激光导向系统纠偏来调节铺管方向。

顶管法的技术特点：

1. 噪音以及震动都很小；

2. 可以在很深的地下敷设管道；

3. 对施工周边的影响很小；

4. 可以穿越障碍物。

（三）盾构铺管法盾构法

是隧道暗挖施工法的一种，它是利用盾构机前端是与盾构机体同等直径的刀盘，在与土壤接触时进行旋转，并加入适量的液体，使切削下来的土与液体在刀盘旋转的搅拌作用下，成为泥状流塑体，通过螺旋输送机送到地面。机头前进后，在机后留出的空间里，把提前预制好的混凝土管片拼装成环状。盾构法施工具有施工速度快、洞体质量比较稳定、对周围建筑物影响较小等特点，适合在软土地基段施工。盾构法施工的基本条件：1.线位上允许建造用于盾构进出洞和出碴进料的工作井；2.隧道要有足够的埋深，覆土深度宜不小于 6m；3. 相对均质的地质条件；4. 从经济角度讲，连续的施工长度不小于 300m。

（四）气动矛铺管法

气动矛由钢质外套（矛体、活塞和配气装置组成。气动矛在压缩空气作用下，矛体内的活塞作往复运动，不断冲击矛头，矛头在土层中挤压周围土体，形成钻孔并带动矛体前进。形成钻孔后可以直接将待铺管道拉入，也可通过拉扩法将钻孔扩大，以便铺设更大直径的管道。

气动矛技术特点：

1. 设备简单，操作方便，投资少；

2. 可铺设 PE 管、PVC 管和钢管；

3. 适用于短距离（30m 以内）、小直径管道的穿越铺设；

4. 适合在狭小空间内施工。

（五）无缝衬装置换法

无缝衬装置换法是一种维修管道的施工方法，是将直径大于或等于原有管道管径的 PE 管衬入管道内，所使用的 PE 管一般为低、中密度的薄壁聚乙烯管材。管道衬装前要想办法减小管的截面积。截面变化的变形可以是弹性的、也可以是半永久的塑性的，方法有两种，一种是将 PE 管拉长，以减小管径，从而减小截面积，PE 管衬入后，由于不再受拉力的作用，长度将缩短，管径将变大，复原后内衬管线将与原有管线紧紧套在一起，两层管线之间不再需要灌水泥沙浆固定。减小内衬管截面积的另一种方法是将管道横截面变形，可在 PE 管出厂前通过专用的设备将横截面变为"U"或"C"字形，也可以在施工现场拉入 PE 管前将 PE 管沿管壁圆周方向扭曲，从而达到变形的目的。变形后的管道可以按滑（拉）入衬装的方法由卷扬机拉入，然后再利用气压水压或高温水的作用将变形的管线复原。施工中需具备的条件：无缝衬装需要较高的技术水平，要精确计算内衬 PE 的管的横截面变化情况，同时，PE 管衬装还需要对接热熔焊机及特制的内衬管缩径钢模或扭曲钢模等特殊的设备。

（六）管道翻衬置换法

管道翻衬的内衬材料一般是由较柔韧的聚合物、玻璃纤维布或无纺纤维等多孔材料做骨架，饱和浸渍树脂材料而成，材料的外层一般覆盖一层隔水膜，翻转衬入管道后，该隔水膜成为新管道的内层，主要起止水作用。翻转在水压、气压或卷扬机拉力的作用下，内衬材料反转进入管道的内壁，完成后，在热水水温的作用下，树脂固化，内衬材料形成坚硬的管道内壁，成为管道骨架的一部分。施工中需具备的条件：管道翻衬的特点是施工简单，占地少，无须投入专用的设备，一次翻衬的长度可达几百米，翻衬完成后，在支管、消火栓、阀门等处要挖工作坑进行人工开孔，也可通过专用设备开口。但翻衬施工的工期较长，且由于给水管道中的水质要求较高，用于给水管道上的内衬骨架材料和树脂是有限制的，应加以慎重选择。

（七）爆（碎）管衬装置换法

该方法主要适用于原有管线为易脆管材，如灰口铸铁管等，且管道老化严重的情况。新管的管径可以比原有管道管径大，具体施工方法是将碎管设备放入旧管中，由卷扬机拉动沿旧管前进，沿途由碎管设备将旧管破碎，在碎管设备后连着扩管头，扩管头的管径比原有旧管大，负责将破碎的旧管压入到周围的土壤中，紧跟着是内衬管线，一般为 PE 管材，管径小于扩管头，在卷扬机的拉动下拖入原有管道的管位。施工设备有许多种，大致可以分为三类，一类为气动碎管设备、一类为液压碎管设备，一类为刀具切割碎管设备。其中刀具切割碎管设备较为常用，其结构由半径大于原有管道的切割圆周向的切割刀具构成，在切割刀具后面紧接衬装新管。另一种为液压碎管设备，操作简便。碎管衬装完全摆脱了 PE 管内衬时减小过水能力的缺点，其施工工期较短，一次安装的长度可达几百米，在支管、消火栓、阀门等处需要局部开挖。对于埋深较浅的管线，碎管设备的震动可能会对地面造成影响。

结　语

　　由于数字化的发展已经使得现代化的设备取代落后的生产设备，新设备的运用在生产中起到了不可磨灭的作用。岩土勘察发展也会逐渐趋于数字化。岩土工程中的岩土勘察需要对很多东西进行测量，与此同时会产生大量的数据，传统的陈旧工具已经不能满足这些需求。所以在现代的岩土勘察中已经出现用红外线进行勘察的技术，这些先进设备在岩土勘察中的应用使得勘察结果更加精确，在提高效率的同时降低成本；因为岩土勘察的工作比较复杂，如果工作流程缺乏规范性可能使勘察工作出现混乱。随着岩土技术的发展需求，岩土勘察的工作的勘察流程必将越来越规范，这样才能使得勘察工作科学化、合理化。

　　总之，随着我国经济发展和科学技术进步，社会各界对岩土勘察工作的要求也逐渐提高。所以岩土勘察的任务更加艰巨、发展面临严峻的挑战，勘察工作缺乏合理性，会造成灾难性事故的发生，因此必须加强对勘察技术和方法的研究和探索，大量培养勘察高端技术人才和管理人员，积极引用新设备，不断推动岩土工程中岩土勘察的发展。